U0291360

高校城乡规划专业规划推荐教材

乡村规划与设计

Rural Planning and Design

陈前虎　主编

中国建筑工业出版社

图书在版编目（CIP）数据

乡村规划与设计/陈前虎主编. —北京：中国建筑工业出版社，2018.5（2024.6重印）
高校城乡规划专业规划推荐教材
ISBN 978-7-112-22148-6

Ⅰ.①乡… Ⅱ.①陈… Ⅲ.①乡村规划－中国－教材 Ⅳ.①TU982.29

中国版本图书馆CIP数据核字（2018）第077203号

本教材为高校城乡规划专业规划推荐教材，本书围绕乡村规划与设计分六章进行讲述，包括：乡村发展认知、乡村规划与设计概述、乡村调查与分析、村域规划、居民点规划、村庄设计。本教材可以作为全国高等学校城乡规划、建筑学、风景园林和环境艺术设计等专业教学用书，也可供相关从业人员参考。

为更好地支持本课程的教学，我们向使用本书的教师免费提供教学课件，有需要者请与出版社联系，邮箱：jgcabpbeijing@163.com。

主编联系邮箱：601953347@qq.com。

责任编辑：杨 虹 周 觅
责任校对：姜小莲

高校城乡规划专业规划推荐教材
乡村规划与设计
陈前虎 主编
*
中国建筑工业出版社出版、发行（北京海淀三里河路9号）
各地新华书店、建筑书店经销
北京嘉泰利德公司制版
北京中科印刷有限公司印刷
*
开本：787×1092毫米 1/16 印张：$17^1/_2$ 字数：350千字
2018年5月第一版 2024年6月第八次印刷
定价：46.00元（赠教师课件）
ISBN 978-7-112-22148-6
（32034）

前言

2017 年 10 月，习近平总书记在党的十九大报告中提出实施乡村振兴战略，并提出了“产业兴旺、生态宜居、乡风文明、治理有效、生活富裕”的总要求；2018 年 4 月，习近平总书记对浙江自 2003 年启动的“千村示范、万村整治”工程作出重要指示，全国美丽乡村建设进入新阶段。直面现实，高校人才培养、科学研究和社会服务如何与区域经济发展转型同频共振，走出一条“服务区域、根植地方、多元协同、创新卓越”的办学之路，正成为眼下城乡规划教育面临的重大课题。

该教材以村庄为乡村规划与设计的主要对象，在立足浙江地域乡村的基础上，总结近五年来乡村产学研基地建设与大学生乡村创意设计大赛经验，提出了“两重点 + 三层次 + 六要素”的村庄规划与设计思路：牢牢抓住村庄物质更新与功能复兴两大任务重点，从宏观村域策划、中观村落规划与微观村庄设计三个层次，紧紧把握山水田、村口、主街巷、边界、节点和片区六个乡村意象要素。教材在注重乡村规划与设计的系统性和逻辑性的同时，强调乡村建设实践中的应用性与操作性。

教材以培养学生正确的价值观、科学的方法论和系统逻辑的思维能力为目标，通过采用大量结构性框图和实践案例的表达形式，让学生明白并建立起“乡村是什么，乡村规划与设计是什么，如何认识乡村，怎样规划和设计乡村”等系统性问题的认知逻辑。

感谢浙江省住房和城乡建设厅张奕副厅长对我校产学研基地建设的关心和指导，感谢沈敏副厅长和顾浩总规划师在历届大赛中给予的指导和帮助；感谢同济大学李京生教授、浙江省城乡规划设计研究院副院长余建忠教授、浙江大学建筑设计院浙江省设计大师黎冰副院长、浙江工业大学设计艺术学院吕勤智教授在专家咨询会上提出的宝贵意见和建议，特别是李京生老师提供的宝贵资料和无私帮助；教材编写过程中得到了同济大学彭震伟教授、张尚武教授的指导，也得到了中国城市规划学会乡村规划与建设学术委员会、中国城市规划学会小城镇规划学术委员会、中国建筑工业出版社和国内部分参赛学校的大力支持，在此一并谢过。对于教材中存在的错误和缺陷，概由本教材编写组负责，恳请各位同仁和同学们批评指正。

《乡村规划与设计》教材编写组

参加《乡村规划与设计》编写的各章分工执笔教师如下：

第一章　乡村发展认知　武前波；

第二章　乡村规划与设计概述　陈玉娟；

第三章　乡村调查与分析　张善峰　陈玉娟；

第四章　村域规划　周骏；

第五章　居民点规划　周骏　陈玉娟；

第六章　村庄设计　龚强　周骏；

全书主体框架由陈前虎牵头搭建，全书由陈前虎统校。

目录

第一章

乡村发展认知

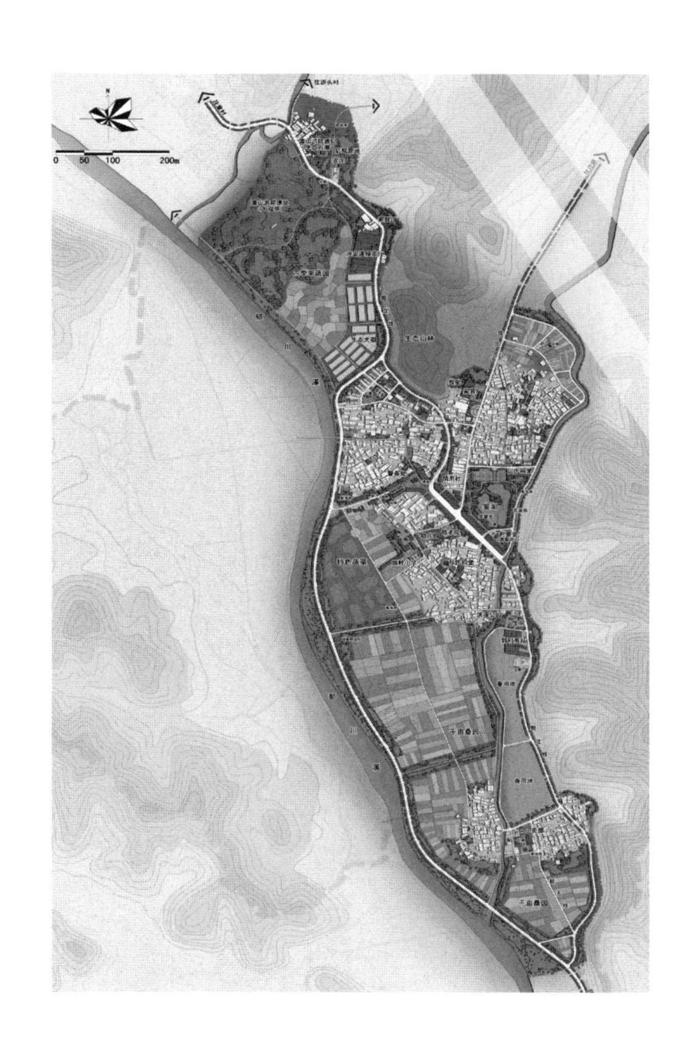

中国是世界上最为重要的农业大国之一，产生了光耀全球的灿烂农耕文明。然而，工业革命后的中国和世界先进国家的差距却在拉大，越来越滞后的农业成为最突出的特征之一。农村人口多、农业经济落后、农民致富困难，长期成为困扰全面建设小康社会的重大难题，近十多年来中共中央一号文件均聚焦于“三农”问题。党的十六届五中全会提出了“生产发展、生活宽裕、乡风文明、村容整洁、管理民主”的社会主义新农村建设总要求，有力地指导了近期的乡村规划建设工作。截至 2016 年，我国乡村常住人口 58973 万人，占到全国人口的 42.65%，相比 2010 年乡村人口逐步缩减，城镇化率得到快速提升。

2017 年党的十九大提出，实施乡村振兴战略，要坚持农业农村优先发展，按照“产业兴旺、生态宜居、乡风文明、治理有效、生活富裕”的总要求，建立健全城乡融合发展体制机制和政策体系，加快推进农业农村现代化。从国际城乡发展经验来看，当工业化水平达到一定程度后，工业反哺农业、城市支持农村，实现工业和农业、城市与乡村的协调发展，成为普遍的社会演化规律。然而，当前我国乡村发展仍然存在着巨大的区域差异和城乡不平等，包括东中西不同地域差距、城市对乡村生产要素的控制与吸纳，尽管东部沿海地区的农村呈现出欣欣向荣的蓬勃发展态势，但中西部许多贫困落后地区的农村仍然处于穷困境地。

为此，乡村建设研究已得到充分的重视和肯定，例如，相对于国内占主流地位的城市规划与设计，近年来许多学者已经开始重新发现乡村规划学，并形成了系列的具有前沿性的学术成果。但本书认为仍然存在着以下几个方面的问题，有待于解决：①乡村能否拥有可持续发展的动力源泉，如何认识现代农业的重要地位？②乡村系统和城市系统属于两个截然不同但相互平等的组织体系，其分离或叠合的发展模式需要我们进行深入分析与研究。③乡村规划与设计如何激发乡村发展的经济社会动力，并能够妥善保护区域生态环境与地方特色文化？

第一节　乡村的概念

（一）乡村的渊源

“乡”一字有多层含义。在空间属性上,《说文》中记载“乡,国离邑民所封乡也”。从文化心理上讲,“乡”指自己生长的地方或祖籍,如唐代柳宗元《捕蛇者说》中“三世居是乡”。从行政区划上，“乡”是中国的基层行政单位。周制，一万二千五百家为乡。春秋齐制，十连为乡。汉制，十亭为乡。唐宋后乡指县级以下行政单位。历史上“乡”所指代的行政空间属性一直在变化，但其所代表的乡土文化性一直在延续。综上所述，“乡”可理解为古代以来国家行政单位下能够产生认同感和归属感的空间文化区域。

“村”一字在《说文》中指乡下聚居的处所,同时也指农村基层组织。作为形容词,“村”一词在一段历史时期内代表一种落后的价值观念和粗俗的行为习惯,如“村蛮、村夫”，体现了传统自然聚落环境下其社会文明普遍落后的状况。

费孝通（2008）曾用“乡土中国”来概括中国传统乡村社会的主要特征。在乡土社会里，最基本的单位是家庭，由家庭集聚形成村落，村落以血缘关系为纽带。村民生产生活紧紧捆绑在土地上，生于斯，死于斯。家庭和土地是构成中国传统乡村的核心基础，而其他社会、文化和经济特征本质上都是围绕着家庭、土地以及他们之间的复杂关系而衍生和展开的。正是由于几千年来中国乡村的家庭和土地以及两者之间的依附关系一直非常稳定，造就了一直延续至今的中国乡土文化、景观和社会特征。

近代以来，由于制度、法规和政策的巨大改变，中国乡村社会稳定的家庭和土地及其依附关系发生了深刻动摇。由于人口和土地要素在城乡之间的流动，出现了人—户分离（人口住地和户籍分离）、职—住分离（工作和原住地分离）。乡村家庭和土地的稳定性及其依附关系大大降低，乡村社会的乡土性基础也随之动摇，乡土性的丧失成为中国乡村社会不可逆转的趋势。缺乏了乡土性之魂，中国乡村文化和乡村景观就缺少了维系之根,物质层面上的乡村聚落和风貌保护也就缺乏了基础（洪亮平、乔杰，2016）。

（二）乡村的界定

一般来说，乡村是介于城市之间，由多层次的集镇、村庄及其所管辖的区域组合而成的空间系统，也是城市之外的一切地域，或城市建成区以外的地区。从国土空间上来看，乡村是区别于城镇的空间区域，是除城镇规划区以外的一切地域，如图 1-1-1 所示。《中华人民共和国城乡规划法》中明确了乡村规划包括乡规划和村庄规划，其中乡规划空间区域为乡域（包括集镇），村庄规划空间区域为村域（包括村庄）。

乡村属于一种地域综合有机体，有着极其复杂的系统性，包含经济、社会、生态、文化等诸多方面特征，而每一方面都涵盖着不同层次的理解因子。很多学者认为农村也可称作乡村，在《辞海》中，农村（乡村）统称为村，在国家统计局关于城乡划分上认为乡村包括集镇和农村。国外学者维伯莱（G.P.Wibberley）认为乡村是某种特殊土地类型，能清晰地显示目前或最近的过去中为土地的粗放利用所支配的迹象。但也有学者认为乡村包含农村，农村是乡村的主体，两者有很大的相似性，但并非一种概念（肖唐镖，2004）。

从人类生态学视角来看，中国的乡村地域是由家庭、村落与集镇构成的农业文化区位格局。家庭既是经济生产和消费单位，又是基本宗教和礼仪的活动空间。村落以家庭为单位，以土地为基础，是农业文化中以血缘和地缘关系为纽带的生态图景。集镇是城市与乡村物质交流的主要场所，为农民提供技术服务、传播信息、扩大社交网络，是引领乡村时尚的文化空间。家庭、村落与集镇在互动中建立了一个既彼此独立又相互依存的有机体。

从社会学角度来看，乡村社会生活以家庭、血缘、宗族为中心，居民以从事农业生产生活维持营生。乡村社会是熟人社会，人与人之间关系密切。乡村地区一般人口密度低，生活节奏慢，保守思想重，变故难。乡村社会区域文化差异大，风俗、道德等村规民约对村民行为约束力强。乡村地区物质文化设施相对落后，现代精神文化生活有待提升。

再次，从地理学角度来看，乡村是作为非城镇化区域内以农业经济活动为典型空间集聚特征的农业人口聚居地，具有很强的人文组织与活动特征。乡村地区的经济、社会、人口、资源与景观的形成条件、基本特征、地域结构、相互联系及其时空变化规律都是地理学的研究范畴。

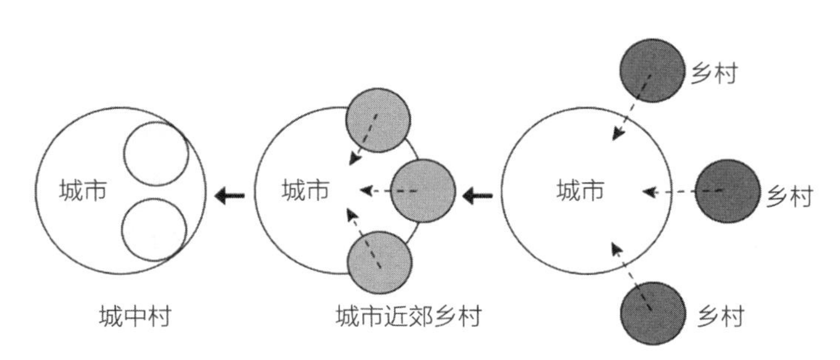

图 1-1-1　城市和乡村空间的相对性
（资料来源：洪亮平、乔杰，2016）

从管理学角度来看，乡与村分别是两个特定的主体。乡为县、县级市的主要行政区划类型之一；村（含民族村）为乡的行政区划单位。乡即包括乡镇党委和政府在内的乡政，村即行使自治权的以村民委员会为代表的村治，体现的是国家权力与村民权利之间的关系。乡政村治是当代中国乡村社会的基础性治理结构。

（三）城乡地域空间系统

随着城乡关系的演变，不仅大量的乡村人口源源不断地流入城市，还有一些城市居民出于各种不同的动机迁往乡村，乡村本身的产业结构、人口结构和劳动结构发生着变化，人类社会严格地划分为乡村社区和城市社区的时代最终将为城乡结合或城乡融合发展所代替。正如相关学者指出，“我们正在迈向一个城市—乡村连续体”（Rural-urban Continuum）（McGEE，T.G.，1991）；“信息通信技术重构的新城市，既不是城市，也不是乡村，更不是郊区，而是集三种元素于一身”（斯科特·麦奎尔，2013）。

在当前全球城市化背景下，无论是地理景观，还是经济职能或社会文化，当代的乡村社会经济转型明显加快，正在日趋向城市靠拢。城和乡是一对矛盾的统一体，乡村与城市相比较而存在。所谓的乡村从某种程度上看是指与城市之间差异较大的地区，这种差异可以从生产、生活方式等多种要素进行比较，城市与乡村之间接近程度的高低代表了乡村发展的不同阶段（张小林，1998）。

城乡地域系统由乡村系统和城镇系统两大子系统构成。乡村系统主要包括村庄、中心村（社区）、集镇、中心镇等村镇空间系统；城镇系统主要包括大都市、中等城市、小城市及城郊社区等城市等级体系，如图 1-1-2 所示。两个子系统之间相互融合、交互叠加，形成一个独特的城乡交错系统，包括小城镇、城郊区、农村社区等城乡融合体系，也有城乡交错区、城乡结合部等多种称谓（Russwurm，1967）。

在理论上，乡村系统、城乡交错系统与城镇系统分别通过农村城镇化、城乡一体化和区域城市化的战略途径，来实现各种要素在空间上由分散到聚集，再到两者的动态平衡，从而推动区域系统的运行和发展。其中，乡村系统为城镇系统输入大量的人力、食物、原材料等多种要素，支撑着城镇系统的良性运转；城镇系统则反馈给乡村系统相应的资金、技术、信息，以及管理等多种要素。

按照城乡地域互动作用的方式和强度，可将城乡互动发展简单划分为两个阶段（刘彦随，2011）：第一阶段，城市与乡村初步融合，城市中心职能较弱。该阶段城市对乡村地域的影响，以农业生产要素非农化（即极化效应）为主，城市扩散效应相对较弱，影响范围有限。第二阶段，随着城市及其周边区域要素的集聚与拓展，城市中心性逐步增强，周边中小城市与中心镇开始出现并不断成长。该阶段既有不同等级城市之间人口、技术等生产要素的交互流动，也有村庄与中小城市、中心镇之间的要素流动。其中，一部分乡村地域依托要素集聚和发展，逐步演变成为新的中小城镇，进而带动周边区域的乡村发展；另一部分乡村地域依托稀缺要素的流入来发展现代农业和促进要素非农集聚，从而推进农村地区的内生式发展。

（四）乡村的类型

20 世纪 80 年代改革开放以来，全球化、信息化、工业化、城镇化快速推动了我国乡村地区的发展变化，不但带动了相关乡村产业的发展，也改变了乡村发展的均质状况。国外学者克洛克（Cloke）等曾利用包括人口、住户满意度、就业结构、交通格局及距离城市中心的远近等统计数据，将英格兰和威尔士地域划分为极度乡村（Extreme Rural）、中等程度乡村（Intermediate Rural）、中等程度非乡村（Intermediate Non-rural）、极度非乡村（Extreme Non-rural）和城市（Urban）五个类型。

龙花楼等（2009）基于乡村性的强弱特征，将我国东部沿海地区的乡村划分为农业主导型、工业主导型、商旅服务型、均衡发展型，并认为传统农业社会向现代工业、城市社会转型，传统计划经济向现代市场经济转轨，以及沿海地区农村工业化和城镇化进程加快、人口快速增长及市场经济的发展，引起农村产业结构、就业结构和土地利用格局的快速转变。

乡村建设与振兴已经成为当前经济社会发展的重要主题之一。有学者基于城乡相互作用的原理，提出经济要素、城乡联系、地域空间是乡村演变的重要驱动因素，也是乡村振兴的切入点和重要抓手。在此基础上，总结出乡村建设的四种类型模式，即资源置换型、经济依赖型、中间通道型、城乡融合型，如表 1-1-1 所示（李智等，2017）。

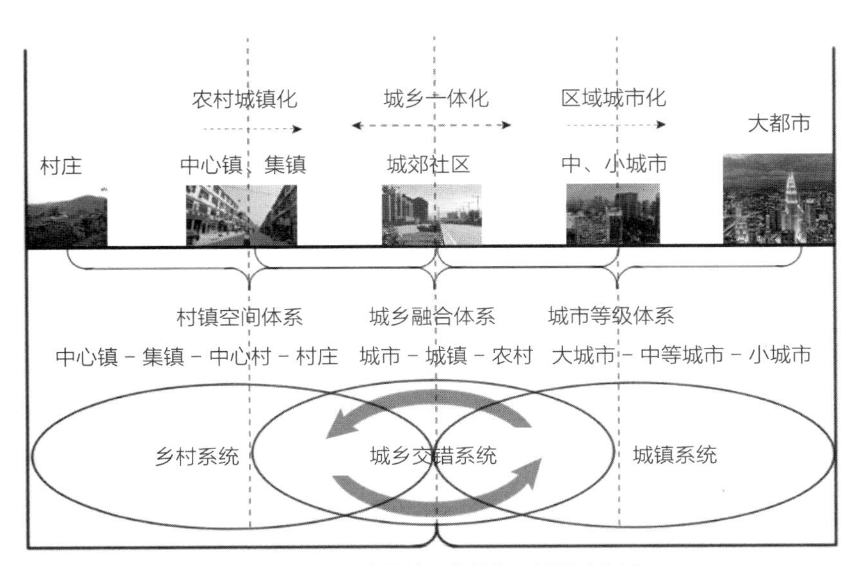

图 1-1-2　城乡地域系统结构及其关联分析
（资料来源：刘彦随，2011）

基于城乡相互作用的乡村复兴模式 表 1-1-1

模式		城乡联系方式	主要特征
资源置换型	农业资源置换型	生产联系 消费联系 社会联系	主要位于远离城市中心地区，属于传统农业生产区域。乡村为城市提供农副产品、土地等原材料资源，以置换城市资金、技术、工业产品及服务等资源
	工业资源置换型		主要位于乡镇的中心村及周边区域，区域条件较好，具有良好的工业发展基础，以（初级）工业品置换城市的高级商品和服务等资源。比如江西省华西村、长江村等
经济依赖型	传统服务业发展型	消费联系 生产联系 社会联系	主要位于城市郊区，生态环境优美或具有重要历史文化价值，可满足城市居民对生态环境、文化体验等特色服务的需求，乡村经济发展依赖城市居民消费。比如旅游度假村、历史文化名村等
	新兴产业发展型		主要位于生态环境良好地区、通勤便利地区、特色资源分布区，或者邻近大学、科技城等地，乡村新兴产业发展依赖城市市场或技术、资金、知识等的扩散。比如文化艺术村、养老服务村、科技发展村等
中间通道型	行政通道型	行政联系 空间联系	主要为各乡镇的中心村，其行政等级介于城市与基层村之间，为基层村提供较高等级产品或服务
	交通通道型		主要位于城乡联系的交通节点或通道上，交通和物流产业的发展有助于产生经济集聚效应
城乡融合型	空间联系密切型	生产联系 消费联系 社会联系 空间联系	主要位于城市扩展区域或城市内部，可有效利用城市的基础设施和公共（或商业）服务，并受益于变化的城市市场，乡村的传统特征不再显著，但在管理属性上仍为农村。比如城中村
	功能联系密切型		主要位于通勤便利的地区，城乡功能联系密切，专门为城市提供特定产品或服务。比如货物中转基地、特定产品或服务供应基地等

（资料来源：李智等，2017）

其中，资源置换型是指通过与城市之间的资源置换来实现乡村的经济社会发展，主要包括农业资源置换型和工业资源置换型，前者主要通过为城市提供农产品、原材料等农业资源，来置换乡村发展所需的资金、技术、工业产品等资源；后者是通过提供初级工业产品来置换乡村发展所需的生产、生活资料。

经济依赖型是指乡村经济发展对城市经济和市场具有较强的依赖性，自我更新能力较弱，需要通过发展乡村新兴服务业或文化创意产业，来满足城市消费市场的需求，进而促进自身的发展。

中间通道型是指某些乡村位于城乡联系通道的中间节点上，并对其经济社会发展产生显著影响，主要包括行政通道型和交通通道型，前者表现为行政等级相对较高的中心村，后者是区位条件优越、交通发达、聚落规模较大的村庄。

城乡融合型是指城乡之间存在密切的空间或功能联系，乡村地域的产业发展、资源配置、功能定位通常以城市市场为导向，可划分为空间联系密切型和功能联系密切型，前者表现为城市边缘的村落或城中村，后者是为城市提供某种特定产品或服务且通勤条件较好的村庄。

也有学者根据行为主体不同，将乡村建设实践划分为以下几种类型：一是基于乡村建设者视角，将实践类型分为政府主导型、农民内生型和社会援助型；二是基于农村发展动力源的差异性，将其分为外援驱动型、内生发展型和内外综合驱动型；三是基于主体驱动力视角，将其分为政府、农民、资本和学术机构四种；四是基于主体系统视角，将之归纳为政府主导型、资本主导型、技术主导型、乡村精英型和多元主导型，如表 1–1–2 所示（叶强、钟炽兴，2017）。

行为主体视角下的乡村建设实践类型　　表 1–1–2

实践类型	代表案例
政府主导型	南京石塘人家、长沙望城区光明村、广西恭城瑶族红岩村
资本主导型	广西华润希望小镇、长沙浔龙河艺术小镇
技术主导型	云南沙溪古镇复兴、山西和顺许村、“美丽中国”云南楚雄支教项目、福建培田社区大学
乡村精英型	福建屏南北村、台湾桃米社区、海口秀英区博学生态村、江苏江阴华西村、宜兴市都山村
多元主导型	河南信阳郝堂村、安徽碧山村

（资料来源：叶强、钟炽兴，2017）

其中，政府主导型是指由地方政府主导，通过政策、规划、部门协调与财政引导等手段推进农村快速发展的实践类型，具有投入大、见效快的特点。

资本主导型是指由工商资本主导，通过土地流转和“农民上楼”、公司化“经营村庄”等手段推动农村现代化的实践类型，属于典型的资本逐利型。

技术主导型是指由技术团队主导，通过治理机制、技术修复、募集资金等创新手段推进农村更新发展的实践类型，具有注重知识与创新的特点。

乡村精英型是指由乡村精英主导，通过利用资源优势、积极动员、整合外部支持等手段推进农村经济内生发展的实践类型，具有内部与草根的特点。

多元主导型指由外部行为主体联合内部行为主体，通过外发动力与内发动力统筹协调等手段推进农村重构发展的实践类型，具有综合与协调的特点。

第二节　国外乡村建设与发展

乡村是居民以农业作为经济活动基本内容的一类聚落的总称，一般是指从事农林牧渔业为主的非都市地区，表现出农业、农村和农民的人文活动特征。在中国，乡村和城市构成了截然不同的地域单元和社会生活；在西方发达国家，乡村和城市并非泾渭分明、差别巨大。从国内外的乡村发展模式和实践案例来看，高水平建设的乡村既包括丰富的生态资源、优美的人居环境、整洁的村庄面貌，也涵盖发达的乡村产业、完善的公共设施、幸福的乡村居民，在生态环境和经济社会方面均表现突出，乡村居民的幸福指数不低于城市居民，如图 1-2-1 所示。

从 20 世纪 30 年代开始，西方发达国家对传统农业进行了全面技术改造，完成了从传统农业向现代农业的转变，也形成了乡村建设的三种不同模式和路径，即以美国为代表的自然资源丰富型的现代农业、以日本为代表的自然资源短缺型的高价现代农业和以荷兰为代表的自然资源短缺型的效益农业。以下将简要分析东亚和欧美乡村发展与建设的演化路径和主要特征，如表 1-2-1、表 1-2-2 所示。

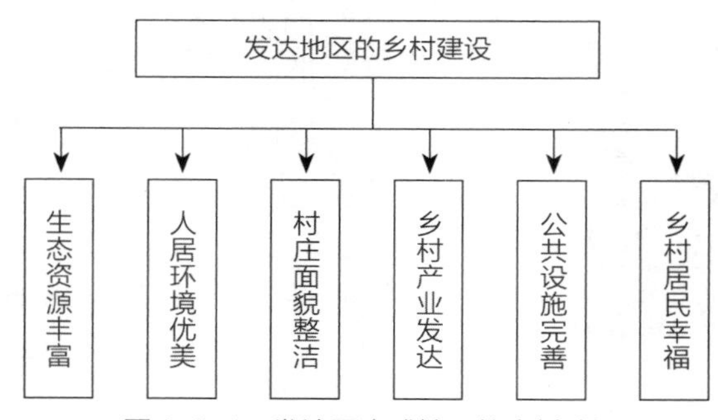

图 1-2-1　发达国家或地区的乡村建设

东亚发达国家乡村发展与建设路径　　表 1-2-1

地区	阶段特征			建设要点
日本	1955~1965 年，村庄物质环境改造	1966~1975 年，乡村传统农业结构调整	1979 年以后，美丽乡村建设——“造村运动”	培育乡村的产业特色、人文魅力和内生动力，实现“一村一品”
韩国	1970~1980 年，启动村庄生产基础设施建设	1981~1990 年，改变农业结构，缩小城乡差距	1990 年以来，推动城乡一体化，完善“新村运动”	政府低财政投入，农民自主建设，因地制宜，发展特色都市农业

西欧发达国家乡村发展与建设经验　　表 1-2-2

地区	建设基础	表现特征
德国	20 世纪 50 年代，城市化水平达 60%，传统乡村农业用地较为分散	20 世纪 50~60 年代进行“农地整理”，实现农业现代化；20 世纪 70~80 年代关注乡村聚落形态、传统建筑、交通道路、生态环境和地方文化；20 世纪 90 年代以来，引入可持续发展理念，挖掘乡村文化、生态、旅游等方面的经济价值
荷兰	20 世纪 50 年代城市化水平高达 80%，城乡差距较小，城镇人口外迁“都市乡村”	将土地整理、复垦与水资源管理等进行统一规划和整治，以提高农地利用效率；推进乡村经济的多样化、乡村旅游和休闲服务业的发展，改善乡村生活质量

（一）始于“城乡差距较大”的东亚乡村建设

1. 日本的“造村运动”

日本属于岛国，山地、丘陵占国土面积的71%，耕地面积仅占13.6%。1975年之前的20年属于日本城市经济高速增长时期。但是，农村因青壮年人口大量外流到城市，农业生产和乡村发展的人力资源条件不断恶化，农村面临瓦解的危机。为缩小城乡差距，保持地方经济活力，至今日本已经实行了多轮新村建设计划。1955~1965年是基本的乡村物质环境改造阶段，主要目标是改善农业的生产环境，提高农民的生产积极性。1966~1975年是传统农业的现代化改造和提升发展阶段，主要工作是调整农业的生产结构和产品结构，满足城市农产品的大量需求。其中，20世纪70年代末，日本推行了“造村运动”，强调对乡村资源的综合化、多目标和高效益开发，以创造乡村的独特魅力和地方优势。

与前两次过于注重农业结构调整不同的是，“造村运动”的着力点是培植乡村的产业特色、人文魅力和内生动力，对后工业化时期日本乡村的振兴发展产生深远影响，也彻底改变了日本乡村的产业结构、市场竞争力和地方吸引力。最具代表性的是大分县知事平松守彦于1979年提出的“一村一品”运动，这是一种面向都市高品质、休闲化和多样性需求、自下而上的乡村资源综合开发实践。经过了三十多年的锤炼，日本人慢慢发展出一套乡村建设逻辑，认为地方的活化，必须从盘点自己的资源做起；只要针对一、两项特色资源好好运用、发展，就可以让地方免于持续萧条，让乡村焕发活力。

2. 韩国的“新村运动”

韩国国土面积9.93万平方公里，以丘陵、山地居多，耕地占国土面积的22%。20世纪60年代的韩国农业落后，农民贫穷，城乡差距拉大。为改变农村的落后面貌，1970年朴正熙政府开始倡导“新村运动”，把实施“工农业均衡发展”放在国民经济建设的首要地位。从发展的演变看，韩国的“新村运动”可划分为三个时期。1970~1980年为启动推进阶段，主要目标是改善落后的农民生活生产条件和基础硬件设施，较为类似于日本20世纪50~60年代的新村建设。1981~1990年为充实提高阶段，主要目标是调整农业结构增加农民收入，进一步缩小城乡差距，较为类似于日本20世纪70年代的新村建设。1991年至今，自我完善的稳定发展阶段，以促进城乡的广泛一体化发展为目标，比较类似于日本20世纪80年代后的“造村运动”。

“新村运动”以扩张道路、架设桥梁、整理农地、开发农业用水等作为农村基础设施建设的重点，政府适时倡导自力更生，引导发展养蚕、养蜂、养鱼、栽植果树、发展畜牧等特色都市产业，因地制宜地开辟出城郊集约型现代农业区、平原立体型精品农业区、山区观光型特色农业区，极大地拓展了农民增收的渠道。同时，农民收入的提高和富余资金的积累，也为农村设施建设形成了良性互动的前提。与日本相比，韩国的“新村运动”是建立在政府低财政投入和农民自主建设的基础上，因此创造了低成本推行农村跨越式发展的成功典范。

（二）基于“城乡发展均衡”的西欧乡村建设

1. 德国的“村庄更新”

德国国土面积相对广阔，农业发展水平位居世界前列。二战后德国的“村庄更新”始于 20 世纪 50 年代早期，当时德国的城镇化水平已经达到 60% 左右。乡村更新的主要目标是改善乡村土地的拥有结构不至于过于分散，影响农业的现代化，其中的一个重要手段是农地整理。20 世纪 70~80 年代，德国基本实现现代化。该时期村庄更新开始审视村庄的原有形态和村中建筑，重视村内道路的布置和对外交通的合理规划，关注村庄的生态环境和地方文化，并且强调农村不再是城市的复制品，而是有着自身特色和发展潜力的村落。

进入 20 世纪 90 年代，农村建设融入了可持续发展的理念，开始注重生态价值、文化价值、旅游价值、休闲价值与经济价值的结合。村庄更新项目的重要目标是，从保护区域或地方特征出发，更新传统建筑；从保护乡村特征出发，扩建村庄基础设施；按照生态系统的要求，把村庄与周边自然环境协调起来；因地制宜地发展经济；帮助乡村社区持续发展。

2. 荷兰的“农地整理”

荷兰国土面积 4.2 万平方公里，全境为低地，1/5 土地属于围海造田。20 世纪 50 年代荷兰的城镇化水平就超过了 80%，城乡的人口矛盾并不突出。20 世纪 60 年代由于经济好转，城市地区得到长足发展，大批的城镇居民开始由城市中心迁往大中城市的郊区——都市乡村。战后荷兰城镇化面临的重大课题是如何在都市区化过程中保护周边乡村农地经营的规模化和完整性，以实现农业的结构调整。因此，“农地整理”一直是荷兰解决农村、农业发展问题的核心工具。荷兰农地整理是将土地整理、复垦与水资源管理等进行统一规划和整治，以提高农地利用效率，几乎所有的农村建设和农业开发项目都要依托土地整理而进行。

荷兰已经改变了过去单方面强调农业发展的单一路径，而转向多目标体系的乡村建设。如推进可持续发展的农业，提高自然环境景观的质量，对水资源进行可持续管理，推进乡村经济的多样化、乡村旅游和休闲服务业的发展，改善乡村生活质量，满足地方需求等。

（三）基于“城镇优先发展”的美国乡村建设

美国作为二战的战胜国，虽没有遭受巨大的战争创伤，但也受到了一定的负面影响。工业反哺农业、城市拉动乡村是美国独具一格的经济发展模式。与其他国家不同的是，美国的农业基础良好，因为美国工业发展是从农业中的棉纺织业开始的，奠定了农业的基础性地位，从而使得美国农业一直以来发展较快，未出现过农业衰退等现象，反而在解决粮食需求、提供原料和扩大国内市场方面为城市化创造了条件，可以看出美国乡村建设是在工业化的强劲推动下进行的。

为了避免战争以及减少未来战争对经济的破坏及保护资本主义者利益，美国实施了分散化的城镇发展模式。同时，当时的美国对乡村基础设施建设有很高的要求，1954 年的美国乡村基础设施水平已经大大高于战后的欧洲。20 世纪 60~70 年代，美国通过发展小城镇来分散城市人口，并鼓励城市居民向乡村迁移，从而推进了"示范城市"计划，大力发展小城镇，在城市周围大量建设"新城或新镇"。20 世纪 70~80 年代，由于美国现代农业发展模式与工业化十分相像，可以说是工业化的一个变种。20 世纪 80 年代，美国农业出现了土壤衰竭问题，造成农业生产力下降，为此美国开始推行一种可持续农业发展模式来恢复生态系统——"低投入可持续农业"（简称"Lisa"——丽莎）。在同一阶段，私人房地产市场接手运作乡村建设，并对日渐衰退的城市中心给予公共财政补助。

美国乡村建设的健康发展离不开规划体制的完善，以及联邦政府"自上而下"的统筹部署、规划引领和资金补助，当然一些基层组织和特殊部门等形成的"自下而上"的操作机制也同样起到了至关重要的作用。以人为本、尊重居住者的生活需求是美国在乡村建设中的首要任务。此外，美国还十分注重村庄特色的彰显，他们会将本村的历史文化和当地的生活传统发扬光大，以此塑造成有个性、独一无二的村庄。

（四）东亚、西欧及美国的乡村建设对比

基于各国不同的国情、经济社会背景和国家发展条件等各种影响因素，以西欧、北美和东亚为代表的发达国家的乡村发展历程以及乡村建设模式各不相同。各个国家乡村建设上并没有固定的发展模式和统一的时间表，若要走出一条合理的乡村建设道路，只能基于本国现状条件，借鉴他国经验，形成自身相对独特的乡村建设路径与模式，如表 1–2–3 所示。

以荷兰、德国为代表的西欧地区，在乡村建设中始终将乡村放在第一位，通过乡村土地整理，对传统乡村进行不断改造和提升，通过在乡村居民点建设基础设施和公共服务设施来实现乡村的功能复兴，让农民也能享受到与城市一样的生活环境，并拥有比城市更优美、更生态的自然景观，其乡村功能复兴基本产生在"二战"以后的高度城镇化阶段。

以美国为代表的北美地区，属于典型的工业化带动农业发展的乡村建设模式，它与西欧最大的区别是在乡村建设中主要以城市或城镇为中心，通过在郊区化的"空地"上进行"新城开发"来发展乡村地区，其城市蔓延、生态环境污染、乡村地区

可持续发展将成为急需解决的问题，并从城乡空间统筹角度研究都市边缘地带的建设控制和整合问题。

以日本为代表的东亚地区乡村建设，属于典型的人多地少的国情，并有着农耕传统，以及家族式、小规模的农田持有和农业生产方式根深蒂固的特点。自“二战”以后，日本农村发展经历了一个由衰落到兴起的漫长历程，半个多世纪的农村建设道路，实现了由城乡差距较大到新农村建设的转变。其中，日本在乡村建设中注重以人为本，将农民作为乡村建设的主体，直接受益者也是农民。其乡村建设是由农民自发组织兴起的“自下而上”的发展模式，政府为乡村建设做引导工作，且为农民提供技术、资金等支持，将农村建设的主权和选择权全部交由农民。以此发挥农民的主体地位，并激发他们的积极性和创造性，真正让农民能够实现自我管理和服务。

以韩国为代表的东亚地区乡村建设，其与日本最为不同的一点是通过自上而下的政府主导型模式展开，具有一定程度的强制性、指令性和非民主色彩。但这种自上而下的模式却不包揽一切，韩国政府也比较尊重民意，他们通过对全国各村庄提供建设材料和资金的支持。从相对简单的基础设施改造做起，激发村民的积极参与性，而后政府开始慢慢降低对村庄的支援力度，将主动权交由民众手中。除了物质性的

欧洲与北美乡村发展演变对比表　　表 1-2-3

发达国家乡村建设的五个阶段（城镇化达到 50%）	时间	欧洲乡村建设问题	欧洲乡村建设措施	美国乡村建设
基础设施建设阶段	20 世纪 50~60 年代	粮食安全	土地整理、生产和劳动力就业结构的调整、基础设施的建设和村庄更新，以及改善生活环境等	改善乡村基础设施来解决非农人口居住问题
郊区化阶段	20 世纪 60~70 年代	居住	提升乡村基础设施和公共服务设施，解决乡村居住及生活问题	工业、服务业向乡村地区转移
反郊区化阶段	20 世纪 70~80 年代	社会冲突	以乡村更新、区域发展政策来稳定乡村经济与人口问题	以私人房地产市场运作乡村建设，并对日渐衰退的城市中心给予公共财政补助
郊区化成熟阶段	20 世纪 80~90 年代	环境	扩大乡村保护范围，将乡村生态环境纳入城乡生态保护范围	开始解决“城市蔓延”问题，并重整郊区居民点，在已建的居民点实行填充式开发模式
城镇区域化阶段	20 世纪 90 年代至今	城乡协调发展	欧盟的共同农业政策的全面推行，对乡村地区进行公共财政的投入，来推进城乡可持续发展	规划建设“区域城市”，通过新城规划和精明发展方式建城

援助，新村运动在精神层面上的努力也必不可少，以传统社会结构和价值观为依托，提升国民精神与现代意识，从而将新村运动引向成功。这是一种自上而下和自下而上相互协调合作的过程，并具有循序渐进的理想效果。

（五）乡村建设的动力机制

1. 乡村发展与建设的影响因素

发达国家成功的乡村建设案例都是在一种或两种资源中，开发出了都市需求的独特功能。例如，日本乡村建设“一村一品”、“一村一景”的形成，铸就了乡村发展的持久动力和独特品格。根据以往研究总结和以上发展经验分析，可以将创造乡村聚落“个性化、差异化、特色化”的资源遗产归结为五个方面，如图 1-2-2 所示：

①人——地方发展领袖。带领农村的建设者，以及著名的历史人物、拥有特殊技艺的人、有特色的地方住民活动，如环境保护、国际交流、节庆祭典等。

②地——指自然资源。如特殊的青山、绿水、温泉、雪、土壤、植物、梯田、盐田、沙洲、湿地、草原、鸟、鱼、昆虫、野生动物等。

③产——指生产资源。农林渔牧产业、手工艺、饮食、加工品、艺术品等，以及拓展产业机能之观光、休闲、教育、体验农业、市民农园及农业公园等。

④景——指自然或人文景观。如森林、云海、湖泊、山川、河流、海岸、星星、古迹、地形、峡谷、瀑布、庭园、民俗文化、建筑等。

⑤文——各种文化设施与活动。如寺庙、古街、矿坑、传统工艺、石板屋、童玩，有特色的美术馆、博物馆、工艺馆、研究机构、传统文化与习俗活动等。同时，要完善乡村建设机制，不断提升农民创建“美好家园”的参与热情和积极性。在整个乡村开发过程中，广泛动员当地居民的建设积极性，并保证有合理的收益反馈。

2. 乡村发展与建设的机制框架

根据以上乡村发展的影响因素分析，那些较为成功的乡村发展案例，其行动主体离不开地方政府、企业和居民（农户）的相互作用，从而形成推动乡村持续发展的地方产业体系，以及完善的基础设施、良好的生态环境和特色的地方文化。可将国内外乡村发展的动力机制框架归纳如下，如图 1-2-2 所示：

①产业体系，指能够支撑乡村快速发展的内生动力，包括现代农业体系、现代旅游业体系和地方小型工业体系，一般更为强调用工业化、信息化的手段组织并形成农业产业链系统或旅游业产业链系统。

②基础设施，指能够保证和维持乡村产业经济发展、居民便捷生活生产的系列硬件基础设施和软件服务设施，包括道路、网络、水电、排污、学校、医疗、法律等，

这些属于乡村发展的基础动力。

③生态环境，指产业、乡村、居民等生产与发展所赖以存在的基本条件，属于一种开放性和扩散性的组织系统，相对于聚集式的城市系统，更能够体现出乡村聚落的本质属性。

④地方文化，指能够区别于城市和其他乡村特征的内在属性，是每个成功乡村具有自身魅力而不可缺少的灵魂，包括农耕文化、牧渔文化、民风民俗、地方名人、节庆盛事等。

同时，在当前我国乡村发展过程中，区位和机遇两大条件也扮演着必不可少的角色。例如，在浙江省内部，安吉县“美丽乡村”的成功建设正是由于充分发挥了地处沪宁杭三大都市连线核心的区位优势，并顺应城市化快速发展所带来的市场机遇，但该模式是无法完全复制到浙西南拥有相近地方资源的龙游、江山、遂昌、泰顺等县市。而在中国区域范围内，东部沿海地区乡村发展与建设的条件和路径，也完全区别于中西部地区乡村。所以，我们再次强调产业体系、地方文化、基础设施、生态环境四大条件在每个乡村成功崛起中的重要作用，即它们可以形成一个具有自生能力的乡村地方生产系统。

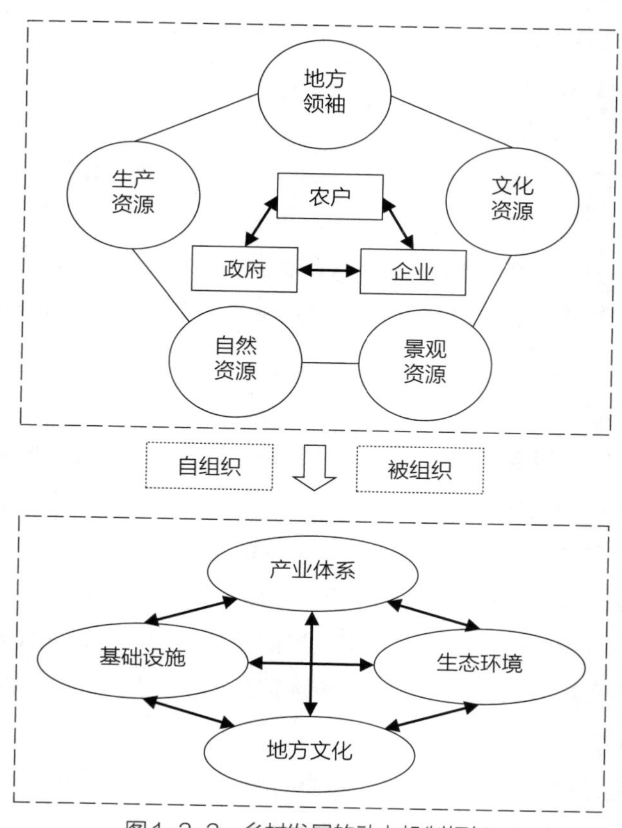

图1-2-2　乡村发展的动力机制框架

第三节　中国乡村建设与发展

中国的问题更多表现为农民的问题，通过乡村建设，破解“三农”问题一直是中华民族的强国之梦。党的十七届三中全会通过的《中共中央关于推进农村改革发展若干重大问题的决定》将我国乡村建设工作推向一个新高潮。十八大报告提出要实现美丽中国的目标，重点和难点在乡村；十九大报告更是提出了实施乡村振兴战略。事实上，对乡村建设的探索在历史上从未中断过，社会各界以各自方式参与其中。根据相关研究，可将中国乡村建设划分为 4 个发展时期，即传统乡村建设时期（帝制时代）、近代乡村建设时期（民国时期）、中华人民共和国成立后到改革开放以前、改革开放以来乡村建设时期，如图 1-3-1 所示（王伟强、丁国胜，2010;吴祖泉，2015）。在此发展过程中，中国乡村建设实现了从传统到现代、从“乡绅”主导到以政府为主的“多元化”、从单一到综合的转变。

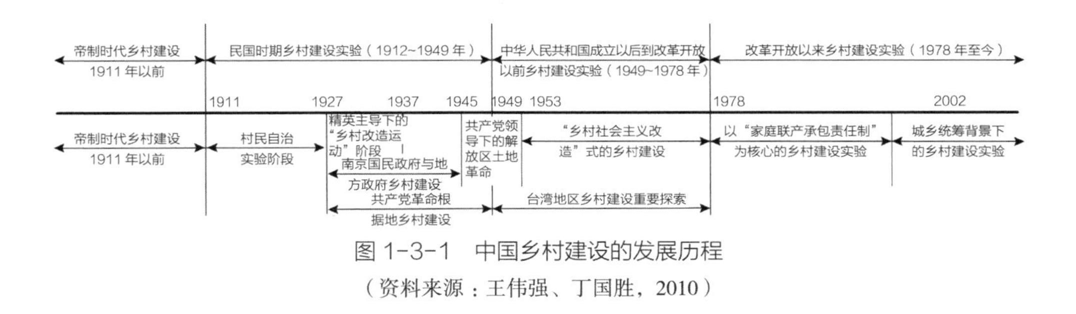

图 1-3-1　中国乡村建设的发展历程

（资料来源：王伟强、丁国胜，2010）

（一）传统乡村建设时期（1911 年之前）

秦汉以来建立的大一统国家及形成的具有凝聚力的中华民族整体文化，促使城乡融合伴随着农业经济社会发展而趋于稳定，并延续了两千多年。虽然某个时期的若干政策是限制城乡交流的，但是此时期整体历史和文化以城乡融合为主要特征（叶超，2014）。所以，中国传统乡村是农业社会维系社会稳定与发展一切资源的基础。古代中国即使发生改朝换代，传统乡村社会基本上也能很快恢复或保持相对稳定，表现出一种强烈的内生性特征，这也是中国内生性社会与文化力量的重要体现。

历史上的乡村建设多是依赖传统的乡绅制度与农耕文化，乡绅部分来源于科举制度下的读书人。由于没有公共财政积累，乡村的公共服务多是由乡绅、商人与上层精英来承担，如村庄规划、建设与管理，农田水利和公共建筑的兴建，修桥、铺路、造凉亭以及市政设施的建设等。同时，乡绅作为联系国家政权与基础农民的关系纽带，还充当着维护本乡利益，承担公益活动、排解纠纷的社会责任，这种乡村内生性的发展模式反过来也进一步强化了乡绅的社会与政治地位。可以说，正是在这样一种社会制度与文化背景下，传统乡村建设呈现出一种相对有序、稳定的发展状态，具有明显的“自组织”特征，形成一种长期的、典型的“乡绅”式乡村建设模式（王伟强、丁国胜，2010）。

（二）近代乡村建设时期（1912~1949年）

近代鸦片战争以来，特别是随着清朝灭亡逐步进入民国以后，受西方列强侵入及资本主义政治经济力量的影响，中国传统农业经济社会及其体制逐渐解体，乡村社会在国家制度层面已经无法继续循环历代皇朝换代下的稳定局面，相应的意识形态和传统文化遭到很大冲击，并趋于离散，城乡关系开始出现对立的格局。在乡村良绅为逃避衰败乡村，迁移到近代工商业城市的背景下，乡村士绅阶层出现了“痞化”，蜕变为“土豪劣绅”，中国城市和乡村分别成为先进和落后、文明和野蛮的代名词。此时，乡村建设再也无法继续复制传统社会模式。

1. 以“村民自治实验”为代表的阶段（1912~1927年）

该阶段的乡村建设实验主要由民间有能力的人、地方军阀推动乡村自我发展和自我管理，代表人物有米春明、米琢、孙发绪及阎锡山等。当时，参与乡村建设的团体众多、成分复杂、模式多样，既有地方士绅，又有政府、军阀，也有民间组织，还有国外组织。有专门限于某项专门的活动，如农民教育、乡村合作社、乡村自卫、农业技术及良种推广等，也有针对乡村综合问题进行乡村建设实验。典型案例包括翟成村“村民自治实验”和阎锡山的“山西村治”，如表1-3-1所示。

该时期的主要成果包括提高原来一盘散沙式的乡村组织化程度、加强生产和消费的互助合作、发展乡村教育，以及推广农业技术等。在一定程度上，它仍然是传统乡村社会“乡绅”模式的延续。但是，它显然已经突破传统模式，并以乡村自治制度化为主要特征，标志着向近代民主自治的转变（王伟强、丁国胜，2010）。

2. 精英主导下的“乡村改造运动”阶段（1927~1937年）

针对20世纪30年代乡村社会严重衰落的局面，知识精英发起了一场声势浩大的乡村建设运动。高潮时期全国从事乡村建设工作的团体与机构多达600多个，先后建立各种实验区1000多处。从1927年开始，以一批留学美、日的知识分子为主体展开了救济乡村的社会改良运动，形成了乡村建设、研究的高潮，主要代表人物有梁漱溟、晏阳初、黄炎培、陶行知和卢作孚等。典型案例包括：1929~1937年梁漱溟及山东乡村建设研究院的“邹平模式”、1928~1937年晏阳初和中华平民教育促进会的“定县模式”、卢作孚的“北碚模式”、彭禹庭的“宛西自治”、黄炎培等人和中华职业教育社的“徐公桥模式”、陶行知和中华教育改进会的“晓庄模式”，如表1-3-1所示。

近代中国乡村建设的典型特征 表 1-3-1

主体	主要人物或组织	主要实践	乡村建设的特点
非正规主体	梁漱溟的山东乡村建设研究院	山东邹平	将乡农学校作为政教合一的机构;组织乡村自卫;组织农村合作市;以谋求乡村文明、乡村都市化
	晏阳初的中华平民教育促进会	河北定县	采用学校教育、家庭教育、社会教育来推行"文艺、生计、卫生、公民"四大教育
	黄炎培及中华职业教育社	江苏徐公桥	实施乡村的普及教育，推广合作，改善农事、提倡副业和推行新农具，建设道路、桥梁、卫生等公共事业
	卢作孚	重庆北碚	实业救国，带领村民修建铁路、治理河滩、疏浚河道、开发矿业、兴建工厂、开办银行、建设电站、开通邮电、建立农场、开发贸易、组织科技服务；重视文化、教育、卫生、市容市貌的建设
正规主体	军阀（阎锡山、孙发绪、米春明等）	翟成村的村民自治实验	传统乡村建设模式的延续，在此基础上，提高乡村组织化程度，发展乡村教育以及推广农业技术

（资料来源：吴祖泉，2015）

其中，梁漱溟（2011）从文化入手寻找乡村现代化的突破点和方向。他认为中国的问题不是政治问题，也不是经济问题，而是文化问题。"创造新文化、救活旧农村"是梁漱溟选择的乡村建设路径，意在选择以儒家文化为核心的传统文化改造进而引发政治、经济改造的乡村建设。他把乡村组织起来，建立乡农学校作为政教合一的机关，向农民进行安分守法的伦理道德教育，达到社会安定的目的；组织乡村自卫团体，以维护治安；在经济上组织农村合作社，以谋取"乡村文明"、"乡村都市化"，并达到全国乡村建设运动的大联合，以期改造中国。

晏阳初认为乡村建设的使命是民族再造，只有改变中国人"愚、穷、弱、私"的四大病症，才能改造出具有现代化素质的新民。为此，该乡村建设实验设计了"四大教育"（文艺教育、生计教育、卫生教育、公民教育）和"三大方式"（学校式、社会式、家庭式），并推广合作组织、创建实验农场、传授农业科技、改良动植物品种、创办手工业和其他副业、建立医疗卫生保健制度，还开展了农民戏剧及诗歌民谣演唱等文艺活动，意在使农民最终成为有知识力、生产力、强健力和团结力的现代农民，承担起民族再造的使命。

卢作孚是民国乡村建设史上以经济入手的典型代表。他认为乡村建设的目的不只是乡村教育、乡村救济，而是要赶快使乡村现代化起来，最终实现国家的现代化，明确提出以现代化、都市化为目标来建设乡村。建设现代集团生活是卢作孚乡村建设的理论基础，他在北碚带领村民修建铁路、治理河滩、疏浚河道、开发矿业、兴建工厂、开办银行、建设电站、开通邮电、建立农场、发展贸易、组织科技服务等，重视文化、教育、卫生、市容市貌的建设，使得北碚在短短的 20 年间，从一个穷乡僻壤变成了一个具有现代化雏形的新型城市。

该类型的乡村建设是在半殖民地半封建社会的条件下，以知识分子为先导、社会各界参与的救济乡村或社会改良运动，是乡村建设救国论的理论表达和实验活动。尽管这场乡村建设运动取得一些积极成果，但它没能抓住当时中国发展面临问题的实质，无法解决土地分配不均、农民负担过重等根本性问题，再加上国内军阀战乱和日本帝国主义侵略，大多在20世纪30年代后期便被迫停止。

总体来说，这场乡村改造运动是在维护当时国家现存制度和秩序条件下的一场自觉的对如何实现乡村现代化的社会改良实验和探索。与传统乡村建设相比，它仍然是传统“乡绅”精神的传承，但却注入了诸多现代乡村建设思想，引导乡村社会向现代化的方向转型。

针对该时期由知识精英倡导的乡村建设运动，也出现了一些检讨、判断和思辨的声音（杨宇振，2016）。如陈序经（1935）认为这些乡村建设工作很难赶得上他们所得的盛名，也未超出空谈计划与形式组织的范围；部分乡村建设理论有复古的趋向，拒绝工业化和现代都市文明，没有认清都市和乡村的关系；事实上应该选择都市近郊农村开展实验，利用交通便利和环境相对安宁的条件，把都市的人才、知识、资本等与农村的变革结合起来才能够有所成效。吴景超（1934）认为传统乡村建设均认为都市发展加深了农村破产，但很少关注从都市着眼来救济农村；兴办工业、发展交通和扩充金融是发展都市三种重要的事业，可以改善城乡对立的关系，增强城乡要素的流通性。薛暮桥（1935）则提出从生产关系、从土地作为生产资料的拥有和利用的角度来理解和改造农村社会。

3. 南京国民政府与地方政府的乡村建设实验（1927~1945年）

南京国民政府成立后，乡村地区仍然没有摆脱传统地主阶层的控制，中央政府更依靠对乡村进行剥夺以实现对城市发展所需资本与基础资源的积累，导致乡村社会持续衰落。当时的政府在乡村建设上主要采取如下措施：力图重构乡村社会，达到政权控制；进行土地整理工作，尝试进行土地革命；颁布有关减租法令和相关政策；成立“农村复兴委员会”，倡导“乡村建设运动”。

但由于国民政府不能够舍弃地主阶级的根基，没法解决土地问题，最终导致其政权被颠覆，乡村建设实验失败。同时，地方政府为了各自政权和统治的需要，采取了诸多具有地方特色、与中央政府不同却行之有效的措施进行乡村建设。典型案例包括：张作霖父子在东北方面进行的乡村改革实践、南京国民政府时期阎锡山的山西乡村建设以及广西新桂系军阀的民团建设等。

南京国民政府和地方政府参与乡村建设表明国家政权力量已经渗透到乡村社会，试图通过整合乡村资源来实现国家对乡村的有效管理和乡村社会自身的有序发展，完全突破传统社会“皇权至于县”的局面。然而，这些旨在促进乡村建设的政策措施，借助“经纪型体制”运作，最终成为财源汲取的工具。同时，由于地方割据，国家权力更加难以实现对社会的整合，改进措施也因为触及地方政权利益而难以实施，进而加剧现代国家建构的合法性危机（丁国胜、王伟强，2014）。

4. 中国共产党革命根据地建设（1927~1949 年）

与南京国民政府和精英主导的社会改良性质的乡村建设不同，中国共产党在革命根据地进行了以土地改革为核心的具有革命性质的乡村建设实验（王伟强、丁国胜，2010）。早期是由毛泽东等共产党人把农民发动起来，成立农民协会，打倒土豪劣绅，惩治不法地主，实行减租减息，在乡村中出现了如《湖南农民运动调查报告》中所描述的“一切权力归农会”的乡村大革命局面。后来，根据地的乡村建设实验便逐渐开展起来。

一方面，中国共产党在革命根据地围绕“没收地主阶级土地归农民所有，废除封建剥削制度”展开土地革命、变革乡村土地制度；另一方面，采取积极的经济建设措施，包括发展农业生产、提高农业技术，采取移民政策，实行农贷政策，推广植棉，实行农业累进税，鼓励农民开展劳动互助，扫盲识字等。

中国共产党在革命根据地进行的土地制度变革打击了封建地主土地所有制，确立了农民土地私有制，使得根据地显示出十分强大的革命动力。所以，中国共产党正是通过以土地革命为核心辅以经济建设措施的乡村建设使得根据地不断扩大和巩固，最终实现“农村包围城市”的胜利。经验表明，土地制度变革是乡村建设与发展的关键性要素。

（三）中华人民共和国成立后到改革开放以前乡村建设时期（1949~1978 年）

1950~1953 年国家开展共产党领导的解放区的土地改革运动。到 1953 年春，国内大陆除了少数民族地区以外，完成了中国历史上规模最大的土地改革运动，约 3 亿无地少地农民分得 7 亿亩土地。在此基础上，为恢复和发展农业生产，国家还采取诸多措施，包括颁发土地证、恢复和发展农副业生产、取消地方农业附加税、提高自由借贷、鼓励农民扩大再生产，以及兴修水利等。

国家正是通过以土改为核心、以恢复和发展农业生产为重点的乡村建设，释放了农民劳动积极性，使得乡村生产力和农民生活水平得到提高。比如，1950~1952 年比上年农业生产总值分别增长 17.8%、9.4% 和 15.2%；到 1952 年，全国粮食产量超过此前历史上（1936 年）最高水平。土改虽然实现了“耕者有其田”的理想，但生产方式仍然是农地私有制的小农经济。考虑到小农经济与农民致富、工业化原始积累之间存在矛盾，以及为了避免平均地权后的小农破产和大地产形成的历史轮回，国家期望通过合作社的形式将农民组织起来，将农民个体劳动转化为集体劳动，变农民土地所有制为集体土地所有制，以乡村所有制变革为核心，推动整个乡村社会继续变革。

在“二五”、“三五”计划时期，我国提出了“建设社会主义农村”问题。1957年《人民日报》发表标题为《建设社会主义农村的伟大纲领》的社论，认为《一九五六年到一九六七年全国农业发展纲要》目标实现之后，“农业和农村面貌将焕然一新”，在农村建立社会主义制度。为此，国家进行了一场近似“乌托邦”式的共产主义乡村建设实验，包括合作化运动和人民公社化运动两个阶段。期间，并出现了农业学大寨、知识青年上山下乡的运动，以及江青小靳庄乡村建设实验等。

事实上，这场实验是国家为了实现乡村社会主义理想和追求工业化发展战略的制度安排。然而，在此实验过程中，乡村社会非但没有得到快速发展，反而出现了停滞不前，多数地方没有摆脱贫困落后面貌，农民生活水平也没有得到大幅度提高。尽管如此，该轮乡村建设也给乡村社会带来了一些积极变化。一方面，农民集体化生产极大推动了道路桥梁、土地整理、大规模农田水利等农业基础设施建设，为农业生产提供了基础条件；另一方面，建立了相对完善的乡村基础教育制度和乡村合作医疗制度，乡村公共服务设施得到加强。例如，基础教育使得小学生入学率由1963年的57%提升至1976年的96%，以及乡村赤脚医生制度的出现，人均预期寿命从1949年仅为35岁增加到1981年的68岁。所以，正是这些成就，包括培养储备了为外资所青睐的素质优良而价格低廉的劳动力大军，使得中国社会改革开放后呈现出爆发式增长，为乡村发展打下了良好基础（王伟强、丁国胜，2010）。

（四）改革开放以来乡村建设时期（1978年至今）

改革开放以来，我国农村发展与建设实践步入新的阶段。我国政府为解决“三农”问题，再次颁下涉农中央一号文件和不定期召开农村发展重要会议，并注重在示范实践中不断探索农业和农村发展的一系列方针与政策。以十一届三中全会为标志，我国乡村开始由贫困集体主义经济向温饱小农家庭经济转变，乡村建设实验进入新的发展阶段。

1. 以家庭联产承包制为核心的乡村建设（1978~2002年）

党的十一届三中全会开始推行农村家庭联产承包制改革。以安徽小岗村发起的“大包干”乡村改革为契机，全国掀起了改革开放的序幕。1983年家庭联产承包责任制确立，恢复了家庭作为乡村社会基本生产经营单位的微观基础，符合传统农业生产的规律，也解决了人民公社中劳动生产存在的激励与监督制度。1984年中共中央办公厅批转了《全国文明村（镇）建设座谈会纪要》，1991年中共十三届八中全会明确提出了20世纪90年代建设新农村的总目标，1998年中共十五届三中全会《中国中央关于农业和农村工作若干重大问题的决定》，使用了“建成富裕民主文明的社会主义新农村”等概念。在此背景下，中国乡村社会迎来了发展的黄金时期，乡村面貌和农民生活发生了巨大变化，基础设施、人居环境、精神文明、民主法治等方面都有明显的进步。

然而，家庭联产承包责任制并没有改变小农生产的基本格局，除了因激发生产者积极性在其实施的前几年内促进乡村经济快速发展之外，并没有促进乡村经济的持续快速增长。具体到乡村建设层面，虽然大多数农民新建了住房，解决了面积短缺，但农民生产单干使得乡村发展缺乏合作基础，在市场面前如同一盘散沙，缺乏竞争力（王伟强、丁国胜，2010）。同时，也导致了乡村公共产品严重缺乏，经济制度、民主政治以及基础设施等方面的建设也大多徘徊不前。虽然出现了江苏华西村、河南南街村、天津大邱庄等“明星村”，走着与“大包干”不同的发展道路，但其治理模式和民主建设存在较大争议，仅属于农民自觉探索乡村建设的典型案例。在社会团体或个人层面，也出现了杜晓山等的小额贷款实验项目、茅于轼等的龙水头模式、山西柳县前元庄实验学校、寨子村农民协会以及南张楼村巴伐利亚城乡等值实验等。

2. 新时期城乡统筹背景下的乡村建设实验（2002 年至今）

2002 年召开的党的十六大提出将城乡统筹作为国家发展战略，为破解“三农”问题提供根本性的路径选择。2003 年开始实施农村税费改革，直到 2006 年我国结束了长达 2600 多年的“皇粮国税”。2004 年以来的中央一号文件均是关注“三农”问题。2005 年，国家决定从产业、基础设施、体制等 8 个方面实施“社会主义新农村”发展战略。2008 年，十七届三中全会明确变革农村基本制度，发展现代农业以及农村公共事业等。2009 年，人力资源和社会保障部宣布将实行农民普惠式养老金计划。这些措施表明中央政府进行乡村建设的力度和决心，使得乡村建设成为国家发展的焦点。

在实际操作层面，我国深入开展了新农村建设的典型示范与推广工作。主要包括：农业部在全国范围内选择了 100 个不同区域、不同经济发展水平、不同产业类型的村庄（农场）作为示范点；国土资源部拟在全国范围内启动“万村整治”示范工程建设；科学技术部积极组织新农村建设科技攻关与示范重点项目。在地方政府层面，乡村建设也积累了不少经验，典型案例包括江西赣州新农村建设、浙江“千村示范、万村整治”工程、海南省文明生态村建设、广东省村庄基层组织建设、山东省“百万农房建新房”工程，以及苏南乡村现代化实验等（王伟强、丁国胜，2010；刘彦随，2011）。

其中，①江苏全省开展农村草危房改造、改水工程、公路建设、新型农村合作医疗制度建设等惠及千家万户的五件实事，拉开了新农村建设的序幕。②苏南农村现代化建设实验，从 20 世纪 80 年代初的“耕作机械化、农艺科学化、经营规模化、服务社会化、农民知识化”，发展到现阶段的“农田向规模经营集中、工业向园区集中、农民向小城镇集中”和城乡一体化实验。③海南省以“建设生态环境，发展生态经济，培育生态文化”为目标的文明生态村建设，引起了广泛的社会关注。④广东省从基层组织建设切入，开展了一系列创建活动，如肇庆市实施的“千村生态文明工程”，德庆市农村的“五改、五有”，徐闻县“千官扶千村”所进行的“四通、五改、六进村”

活动。⑤山东省启动“百万农户建新房”工程，省财政厅筹资 4.4 亿元用于补贴规划制定、“以奖代补”和村庄“腾空地”整理复垦，而国土资源部门全力推进城乡建设用地增减挂钩试点建设，全省大部分城市都为此安排了财政专项资金扶持，初步建立了统筹规划、多方协作的良性运作机制。

在社会团体或个人层面，典型案例包括温铁军的晏阳初乡村建设学院、小井庄社区发展基金会实验、何慧丽的兰考实验等，以及华润希望小镇的乡村建设实验等。与此同时，农民自主创新仍得到延续，如滕头村、小岗村和大寨等，还有非政府组织（NGO）、志愿者、实业家以及大学生都也以各自方式参与到乡村建设实验中。

总体来说，该阶段乡村建设是在我国具备工业反哺农业、城市支持农村的经济实力条件下对如何实现乡村、破解“三农”问题所进行的又一次创造性探索，实践活跃且形式多元。基于以上分析，可将中国乡村建设实验演变归纳为传统期、转型期、成长期和综合期等 4 个阶段，如表 1-3-2 所示。

中国乡村建设的演变特征　　表 1-3-2

乡村建设实验阶段划分		主要背景	主要特征	总体
帝制时代乡村建设		内生型农业社会；乡绅充当乡村社会与国家政权的关系纽带	“乡绅”式乡村建设模式，即乡绅阶层从政治、经济与文化上引导农民进行乡村建设	传统期
民国时期乡村建设实验	以“村民自治实验”为代表的阶段	清末政府衰落；国际贸易和工业技术冲突	以“乡村自治”为主要特点；传统模式延续；向近代民主自治的转变	转型期
	精英主导下的“乡村改造运动”阶段	国内军阀混战；日本侵略；乡村持续衰败	以知识精英为主的改良性质乡村改造运动；引导乡村建设模式由传统向现代转型	
	南京国民政府与地方政府的乡村建设	巩固执政地位的需要；乡村持续衰败	体制改良式乡村建设；乡村建设被整合到国家政权统治和国家发展当中	
	共产党革命根据地乡村建设	乡村持续衰落；共产党领导谋求民族独立要求	以土地革命为核心、具有革命性质的乡村建设模式；颠覆传统模式所依赖的基础	
中华人民共和国成立以后改革开放以前乡村建设实验	共产党领导下的解放区的乡村建设	中华人民共和国成立；恢复和发展国民经济的需要	以土改为核心，及配套经济建设政策的乡村建设模式；完全改变传统模式	成长期
	“乡村社会主义改造”式的乡村建设实验	国家工业化进程；农民致富内在需求；乡村“共产主义”理想追求	乌托邦式的“共产主义”乡村理想建设模式尝试；以人民公社为主要形式、集体化生产生活为主要特征；农村支持城市	
	台湾地区乡村建设的重要探索	国民党继续对台湾实施管理；台湾乡村的衰落	以土地制度改革为主，包括构建农会组织等多种措施的综合乡村建设	

续表

乡村建设实验阶段划分		主要背景	主要特征	总体
改革开放以来乡村建设实验	以“家庭联产承包责任制”为核心的乡村建设实验	改革开放；社会主义市场经济体制确立	以家庭联产承包责任制为核心、配以多项措施的综合乡村建设；改变人民公社时代单一的乡村建设实验	综合期
	城乡统筹背景下的乡村建设实验	全面建设小康社会；具备城乡统筹发展的经济实力	以破解“三农”问题为核心的综合乡村建设；政府成为乡村建设的主导力量；乡村建设多元化而活跃、实验内容创新	

（资料来源：王伟强、丁国胜，2010）

第四节　浙江省乡村建设的阶段特征

进入 21 世纪以后，浙江省以解放和发展生产力为出发点，扩大和保障农民物质权益和民主权利为核心，通过“多予、少取、放活”的战略方针，逐步推进社会主义新农村建设。2005 年，党的十六届五中全会提出实施社会主义新农村建设的发展战略，浙江省按照“干在实处、走在前列”的要求，以科学发展观为指导思想，顺应中央“两个趋向”的转换规律，全面实施统筹城乡发展，以“生产发展、生活宽裕、乡风文明、村容整洁、管理民主”为总体要求，大力发展并推进社会主义新农村建设。浙江省在全面停征农业税的基础上，加快推动农村综合改革，积极推进独具浙江特点的农业现代化道路，早在 2003 年开始实施“千村示范、万村整治”工程项目，由此拉开了新时期浙江省乡村建设的序幕。

（一）浙江省乡村发展概况

浙江省土地面积 10.18 万平方公里，地形以丘陵山地为主，平原面积占 23%，与韩国近似。当前，浙江省人均 GDP 超过 6000 美元，人均经济水平处于全国省区单元第一，已经进入世界中等发达地区行列，居民消费已经跨入转型升级阶段，对宜居、休闲、健康等有着更高的追求。所以，长三角及浙江省沿海地区快速并已处于较高水平的大都市，对农产品需求在质量、数量与类型上提出了新的标准与要求。进入 21 世纪以后，浙江省城镇化进程发展较快，但近年在接近 60% 的城镇化率时，城镇化水平提升趋于平缓，这表明浙江省城乡建设正在进入一个新的发展时期。

第一，2003 年浙江省按照全面建设小康新农村的标准，将整治 10000 个村庄，建成 1000 个示范村，即“千村示范、万村整治”工程，其后建设效果明显。第二，

2008年浙江安吉县率先开展了“美丽乡村”创建行动，实施成效巨大，推动了2010年浙江省出台“美丽乡村建设行动计划”。自此，浙江省新农村建设正在由以“村村通”为主导的农村基础设施建设（降低了农村生产生活的初级交易成本）阶段，向“上层次、上水平”的内涵发展阶段（农业产品的品牌、农村人居的品位、农民生活的品质——“美丽乡村”的内涵）迈进。第三，浙江新农村建设的重心开始从浙东北及东南沿海发达地区，向中西部、南部次发达及欠发达的丘陵、山区转移，其中，后发现代都市农业优势和独特的山水资源优势成为重要竞争资本（黄杉等，2013）。

（二）浙江省乡村建设的政策供给

基于浙江省新农村的建设历程，以及不同时期的乡村建设政策文件及运作方式、整治措施与实践活动、乡村建设决策者的重要观点，将2003~2015年全省开展的乡村建设项目划分为不同的发展阶段。其中，第一阶段为2003~2010年的乡村建设初步阶段，包括乡村基础环境整治阶段（2003~2007年）和乡村人居环境提升阶段（2008~2010年）；第二阶段为2011~2015年的“美丽乡村”建设阶段，如图1-4-1所示（武前波等，2017）。

1. 乡村基础环境整治阶段（2003~2007年）

该时期以农村环境污染问题的基本治理为乡村建设重点。2002年，党的十六大提出统筹城乡经济社会协调发展战略，将“三农”问题作为全党工作的重中之重。为更好地推进新时期的农村建设工作，探究符合浙江特色的乡村建设模式，在时任浙江省委书记习近平同志的领导下，2003年浙江省委、省政府提出实施“千村示范，万村整治”的乡村建设工程（下文简称“千万工程”）。这一具有时代意义的高瞻远瞩战略决策，拉开了浙江省乡村建设的美丽蜕变序幕。在乡村建设工程实施初期阶段，浙江省以解决农村环境污染问题为主要目标，通过村庄的分类整治、环境建设、部门协同、资金补助等策略措施，有力地推进了浙江省新农村建设的各项具体工作，如图1-4-2所示。

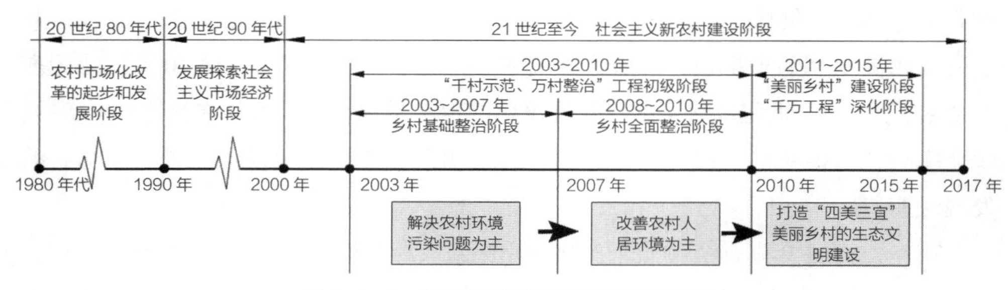

图1-4-1　浙江省乡村建设发展历程演变

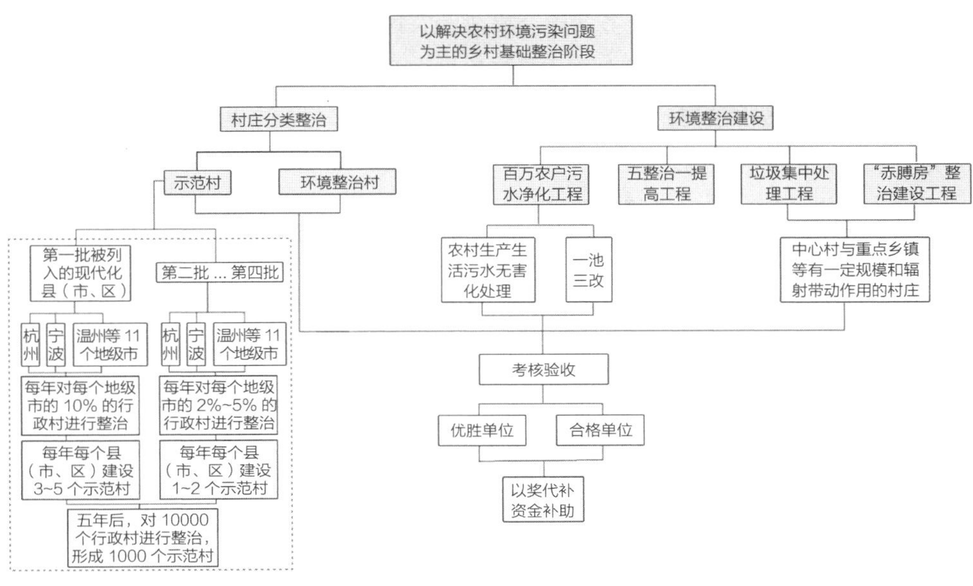

图1-4-2　浙江省乡村基础整治阶段框架图

该时期的浙江省乡村建设是根据不同的整治目标和整治内容，将实施“千万工程”的村庄划分为示范村和环境整治村。前者以提升物质、精神、政治文明为目标，实现农村新社区建设；后者以治理农村“脏、乱、散、差”为重点，旨在开展乡村环境整治。具体实施办法是在全省一万多个行政村中进行分批筛选，每年从中确定相应数量的示范村和环境整治村进行整治。这种村庄分类遴选且逐年推进的方式，形成了有特色的乡村整治样板工程，并聚焦在乡村建设的“点”状布局，极大地提高了建设效率。

在乡村建设的基础整治阶段，浙江省以解决农村“脏、乱、散、差”等环境污染问题为主要工作内容，重点解决了农村垃圾收集和污水处理等问题。通过分类推进村庄整治、主题实践活动的开展、各地市的积极配合，以及省级政府的大力引导与资金投入，取得了乡建工作较为突出的成效。总体而言，该阶段的乡村建设重在基础，不但改变了传统农村较为低端的生活环境面貌，也影响了各级地方政府和基层村民的价值观念，促使其由被动接受到主动参与乡村建设，加大对农村建设的财政投入力度，为后续的各类乡村建设内容奠定了重要基础。

2. 乡村人居环境提升阶段（2008~2010 年）

该时期以农村生活环境的全面整治为工作重点。2008 年爆发的全球金融危机对各个国家的经济发展造成了巨大影响，中国也不例外。农产品价格下行、农民工就业困难、乡镇企业和农产品加工业衰退、农民增收难等问题相继涌现，也给浙江省乡村建设工程的实施带来了严峻考验。该阶段的村庄整治依然从农民群众最关心、最直接、最现实的问题入手，着眼于城乡统筹发展和城乡公共服务均衡化，加快推动乡村建设最为本质的工作任务，即全面改善农村人居环境。浙江省将所涉行政村划分为待整治村与已整治村两大类，待整治村主要进行农村环境综合整治，已整治村重点实施生活污水治理，并以农村土地整理为共同目标，由此全面提升乡村人居环境，如图 1–4–3 所示。

相较于前一阶段的农村基础环境整治，该阶段乡村建设的内容更为丰富，操作层次更加深入，工作任务更为艰巨，实施难度也进一步增加。其中，村庄环境整治工作得到持续推进，并将村庄整治的目标转移到农村人居环境提升，通过农村土地整理、中心村培育建设等政策措施，加快推进城乡基础设施和公共服务均等化，以此突破传统城乡二元结构，为后续的美丽乡村建设提供了重要物质环境支撑。

3. 美丽乡村建设阶段（2011~2015 年）

基于乡村建设“千村示范、万村整治”工程所取得的巨大建设成效，2010 年浙江省委颁布了《浙江省美丽乡村建设行动计划（2011—2015 年）》，在全省范围内正式拉开了美丽乡村建设的序幕，也标志着浙江省乡村建设进入了深化阶段。该时期乡村建设坚持以人为本，以“四美三宜”美丽乡村的生态文明建设为主要目标，其工作内容是将所涉乡村建设划分为三大方面，即待整治村环境综合整治、中心村建设以及历史文化村落保护与利用，其中，前两种类型村庄建设是基于上一阶段的继续深化，如图 1–4–4 所示。

根据各县市域村庄布局规划，该阶段的乡村建设将村庄类型划分为待整治村环境综合整治和中心村培育建设。其中,各地市又将待整治村分为“整乡整镇整治项目”和“一般整治项目”，基于这两类项目开展待整治村的环境综合整治工作，浙江省专项资金对待整治村环境综合整治的补助方式同样实行分类差别标准。自 2011 年浙江省开始进入美丽乡村建设阶段，其对待整治村的建设力度也明显加大。同时，该时期浙江省将中心村的培育建设划分为一般中心村和重点示范中心村。自 2010 年起，浙江省各地市开始加强对重点示范中心村建设启动资金投入，其资金筹措总额来自于省、市、县、乡镇、村集体和农民个体的补助。

针对历史文化村落保护与利用，2012 年浙委办出台了《关于加强历史文化村落保护利用的若干意见》，其中将历史文化村落分为“古建筑村落”、“自然生态村落”和“民俗风情村落”三种类型，旨在根据不同特点类型的村庄采取不同的保护利用方式，以充分展现其村庄个性。同时，浙江省将历史文化村落分为历史文化村落保护利用重点村和一般村，分别由省、市负责引导建设，通过保护重点、兼顾一般的方式，有效地促进了历史文化村落的保护和利用。此外，还将不同现状条件的村庄分为保护类、改善类和利用类，与之分别进行传承、整治与开发建设。在资金补助方面，历史文化村落保护利用重点村和一般村有着不同的政策标准。

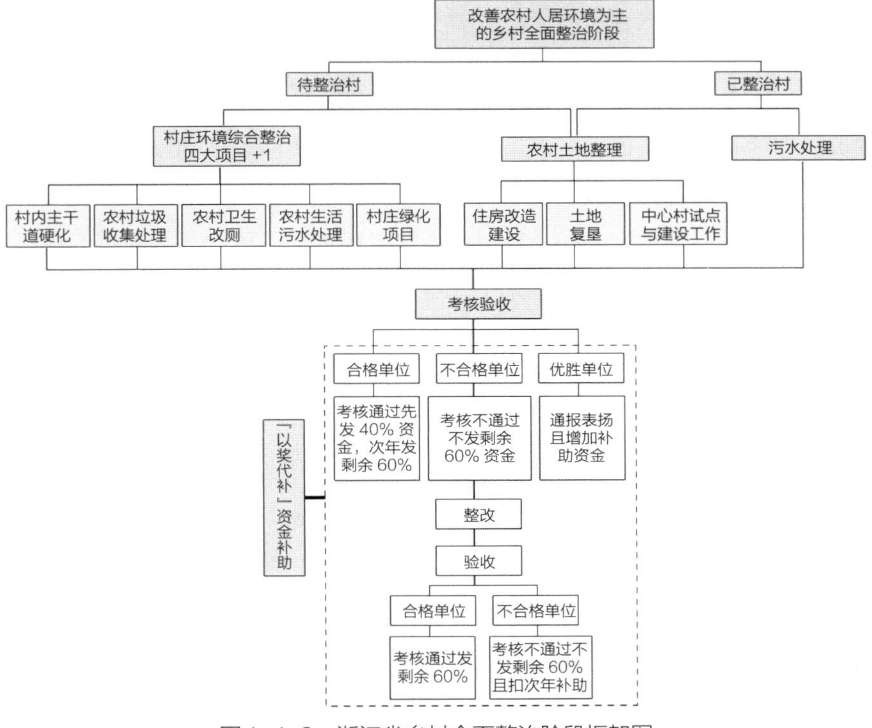

图1-4-3　浙江省乡村全面整治阶段框架图

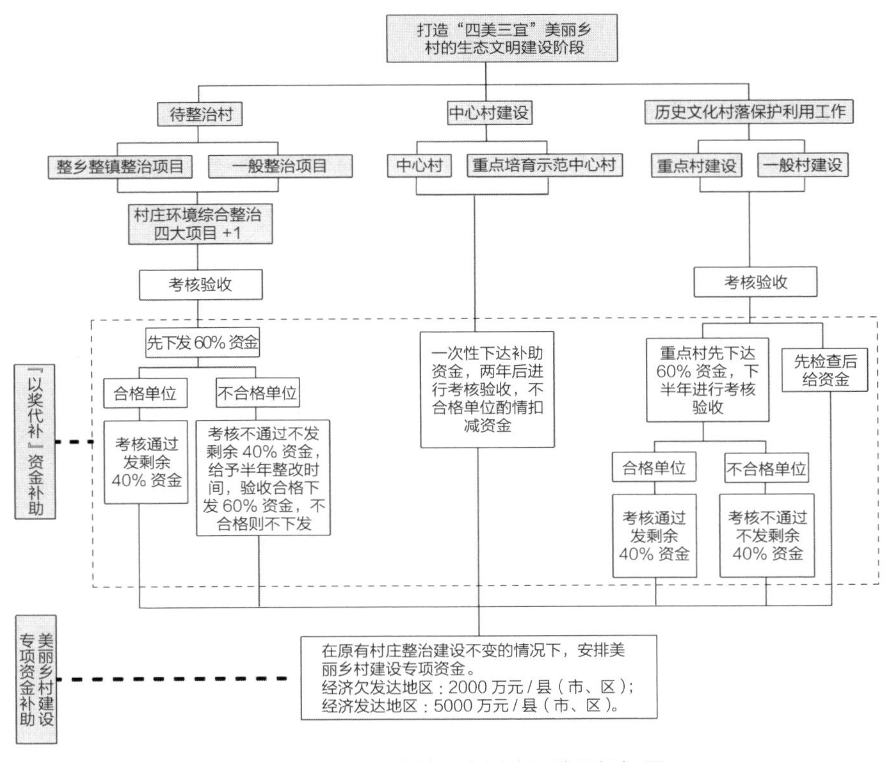

图1-4-4　浙江省美丽乡村建设阶段框架图

该阶段美丽乡村建设工程的实施，重点围绕新时期乡村建设的“四美三宜”要求，在坚持针对整治村的村庄进行环境综合整治的基础之上，更加注重乡村内在品质的提升与历史文化的传承。同时，通过中心村和示范重点中心村的分类培育建设，以点连线、以线带面地全面开展浙江省美丽乡村建设工程，从而发挥出中心村辐射带动的重要作用。并积极开展历史文化古村落保护利用的开发建设，根据不同类型村庄分别进行保护、传承和利用。同时，浙江省还加大了资金直接扶持力度，在原有村庄整治建设资金保持不变的基础上，各县（市、区）都安排了美丽乡村建设专项资金。上述激励性政策措施的深入贯彻实施，不仅有力地改善了乡村建设的物质生活环境，也极大地刺激了农民参与乡村建设的积极性，从而减少了新时期开展乡村建设的各种障碍阻力。

4. 美丽乡村建设深化阶段（2016 年至今）

浙江省乡村建设工程的实施使得全省乡村面貌焕然一新，其公共服务能力也得到增强，并不断孕育出乡村的内在美与新的产业动力。与 2003~2015 年浙江省乡村建设的重要时期相比，近年来各地方对乡村的整治建设力度仍未下降，主要集中在农村环境整治建设、公共服务体系智能化和乡村基础设施的进一步完善等方面。如 2016 年提出的全省乡镇试点垃圾分类减量资源化处理政策、农村垃圾分类智能回收平台建设、农业创新创业政策、村务上线共建共享政策，以及 2017 年的全省六十余条穿镇公路“乱点”消除政策、乡村文化治理政策和垃圾资源回收建造生态公园政策等，这些基于地方实践经验的政策条例进一步优化了现有乡村建设的成效。

尽管浙江省乡村建设进程仍在继续推进，对农村人居环境、基础设施与公共服务、新产业经济形态等方面进行积极提升，但根据现状观察与实地调研发现，当前的乡村建设也似乎进入了一个瓶颈期，如乡村设施后续维护成本过高、乡村人口空心化、乡村贫困、乡村产业难以孕育等问题。2016 年浙江省委、省政府印发了《浙江省深化美丽乡村建设行动计划（2016–2020 年）》，各地市的农办、财政局也相继出台了《美丽乡村建设升级版行动计划》，旨在深入践行“绿水青山就是金山银山”的发展理念，注重“产村人”融合，全面改善农村生态、人居及发展环境。所以，在未来乡村建设过程中，如何才能够积极有效地促使“人的新农村”正常运行，并不断蓬勃发展，特别是强化城乡要素资源的流通能力，培育内外动力兼具的自组织能力新型乡村，将是浙江省乡村建设急需思考的战略问题。

第五节　乡村问题与乡村振兴

中国数千年的农耕生产，使得乡村地域一直主导着中国社会文明的进程，构成了支撑整个国家经济和社会结构的基本面。然而，改革开放后三十多年来的发展使得我们这个“超稳态”的乡土社会结构面对快速城镇化的冲击，产生了很多不适应，诸如城市一味地蔓延的硬化景观使得自然风光缺失，财富因素主导下的社会分层使得空间破碎化日益突出，高度的人口流动使得个人对于地方（社区、城市、故乡）归属感迷失——从根植于土地的乡土社会到无根的快速变化的城市社会，我们逐渐患上了“乡愁”之病（张京祥等，2014）。由此可见，多年来累积的城乡矛盾和繁芜的社会经济问题，表明乡村问题构成了中国城镇化与现代化问题的基础与核心。在此背景下，我们需要思考的是，乡村之于当今中国的社会经济发展究竟有什么样的意义？我们真正需要的是怎样的乡村？

（一）乡村问题

1.“三农”的非农化

长期的城乡二元结构主导下我国的城乡关系一直处于动态演变之中，尤其乡村作为被动“受体”，在农业生产、土地利用及农民生活等诸多方面都经历着剧烈变动的转型过程。“非农化”成为乡村在由城市化与现代化所定义的“城市中国”语境下的主流趋势，具体表现为农民、土地和农业的非农化。乡村劳动力、土地、资本三大传统经济要素沿城市端长期单向净流失是“三农”问题产生的本质（朱霞等，2015）。

农民非农化是城市化需求的拉力与乡村内部人地矛盾的推力共同作用的结果，是现代化进程中的必然现象。改革开放以后，农民的“非农化率”由1982年的8%上升至2004年的38.4%，至2011年高达55.87%，如表1-5-1所示，农村富余劳动力大规模转移流入城市，从传统农业部门转向非农生产部门。但是，农民的非农化与市民化并非同步，这些非农劳动力的身份和职业并没有实现彻底转化，而是在城乡之间呈现出特殊的“钟摆”现象，其生存的前景与未来充满了风险与忧患。

土地非农化是指土地由原来的农业用途转变为非农用途，本质是土地在农业用地与建设用地两种用途之间竞争博弈的结果，是工业化、城镇化与现代化的内在诉求与必然趋势。土地非农化的主要途径有：农村土地的城市流转、转化为乡镇集体企业用地或农村建设用地，总体上呈现“土地非耕种化”趋势。

1982~2011年我国乡村“农民非农化”统计　　表1-5-1

年份（年）	1982	1985	1989	1993	1997	2001	2004	2006	2009	2011
农村总劳动人数（亿人）	3.39	3.71	4.09	4.43	4.60	4.82	4.97	5.31	3.01	4.05
非农化劳动人数（亿人）	0.27	0.67	0.85	1.10	1.36	1.58	1.91	1.32	1.49	2.26
非农化率（%）	8.00	18.06	20.78	24.83	29.57	32.78	38.40	24.86	44.80	55.87

（资料来源：朱霞等，2015）

农业非农化是指随着农民非农化和土地非农化，农业也从其生产阶段脱离出来，逐步呈现“农业非生产化”趋势。国外学者把这种农业非农化转型趋势概括为农业/生产主义（Productivism）向后农业/后生产主义（Post-productivism）的二元转型。就我国现实情况而言，具体表现为：①农业日益兼业化，逐渐形成“代际分层的半工半耕”的社会形态。这是由于乡村大部分男性劳动力外出务工，并把务工、经商等作为家庭的主要经济收入来源，农业作为家庭副业，乡村逐步表现出“兼业化”现象，进而也导致了“空巢化”的大量空心村的出现。②农业的去农业化，由消费主义塑造的观光农业、乡村旅游等业态兴起，赋予了农业生产之外的观赏、娱乐、文化等消费服务功能，把农业作为一种商品供城市居民消费。这种现象在近二十多年来由都市近郊农村开始显现，并逐步影响到许多乡村农业的发展。

2. 乡村的衰退与异化

在“三农”非农化背景下，中国大部分乡村面临着村庄的衰退终结或蜕变异化。前者是指当前普遍存在的“空心村”现象，这些衰败的村庄在城市市场的巨大吸附作用下，原本的自组织经济、社会治理体系被完全打乱，劳动力、资金、土地等生产要素出现净流失，乡村社会和风俗彻底瓦解，乡村精英大量流失，数千年的农耕文明日益消融。同时，还有一类村庄由于相邻城市，受城市虹吸效应的影响，形成了“拟城市”的城中村，由于人口结构的改变也逐步促使传统村庄走向了终结状态，如表1-5-2所示。

后者是指那些脱胎于改革开放初期以村办企业起家的明显村庄，如江阴的华西村，其发展轨迹多与村庄的有能力的人治理密切关联，受国家政策、区位条件及乡

当代中国乡村发展的蜕化分析　　表1-5-2

蜕化路径	蜕化过程	蜕化形式	蜕化形态	典型实例	评价
村庄终结	边缘化	撤村并点；自然终结	空心村；季节性村庄	绝大部分村落	国内乡村最为普遍的现象，改造整治最为复杂困难
	城市化	城市蚕食	城中村	深圳渔农村、北京何各庄村、苏州城中村等	成为“都市里的村庄”，形式类似西方的“贫民窟”，但社会结构差异较大
村庄异化	异质化	旅游与商业结合开发	旅游型村庄、消费型村庄（商业村）	以历史文化名村为首的村庄，江西婺源、苏州周庄、湘西凤凰等	在短期内能促进经济发展，但也在不同程度上存在“过度商业化”现象
	工业化	工业主导	超级村庄（工业村）	泉州晋江“超级村庄”、广东横石塘镇工村等	以发展非农产业为主，“去农业化”现象明显，生产生活方式与城市趋同，乡村特质缺乏

（资料来源：朱霞等，2015；张京祥等，2014）

村能人的带动作用，集体经济异常发达，并引入股权化的现代公司管理制度，其产业、投资、空间等均表现出工业化驱动下的“超级村庄”特征，本质上已经与城市社区建设差异不大。与之相比，还有一类村庄选择了非工业化的商业服务发展模式，凭借优越的区位条件或资源禀赋，形成旅游型村庄或消费型村庄，如江西婺源、江苏桠溪。这些村庄是将传统乡土文化抽象化、符号化，更多关注的是游客的体验与消费，缺乏对村民主体的全方位考虑和乡村社区的营造。

3. 乡村建设的局限性

在乡村问题日益凸显的背景下，从国家到地方各级政府相继出台各类政策，积极扶持乡村的发展与建设，从土地流转、物质环境建设、产业投资等方面进行了实践探索，如江苏省的“万顷良田”工程和浙江省的“千村示范、万村整治”工程，在一定程度上提升了农业的规模化经营、农民的居住环境以及农村的经济活力，同时也存在着相应的局限性。

一是实施乡村土地整理和农业产业化措施，具有片面追求城乡建设用地增减挂钩的倾向，部分新农村建设违背了农民的意愿，更多是统筹乡村土地资源为城市空间扩张而服务。同时，当前农业规模化程度依然很低，乡村人力资源贫瘠与老化现象加剧。例如，多数省份农户承包经营的耕地规模平均不足 5 亩，大部分农户的经营面积低于 3 亩。与之相比，农业规模化经营的世界平均水平达到 16 亩，而在农业从业人员中，51 岁以上的人员比例达到 55%，高中及以上文化水平的仅为 1.8%，较 10 年前减少了 2.5 个百分点。从中发现，当前乡村建设过程中的农业结构存在锁定危机。

二是各级政府层面推行的乡村物质环境建设，多集中在沿海经济发达、城镇化水平较高、政府财力相对充裕的省份。省级政府和地方政府联合行动，投入大量资金和人力，避免简单的撤村并点和大拆大建，也比较关注农民的需求意见，收到较好的建设成效。然而，这种建设方式也具有相应的局限性，例如，个别地区的省、市、县三级财政多头多轮重点打造示范村工程，个别村庄资金甚至达到上亿元，已经失去了示范意义。同时，乡村建设具有重“物”轻“人”、乡村格局“点”、“面”两极分化的特点，仅在短期内显著改变了村庄的景观风貌，还缺乏从经济社会深层次动力机制上解决当前乡村的发展问题。

（二）乡村价值

乡村是在一定地域范围内，由自然禀赋、区位条件、经济基础、人力资源、文化习俗等各要素交互作用构成的具有一定结构和功能的开放系统。其中，自然资源、生态环境、经济发展和社会发展等子系统构成乡村地域系统的内核系统，由此也赋予了乡村的生活、生产、生态及文化功能，而这些功能也恰恰是乡村自身价值的重要体现。

也有学者将乡村的价值归纳为农业价值、腹地价值、家园价值，这基本涵盖了乡村在现代社会中的经济、社会、文化、生态各个方面的重要功能（申明锐等，2015）。

1. 经济价值

乡村的经济价值更多表现为农业价值，这是由于农业是人类生存与发展的基础，乡村是农业生产的基地、食物资源的供给之源，乡村的价值首先体现在农业生产的载体上，形成了乡村的首要功能。同时，由农业生产衍生出来，乡村所蕴含的价值还包括了粮食和耕地的安全、食品的安全、农业经济等基础性内容。在国家层面，农业是国民经济的基础，也是经济运行和社会发展的基本保障，甚至关乎到“粮食主权”的重大世界性问题。党的十八届三中全会后，明确将粮食生产上升到国家安全的高度，而乡村作为农业生产的载体，其价值必将得到强化。

在农户层面，乡村是村民实现自给自足庭院经济的重要载体，这种特征不但体现在中国，即使人均收入超过 1 万美元的发达国家也是如此，如丹麦、荷兰、英国等。自古以来，这类以家庭经济为纽带的组织，在自身管理、自我完善和修复方面比城市更为稳定，城市甚至依附于乡村而存在。改革开放以后，尽管农业在我国国民生产总值和农户收入构成中所占比例在下降，但农业生产对于农民生计的隐性支持却始终存在，乡村也成为城市重要的市场腹地，这也是中国城镇化能够得到快速推进的重要原因。同时，乡村生产中也体现着循环经济、低碳生活的智慧，从消费的模式来看，农业、农村采用的是低成本循环利用模式，每一生产环节紧扣下一环的化解利用，生产、消费、分解三者是平衡的。

2. 社会价值

乡村的社会价值体现在维护社会稳定的战略性空间功能，具体了国家和个人双重视角下社会安全保障的重要意义。在国家层面，乡村对人口与就业具有巨大滞纳作用，5 亿农村劳动力中仍有 3 亿从事农业劳动，如贺雪峰（2013）用“稳定器”和“蓄水池”形象地揭示了乡村在中国现代化进程中的保障作用。

在地方层面，乡村一直以来是我国的基层治理单元。从传统时期的乡绅治理到当前的村民自治或农民协会，均是我国重要的乡村社会组织，其所形成的乡规民约在中国传统及现代社会中有着重要的治理内涵。这些乡规民约是传统乡土社会生活中自发形成的，是维系乡村秩序的准则，属于存在于国家秩序、法律秩序以外的社会秩序。

在个人层面，从生命周期的视角来看，乡村也是众多老龄人口选择的养老地，特别是年纪较大的农民工的回乡意愿非常强烈，即使是长期生活在城市的老年人退休后也内心需求在乡村安享晚年。例如，近年来浙江省的安吉、临安、德清、桐庐等县市（区）乡村建设成效较为突出，其中部分项目属于吸引上海老年人的乡村养老产业。

3. 生态价值

乡村的生态价值首先体现在作为国家的生态屏障。党的十七大第一次提出建设“生态文明”的概念，生态文明必然是基于农业、农村的生态环境的保护与改善（仇保兴，2008）。我国在面临生态环境退化、耕地与水资源短期、粮食和基本农产品价格上涨过快的危机背景下，需要重新考虑农业、农民、农村问题的解决思路，进而构建我国整体健康发展的生态屏障，建立更稳定的粮食和农副产品供应体系。

在乡村建设层面，要用全世界 7% 的耕地、7% 的淡水资源来支撑中华民族的生存和发展，就必须留得住农村的耕地、林地、水源地等生态资源，建立起人与自然和谐相处的农业、农村发展的新模式。例如，日本在 1980 年制定的“农改基本原则”，主张农村要发挥五大功能，即供给粮食，适度配置人口、维护社会均衡，有效利用资源、提供就业场所，提供绿地空间、形成自然植被，维护文化传统。

在个人层面，乡村的生态价值包括了对生命历程的教育意义。在农业文明的演化过程中，人们逐渐学会尊重自然、顺应自然、保护自然，按自然规律办事的习惯。例如，近年来大都市周边体验型农业的兴起，吸引了城市居民进行农事体验，通过人与自然的直接接触，使之能够感受四季的自然变化，更加珍惜生命、敬畏自然，进而也赋予了农业的生态、生活及生命的重要意义。

4. 文化价值

乡村的文化价值寓意着深刻的家园价值，具有无形但极其重要的社会文化涵义，超越了经济生态等功能实用主义的理解。首先，乡村作为一种人居环境的存在，是我们祖先耕作劳动、繁衍生息的地域，附带着集体人居的记忆，并且至今仍具备重要的生活居住功能，这种人居方式存在了数千年而具备了高度的人类文明，正如人们对于自身历史的思考自然而然地会追溯到乡村文明之中。

其次，乡村的核心价值在于其社会文化调节功能，作为平衡城市生活的精神内核。乡村的传统习俗、制度文化，凝聚的是全民族的文化认同，是集体主义情感、民族主义情感的基础。乡村田园是中国人自然人文生活中的普遍背景与归宿，在传统文化的影响下，我们往往会将原本针对逝去时光和家园的“怀旧”投射到一个乡村的语境之中。一个繁荣复兴的可以寄托文明归属和历史定位的乡村因而具备了重要的社会文化意义。

再次，当前乡村的各种文化遗存以物质与非物质文化遗产进行界定，对乡村文明传承具有重要的作用意义。传统乡村承载着基于血缘、地缘、业缘、多样的、本土的风格与基因（如乡土建筑、聚落文化、民间戏曲、传统手工艺等），乡村以其有形或无形的文化特征，勾勒出传统农耕时代田园牧歌式的生活场景，进而引发城市群体对乡愁的深刻共鸣。正如国家住建部原副部长仇保兴指出乡村是传统文化、传统建筑、传统格局的载体，是国家的一种社会资本，也是包括广大华侨和港澳同胞在内的民族文化之根。

（三）乡村振兴

中华人民共和国成立以后，我国相继经历了 20 世纪 50~60 年代的“自上而下的牺牲型乡村”，20 世纪 80~90 年代的“自下而上的追赶型乡村”，以及 21 世纪以来的“多元共识的统筹型乡村”，其对乡村价值的认知逐步从宏大叙事到关注乡村自身的特性，从安全、经济逐步走向兼顾生态、文化的过程（申明锐等，2015）。如何探索一条中国乡村发展的振兴之路将需要我们将乡村的传统基因融入现代语境，重新找回当代中国乡村的重要价值所在。从乡村建设的国际经验与规律来看，在乡村建设早期，更多着力于村落环境建设和人居环境改善；在乡村建设中期，注重现代农业建设，重塑大地景观；在乡村建设后期，开展乡村文化建设，提升品质品位。所以，作为一个系统性的概念，乡村振兴内容复杂、表现多元，包括了乡村产业、空间、治理、文化等多方面的内容（朱霞等，2015）。

1. 构建城乡要素互动系统

我们首先需要把握乡村在城乡连续谱系中所处的地域分工地位，运用更宽广的时空视野、更体系化的发展策略。根据经济学的基本原理，即供需决定价格，可以判断城乡要素相对价格变化是驱动乡村发展的根本机制，而在城乡要素相对价格变化的背后，“人”的迁移是供求变化的关键因素。

随着新型城镇化的快速推进，城市人口比重增高直接带来消费结构的变化，表现为生活消费支出提高、家禽消费提高、水产品消费提高、粮食消费下降。居民饮食结构体现了生活质量，粮食需求下降意味着多元化的农产品需求上升，为农业现代化带来挑战与机遇。同时，由人的迁移所带来的供需失衡，又将导致农产品价格飞涨，需求的“质”和“量”不断提升，菜篮子基地不断消失，种地农民越来越少。城乡差距表现为先拉大后缩小，而城乡要素相对价格变化是农民增收的根本动力。

针对单一乡村而言，其发展定位要根据所处的城乡要素流动时空格局进行判断，包括区位条件、要素供给、市场需求、经济水平等因素，从而区分出不同功能类型的大都市外围乡村地域空间（武前波等，2016）。以浙江为例，其乡村要素价格与所在都市圈能级及距离密切相关，从省域四大都市区农家乐民宿平均价格来看，沪杭地区最高，杭甬地区其次，甬台温地区处于第三，金丽衢地区位居末位，由此决定了不同乡村地域所承担的区域分工，如衢州的乡村业态已经由传统餐饮农家乐休闲转变为国家生态公园体验。

2. 重振乡村产业活力

乡村振兴的重点之一在于乡村产业的培育壮大，这也是乡村重塑急需解决的根本性问题。新时期的农业现代化要超越传统的生产主义，打通城乡发展要素通道，逐步体现出乡村产业的多元化发展路径，同时也要符合环境低冲击的基本取向。首先，乡村要继续发挥农业生态传承、保障国家粮食安全、为城市提供安全食品的重任，注重在精品农业、有机农业、品牌农业等方面增添亮点。

其次，深入挖掘产业发展潜力，培育新的经济增长点，鼓励乡村形成一村一品、农业景观、田园文化、体验农家等消费型经济，逐渐走出一条绿色可持续的农业现代化道路。乡村产业的培育应立足于城乡地域系统的差异和乡村地域的多功能价值，积极探索农业与互联网产业、旅游休闲、教育文化、健康养生等深度融合，推进养老产业、养生产业、生态旅游产业等乡村经济新业态。

3. 重塑乡村文化魅力

中国传统乡村具有人类与自然和谐共处的“天人合一”特征。在快速城镇化推进过程中，重塑乡村文化魅力，建构乡土文明不可或缺。首先，要因地制宜地保持地域乡土文化的多样性，最大限度地挖掘和弘扬丰富多彩的地域文化，由乡村向城市输出稀缺的社会文化资本与生态资本，重构一套有别于城市快节奏、高能耗、高污染、高成本的乡土家园系统、生活系统和建筑系统。

其次，要以传统聚落为核心保护特色乡村物质和非物质文化景观，加快开展传统特色聚落保护的法治建设，基于分类、分级指导的原则，科学制定保护规划，建立特色村落保护的资金筹措机制和常态化监管机制。同时，也要完善基础设施建设和公共服务配套，发展旅游服务、文化创意等特色产业，寻求传统文化保护的经济驱动力，满足文化趋同背景下人们对传统乡村文化、乡土记忆、乡亲乡情的情感依恋和精神需求（龙花楼、屠爽爽，2017）。

4. 重组乡村治理结构

乡村治理是国家治理体系中基础的、重要的环节。中国乡村曾经具有基层自治的传统，却在追赶现代化的浪潮中逐步土崩瓦解。当前的中国乡村治理结构正在发生着多元化的趋向，已经形成了村委会、经济合作社、社会中介组织、基层公共服务组织、群众团体等多种组织结构体系，同时也出现了公司化治理、微盈利组织管理模式。

首先，要充分发挥农民组织的主体作用，鼓励“能人治村”，强化农民实体，在党政力量的指引下激发农民的主体性，提升乡村自治组织的治理能力和治理水平，有效避免市场与社会参与力量的错位或越位等矛盾问题。

其次，积极促进农民合作社等集体经济组织的发展，培育从事现代农业生产的新型经营主体，不断探索乡村基础治理向政府管治、公司化管理、村民自治等多元治理模式和多元治理结构的转型。

5. 重建乡村保障机制

第一，降低乡村投资的门槛与风险。当前投资乡村存在以下可能性风险，一是协调成本高，表现为农民分散决策，农村规则缺位，管理覆盖不足，缺乏规模效应，这将需要地方政府自上而下引导并降低制度等协调成本，或者由市场需求带动政府配套降低协调成本。二是产权缺位下的高融资成本，表现为农村集体资产产权不明，如宅基地、承包地、集体资产等，产权明晰的分层政策难定，农地入市的政治风险较大，由于缺乏金融和法制保障，导致要素流转成本高，流转率低。

第二，有效实施乡村公共品建设。乡村公共品包括“软”和“硬”两大方面，前者如安全、信用等地方文化，能够极大地降低社会协调成本，后者如面向规模化经营的农业基础设施，可以降低城乡要素流动的交易成本。因此，提供体系化的乡村软硬公共品，是降低交易成本、促进城乡要素流动的关键举措。

基于以上乡村发展认知，本书提出相应的思路框架，如图 1–5–1 所示。首先，要明晰“乡村规划与设计是什么”的问题，对乡村的构成与特征、规划的原则与任务、设计的类型与内容、工作的程序与方法进行概述。其次，通过调查与分析的方式，深入认知乡村现状问题，依次包括调查内容与方法、分析程序与方法、成果内容与格式等。再次，围绕“乡村怎么办”的问题，相继开展村域规划、居民点规划和村庄设计，其中，村域规划包括了目标定位策略、村域空间管制、生态保护规划、文化传承规划、产业发展规划和村域总体规划，居民点规划包括了村庄建设用地选择、村庄空间形态引导、村庄意象框架构建和村庄建设用地布局，村庄设计对象分别包括了“山水田”、“村口”、“街巷道”、“边界”、“片区”、“节点”等乡村意象六要素。

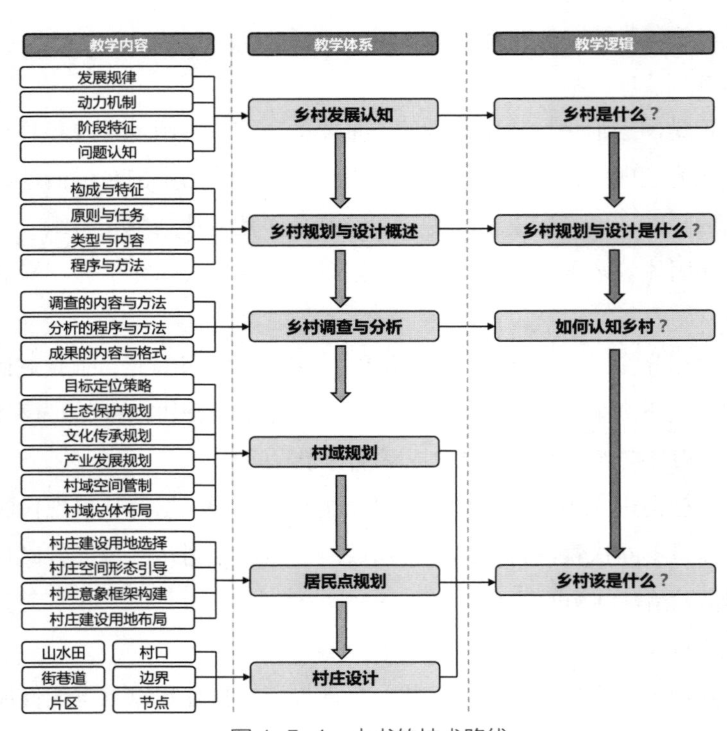

图 1–5–1　本书的技术路线

复习思考题：

1. 如何理解乡村的界定与内涵？

2. 当前乡村发展面临的主要问题是什么？

3. 基于对乡村价值的剖析，谈谈对乡村振兴的看法。

4. 简要说明乡村发展认知与乡村规划设计的关系。

Rural Planning and Design

第二章

乡村规划与设计概述

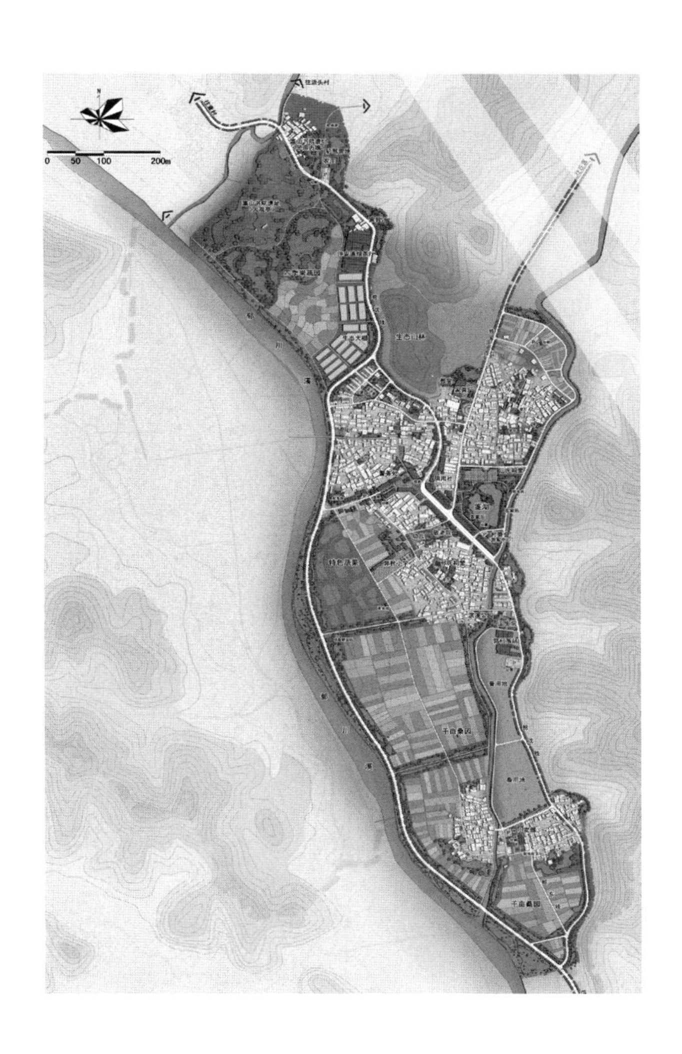

当前乡村正面临着从物质更新到功能复兴的全方位的转型过程，系统的规划与设计是引导乡村成功转型的关键。

本章在解读乡村空间概念及其构成的基础上，提出了乡村规划与设计的基本原则与任务，分析了其主要类型与内容，制定了乡村规划与设计基本的工作程序与方法，使学生在开展具体的实践工作之前，对于“乡村规划与设计”这项工作有个整体性的了解与认知。

第一节 乡村空间解读

（一）乡村空间构成

1. 广义的乡村空间构成

从广义上，乡村是一个区域。相对于城市而言，乡村是指以从事农业生产为主要生活来源、族群关系为纽带的人口分布较分散的地区，包含自然区域、生产区域和居民生活区域，如图 2–1–1 所示。

按照《中华人民共和国城乡规划法》，城乡规划涵盖城镇体系规划、城市规划、镇规划、乡规划和村庄规划，因而乡村范畴包括乡和村庄两类人口聚居地，通常存在集镇、村庄（行政村辖域）和自然村三个不同层次的聚落，如图 2–1–2 所示。

集镇是乡村一定区域内经济、文化和生活服务中心，是乡村地区商品经济发展到一定阶段的产物，通常由一定商业贸易活动的村庄发展而成，早期的集镇也是城市的雏形。

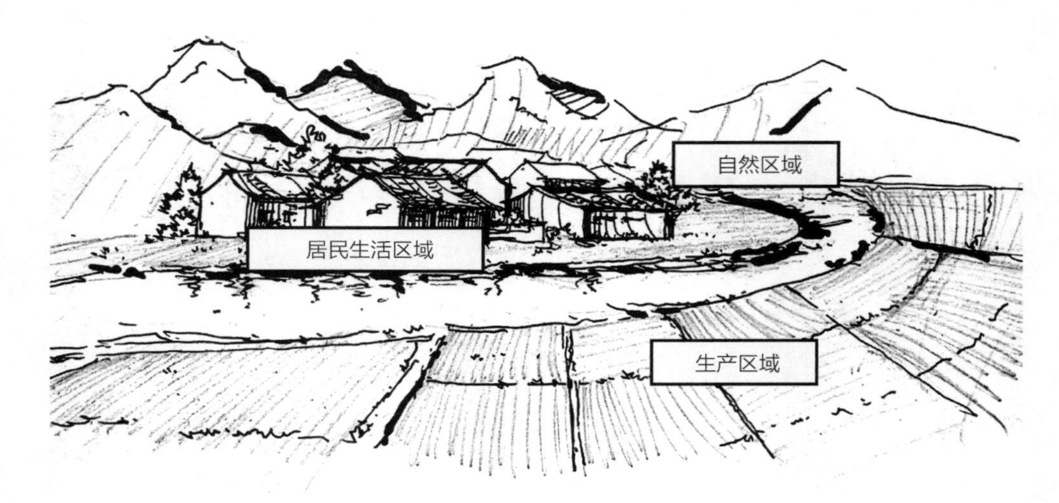

图 2-1-1　乡村构成

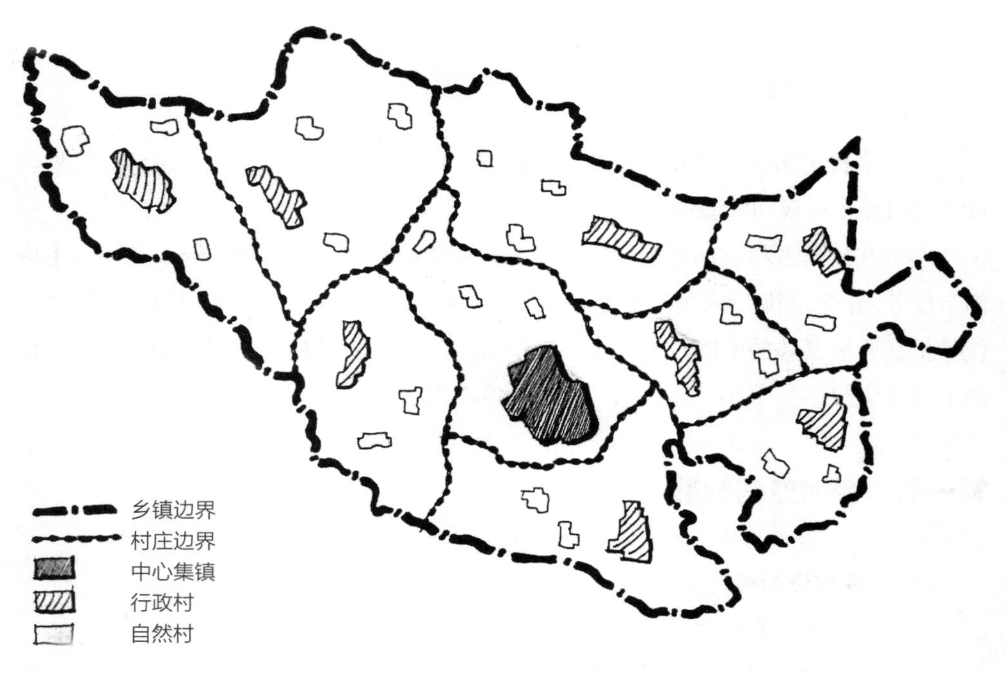

图 2-1-2　乡村聚落类型

村庄是乡村村民居住和从事各种生产的聚居点（村庄和集镇规划建设管理条例，1993），是农业生产生活的管理关系和社会经济的综合体，是乡村生产生活、人口组织和经济发展的基本单位。村庄的规模和当地的资源环境、产业、人口、文化传统有关。我国的村庄是一个自治体，土地属于集体所有，村民委员会是村民自我管理、自我教育、自我服务的基层群众性自治组织，办理本村的公共事务和公益事业，调解民间纠纷，协助维护社会治安，向人民政府反映村民的意见、要求和提出建议。

自然村是人类经过长时间在自然环境中自发形成的聚居点，是农村中从事农业生产活动的最基本的居民点，也可以说是扩大的家庭，是农村社会的基本细胞，多数情况下是一个或多个家族聚居的居民点，早期多是由一个家族演变而来的，如张家村、李家店、王家塘等，由同姓同宗族的人聚居一起构成，是农民日常生活和交往的社会基层单位。它受地理条件、生活方式等影响，比如在山区，可能几户在路边居住几代后就会形成一个小村落。中华人民共和国成立以来，我国乡村的居民点经过多次合并，村庄具有一定的规模，因此，村庄也是由一个或多个自然村组成的。

2. 狭义的乡村空间构成

狭义的乡村空间概念指的是单个村庄聚落空间，通常是指一个行政村辖域的空间范畴，由山、水、田、村、宅等基本物质空间要素构成，是农业生产空间、建筑与各类空间复合构成的本土化空间。借助凯文·林奇的城市意象分析方法，我们对于乡村空间的认知图像亦即“乡村意象”包含山水田、片区、街巷道、边界、村口与节点六个要素，如图 2–1–3 所示。

村庄是构成乡村空间的基本单元，我们现在看到的村庄大多数是在传统村庄的原址上形成和扩展出来的，通常将没有受到工业化和城市化影响的传统村庄的空间形态称为原型，对村庄原型的研究，对于解读乡村空间的成因，认识村庄空间的结构和文化传承的脉络具有重要的意义。

我国大多数村庄是以家族繁衍为原点的。因此，原型的基本空间单元就是一个家族领地，也被称作自然村。自然边界、农田和宅基三个基本要素构成了一个基本的空间单元。以水网地区村庄空间为例，出于耕作的需求，首先对自然水系进行整理，使相邻河道的间距通常在 200m 左右，以便于形成自然的排水坡度，利于农田排水和灌溉，河道所围合的空间也就自然成为一个家族领地，并以此构成了明确的产权界线，如图 2–1–4 所示。

3. 乡村空间特征

（1）自然性

乡村空间最首要的特征是自然性，最原始的乡村往往充分利用自然的生态系统服务，形成适宜人居的环境，比如利用坡度朝向、采用自然做法，形成小气候。

（2）领域性

乡村空间具有明确的领域性，它是由强烈的血缘和地缘关系构成，虽然内部有动态变化，但是基本上是稳定的，有明确的界限。

（3）复合性

乡村的生产生活空间是叠加和重构的，很难清楚区分开来。以我国长三角地区的乡村空间为例，由于地处冲积平原和海水与淡水交替之间，生物多样，资源丰富，

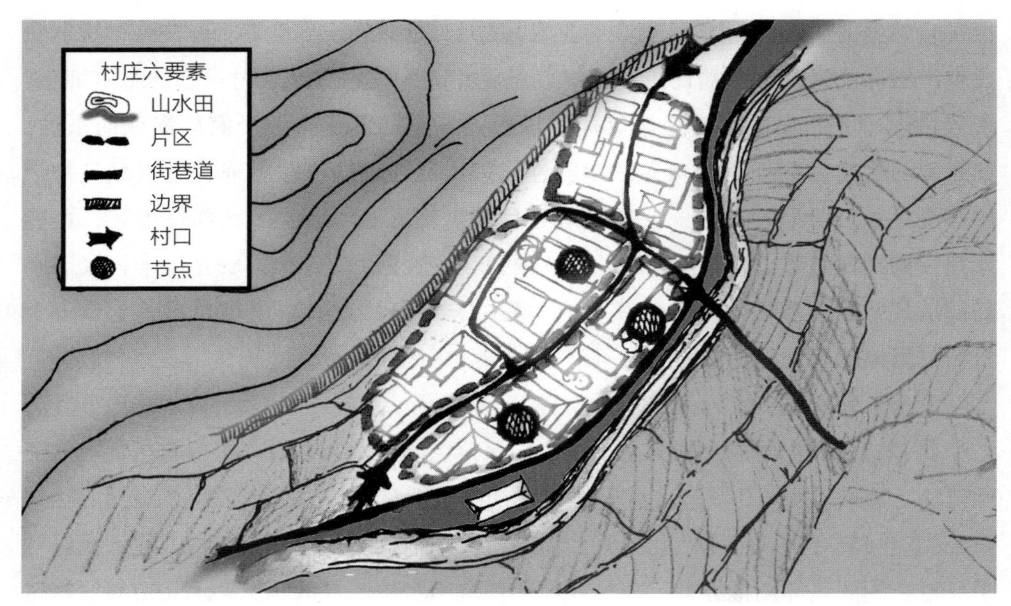

图 2-1-3　乡村意象六要素

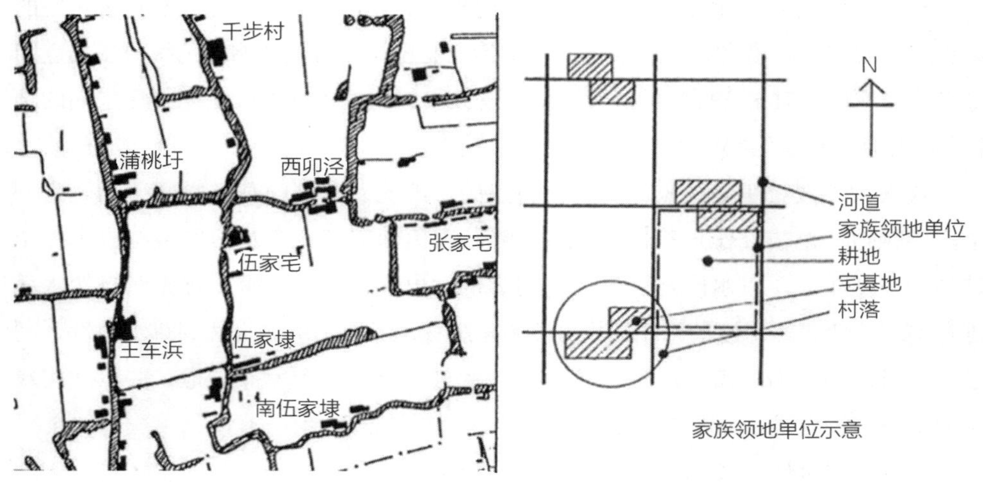

图 2-1-4　水乡地区传统家族领地空间示意
（资料来源：李京生，2017）

大量兴建的圩区都是通过人工开挖运河，将所挖出的泥土堆于运河两旁，形成相对地势较高的闭合型的“垄”，将房屋建造于“垄”之上，既可防涝，又可获得良好的通风和光照条件，将围合在地块内部的水排到运河后获得耕地，在地块中部保留洼地作为鱼塘，使地块具有一定的水量调节和蓄洪能力，形成由“垄、宅、田、塘”四要素共同构成一个圩的基本单元，同时也是一个基本的家族领地。这些相似和连绵的基本单元构成了圩区，这种古老的空间体系沿用至今，支撑着水乡地区的生产生活和社会经济的发展。纵横交错、四通八达的运河既是水量调蓄的空间，又沟通了村庄之间，以及村庄和外部联系的水路交通体系。村落沿水路而筑，呈线形，每户都可以公平地取水和排水，享受平等的区位条件。从村落到耕地中心的水塘依次安排住宅、柴草燃料堆放、家禽家畜养殖、蔬菜种植、水田和鱼塘。由于宅基地地势较高，有利于形成自然排水坡度，使生活污水从住宅自然流向农田，实现有机灌溉，并使剩余营养物质最终汇集到圩田中心的水塘喂鱼，鱼塘和农田又为住户提供了粮食和水产品，进而形成了完整的物质循环利用体系。

（二）乡村分级分类

乡村按照行政等级、规模、形态等有不同的分类。

1. 按行政等级分类

从行政概念出发，按照基层社会组织的层次分类，乡村一般可以分为自然村和行政村。图 2-1-5 为天台县新丰行政村与其所包含的自然村关系图，图 2-1-6 为规模较大的自然村。

（1）自然村

自然村是由村民经过长时间聚居而自然形成的村落，是农村中从事农业的家庭副业生产活动的最基本的居民点。它受地理条件、生活方式等的影响，比如在山区，可能几户在路边居住几代后就会形成一个小村落，这就叫自然村。

（2）行政村

行政村是指政府为了便于管理，而确定的乡、镇下边一级的管理机构所管辖的区域，是具有社会统一性的组织化村落，是中央和地方政府用来作为行政管理的基本单位。

在个别地方，行政村与自然村是重叠的，或是一个自然村划分为一个以上的行政村。但大多数情况下，往往一个行政村包括几个到几十个自然村。按照《镇规划标准》（GB 50188—2007），乡村分为中心村与基层村，中心村是指拥有小学、幼儿园、金融商贸等具有为周围村提供公共服务设施的村庄；中心村以外的村庄即为基层村。图 2-1-7 为天台县乡村居民点布局规划图，居民点体系包含乡集镇、中心村和基层村三个等级。

2. 按规模等级分类

按聚落的人口聚居规模和生活各方面（生产、生活、文化、教育、服务、贸易设施等）的职能大小进行分类，分为小村、中村、大村和特大型村庄，如表 2-1-1 所示。

小村，村落数量多，但在农村总人口中的比重较低，以山区、丘陵区、牧区、林区分布最为普遍。因耕地零星分散，或因生活用水不足，不宜建造大村庄，住宅布局分散，户均占地面积大。

中村，是我国最为常见的一种村落，广泛分布于全国各地，常见于地少人稠的种植业区或圈养畜牧业区。一般由几个村庄组成一个行政区，并设有小学、村委会、理发店等。

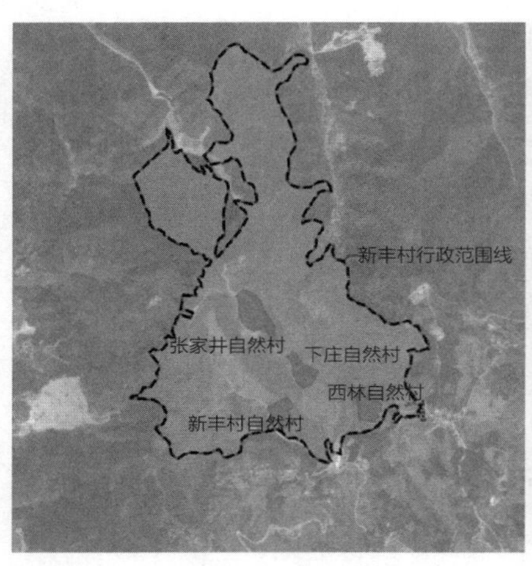

图 2-1-5　行政村及其自然村关系图

图 2-1-6　规模较大的自然村

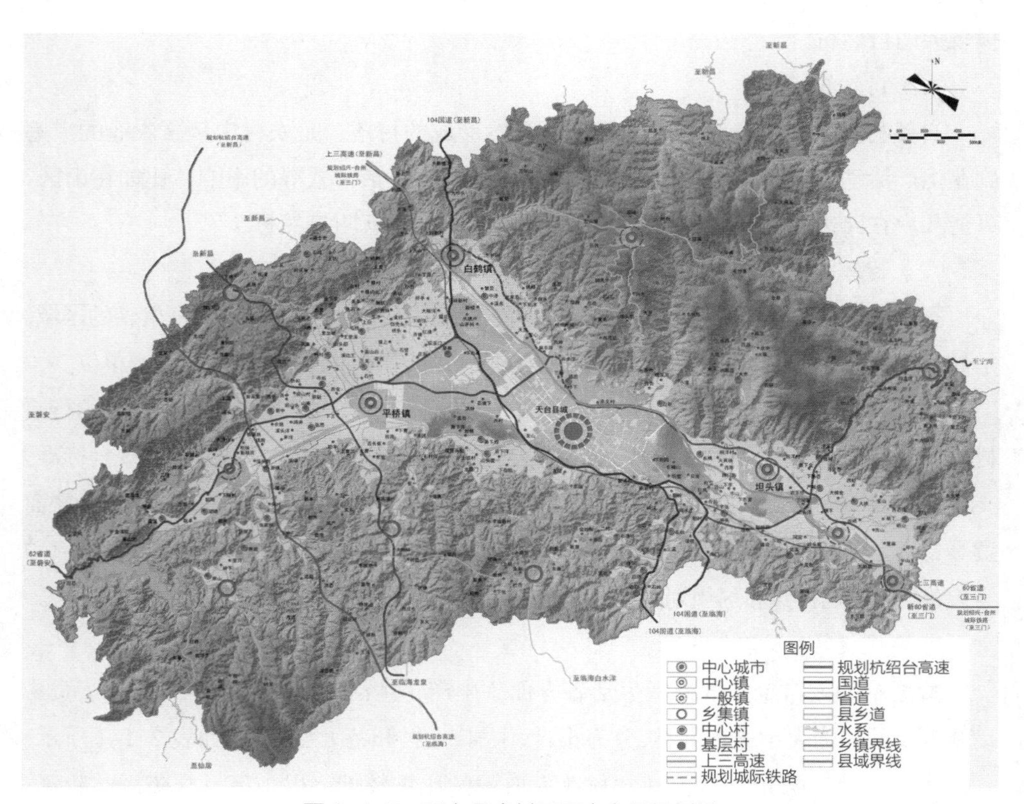

图 2-1-7　天台县乡村居民点布局规划图

乡村规模等级分类表（单位：人）　　表 2-1-1

村庄规模等级	特大型	大型	中型	小型
常住人口规模	＞1000	601~1000	201~600	≤200

大村，常是乡政府或村民委员会所在地，拥有一定数量的商业服务设施和文化教育、生活服务功能。这种大村大多分布于地广人多的种植业区，尤其是耕地密集、地少人多的平原地区，华北较多，东北、长江中下游、东南沿海河口冲积平原等地也较普遍。

特大型村指人口规模大于1000人的大村。

3. 其他分类

乡村按形态肌理模式一般分为散点式、街巷式、组团式、一字形村庄等。

乡村按地形地貌及所处的区域地理特征又分为山区村、平原村、沿海村、滨湖村、草原村等。图2-1-8为各种地形地貌的乡村。

乡村按职能又分为农业村与非农业村。

乡村按文化遗存与景观特征又分为传统乡村、一般乡村和现代乡村。

图2-1-8 乡村分类示意

（三）乡村用地分类构成

村庄规划用地共分为3大类、10中类、15小类，如表2-1-2所示。

乡村用地分类构成表 表2-1-2

类别代码			类别名称	内容
大类	中类	小类		
V			村庄建设用地	村庄各类集体建设用地，包括村民住宅用地、村庄公共服务用地、村庄产业用地、村庄基础设施用地及村庄其他建设用地等

续表

类别代码			类别名称	内容
大类	中类	小类		
V	V1		村民住宅用地	村民住宅及其附属用地
		V11	住宅用地	只用于居住的村民住宅用地
		V12	混合式住宅用地	兼具小卖部、小超市、农家乐等功能的村民住宅用地
	V2		村庄公共服务用地	用于提供基本公共服务的各类集体建设用地，包括公共服务设施用地、公共场地
		V21	村庄公共服务设施用地	包括公共管理、文体、教育、医疗卫生、社会福利、宗教、文物古迹等设施用地以及兽医站、农机站等农业生产服务设施用地
		V22	村庄公共场地	用于村民活动的公共开放空间用地，包括小广场、小绿地等
	V3		村庄产业用地	用于生产经营的各类集体建设用地，包括村庄商业服务业设施用地、村庄生产仓储用地
		V31	村庄商业服务业设施用地	包括小超市、小卖部、小饭馆等配套商业、集贸市场以及村集体用于旅游接待的设施用地等
		V32	村庄生产仓储用地	用于工业生产、物资中转、专业收购和存储的各类集体建设用地，包括手工业、食品加工、仓库、堆场等用地
	V4		村庄基础设施用地	村庄道路、交通和公用设施等用地
		V41	村庄道路用地	村庄内的各类道路用地
		V42	村庄交通设施用地	包括村庄停车场、公交站点等交通设施用地
		V43	村庄公用设施用地	包括村庄给水排水、供电、供气、供热和能源等工程设施用地;公厕、垃圾站、粪便和垃圾处理设施等用地;消防、防洪等防灾设施用地
	V9		村庄其他建设用地	未利用及其他需进一步研究的村庄集体建设用地
N			非村庄建设用地	除村庄集体用地之外的建设用地
	N1		对外交通设施用地	包括村庄对外联系道路、过境公路和铁路等交通设施用地
	N2		国有建设用地	包括公用设施用地、特殊用地、采矿用地以及边境口岸、风景名胜区和森林公园的管理和服务设施用地等
E			非建设用地	水域、农林用地及其他非建设用地
	E1		水域	河流、湖泊、水库、坑塘、沟渠、滩涂、冰川及永久积雪
		E11	自然水域	河流、湖泊、滩涂、冰川及永久积雪
		E12	水库	人工拦截汇集而成具有水利调蓄功能的水库正常蓄水位岸线所围成的水面
		E13	坑塘沟渠	人工开挖或天然形成的坑塘水面以及人工修建用于引、排、灌的渠道

续表

类别代码			类别名称	内容
大类	中类	小类		
E	E2		农林用地	耕地、园地、林地、牧草地、设施农用地、田坎、农用道路等用地
		E21	设施农用地	直接用于经营性养殖的畜禽舍、工厂化作物栽培或水产养殖的生产设施用地及其相应附属设施用地，农村宅基地以外的晾晒场等农业设施用地
		E22	农用道路	田间道路（含机耕道）、林道等
		E23	其他农林用地	耕地、园地、林地、牧草地、田坎等土地
	E9		其他非建设用地	空闲地、盐碱地、沼泽地、沙地、裸地、不用于畜牧业的草地等用地

第二节　乡村规划与设计的基本原则与任务

（一）概念与特征

乡村规划是（Rural Planning）指在一定时期内对乡村的社会、经济、文化传承与发展等所做的综合部署，是指导乡村发展和建设的基本依据。乡村规划具有综合性、社区性、实用性与地域性。

1. 综合性

乡村是具有一定自然、社会经济特征和职能的地区综合体，乡村规划要解决持续发展的社会、经济和产业问题，同时还要解决建设中涉及具体的用地、建设、生态、经济、运营等问题，具有很强的综合性。

2. 社区性

乡村规划的根本目的是为百姓营造良好的人居环境，尊重村民的意愿，上下结合，发挥村民社区自治的积极性是规划的关键。

3. 实用性

乡村规划往往是结合具体建设需要产生的，是最容易体现规划价值和实效性的规划，对村民住宅建设、市政管网、污水处理、土地流转、村庄经营、甚至村庄维护管理等方面内容往往有更高要求。

4. 地域性

我国地域辽阔、乡村特点和发展阶段差异很大，乡村规划没有固定的模式，需要根据具体需求，结合地域文化、发展阶段、产业特色、地形条件、气候土壤等进行不同侧重点的规划编制。

（二）基本原则

1. 生态优先，彰显特色

乡村规划要生态优先，尊重自然生态环境，生态、生产、生活三位一体，实现人与自然和谐相处。规划建设要适应农民生产生活方式，突出乡村特色，保持田园风貌，体现地域文化风格，注重农村文化传承，不能照搬城市建设模式，防止“千村一面”。

2. 以人为本，尊重民意

以人为本，把维护农民切身利益放在首位，充分尊重农民意愿，把群众认同、群众参与、群众满意作为乡村规划的根本要求。村民是村庄建设的主体，要通过村民委员会动员、组织和引导村民以主人翁的意识和态度参与村庄规划编制，把村民商议和同意规划内容作为改进乡村规划工作的着力点。要构建村民商议决策，规划编制单位指导，政府组织、支持、批准的村庄规划编制机制。村庄规划在报送审批前，要经村民大会或者村民代表会议讨论同意。

3. 因地制宜，分类指导

针对各地发展基础、人口规模、资源禀赋、民俗文化等方面的差异，乡村规划要因地制宜，因村施策，切实加强分类指导。

4. 集约布局，美观经济

乡村规划要充分保护耕地，集约布局，涉及的建筑改造、道路建设、市政管网铺设等都要贯彻美观经济原则。

（三）任务与要求

乡村规划的基本任务是为百姓营造宜居的生活环境、宜业的生产环境、安全的生态环境。新时代的乡村规划应遵循党的十九大提出的村庄建设二十字方针要求，即“产业兴旺、生态宜居、乡风文明、治理有效、生活富裕”，注重生产、生活、生态三位一体，实现人与自然的和谐发展，如图 2–2–1 所示。

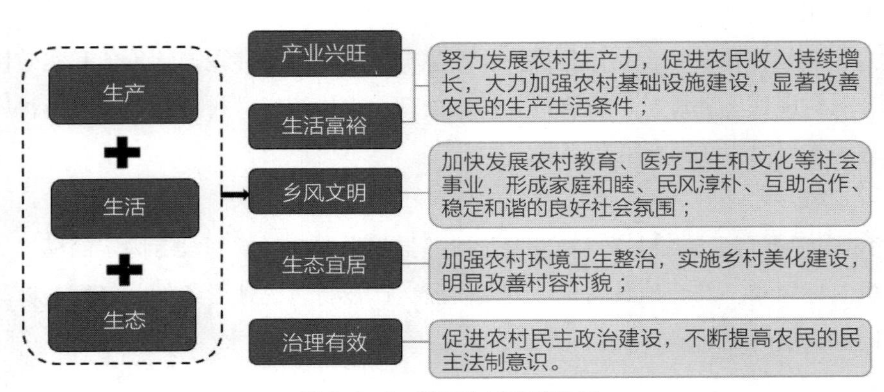

图 2–2–1　美丽乡村建设目标

乡村规划涉及经济、产业、文化、生态、建筑设计、景观规划、市政建设、能源利用、环境改造等诸多方面，因此乡村规划是一项综合性很强的工作，要立足乡村发展视角做好发展定位、规划控制、村庄建设、旧村整治与管理，建立“五位一体”的乡村规划工作框架，如图 2–2–2 所示。

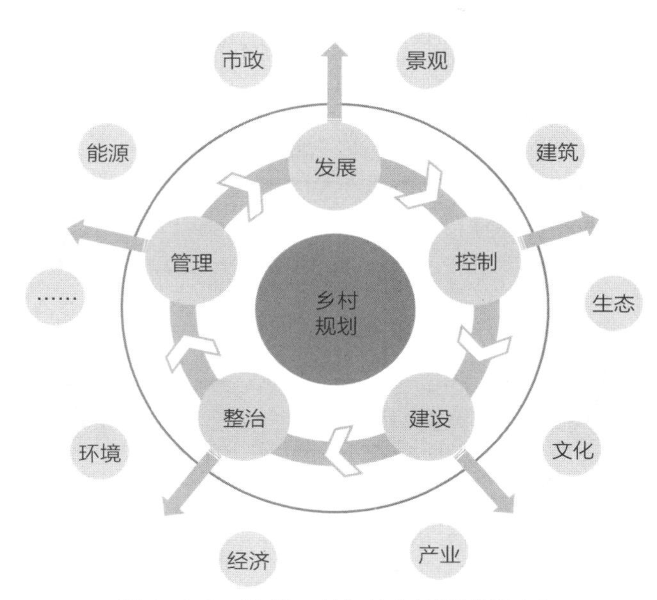

图 2–2–2 “五位一体”的乡村规划框架图

第三节　乡村规划与设计的主要类型与内容

（一）乡村空间规划体系

按照《中华人民共和国城乡规划法》，城乡规划包括城镇体系规划、城市规划、镇规划、乡规划和村庄规划。乡村规划是指在城市（镇）以外区域进行的社会、经济、土地利用等部署，涵盖乡规划与村规划。

改革开放后，我国的乡村规划经历了三个发展阶段，如图 2–3–1 所示。

目前乡村规划类型多样，涵盖县市级、乡镇级和乡村级三层面规划类型，如图 2–3–2 所示。

由于规划类型多样，造成乡村规划无法可依和建设无序，因此急需对不同层面不同类型的乡村规划进行整合和融合，明晰规划体系与规划内容。参考现有国家及省市级相关技术规范，乡村规划可归纳为三级六层的规划体系，如图 2–3–3 所示，即县市级乡村建设规划、镇（乡）域村庄布点规划、村庄规划（村域规划、居民点规划）、村庄设计与村居设计。

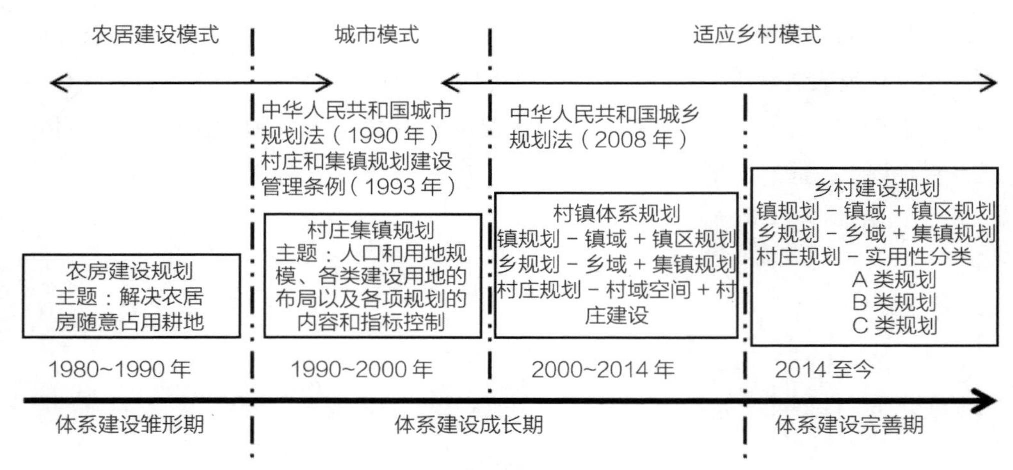

图 2-3-1　我国乡村规划的三个阶段

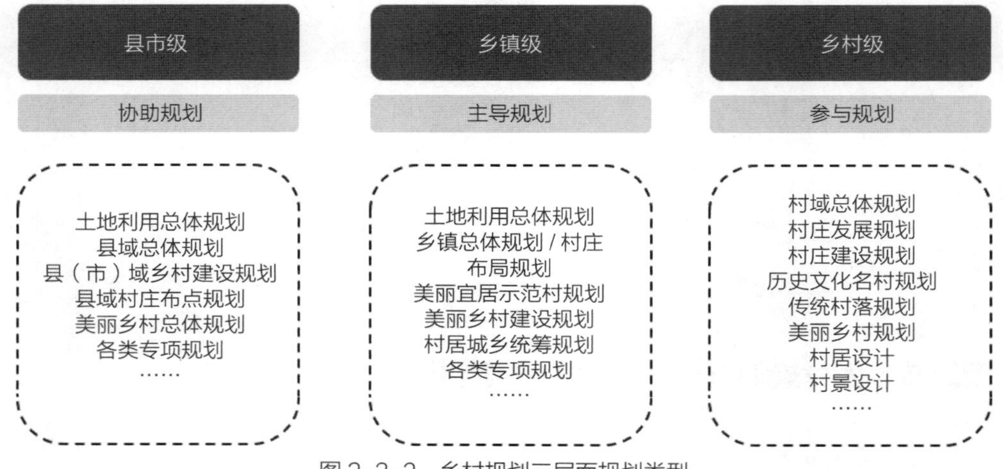

图 2-3-2　乡村规划三层面规划类型

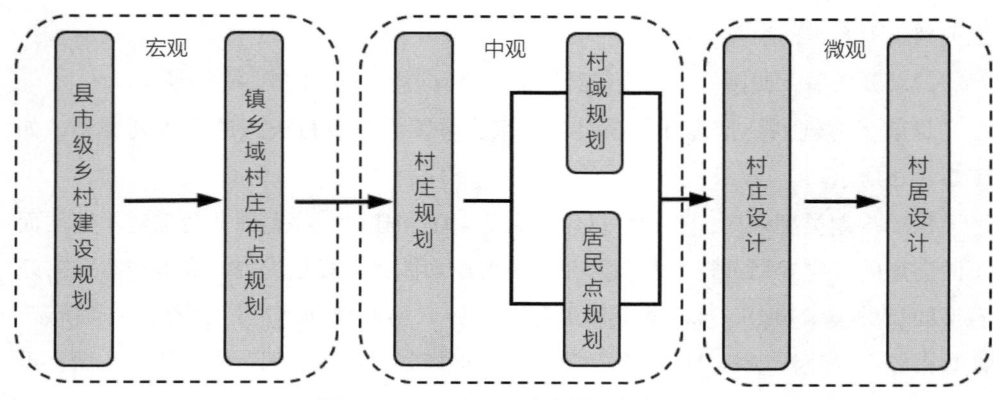

图 2-3-3　三级六层规划体系框架图

（二）规划内容

1. 县市级乡村建设规划

（1）规划范围

县市域乡村建设规划应以县（市）城市规划建设区以外的全域国土空间为研究范围，以自然村为基本单元进行规划编制。

（2）规划期限

规划期限与县市域城乡总体规划期限一致，分为近期与远期，重在近期。

（3）规划内容

县市级乡村建设规划以问题和目标为导向，以“多规合一”为技术手段，规划编制内容涵盖“6+X”，做到乡村建设发展有目标、重要建设项目有安排、生态环境有管控、自然景观和文化遗产有保护、农村人居环境改善有措施的基本要求，如图 2–3–4 所示。

a. 乡村建设目标

从农房建设、乡村道路、安全饮水、生活垃圾和污水治理、生态保护、历史文化保护、产业发展等方面，因地制宜制定乡村建设中远期发展目标，明确乡村地区发展战略、路径、指标，统筹各职能部门的乡村建设项目，落实乡村建设决策的近期行动计划，改善农村人居环境的任务，最终实现全面建成小康社会目标。

b. 乡村体系规划

规划应围绕主体功能定位划定经济发展引导分区，依据空间特点差异分级划定分类治理分区，基于生态环境和资源利用特点划定管控分区，因地制宜构建镇村体系。

空间管治规划（生态空间）重点是确定县域需要重点保护的区域，细化乡村地区主体功能的重点开发区域、限制开发区域和禁止开发区域，提出相应的空间资源保护与利用的限制和引导措施。

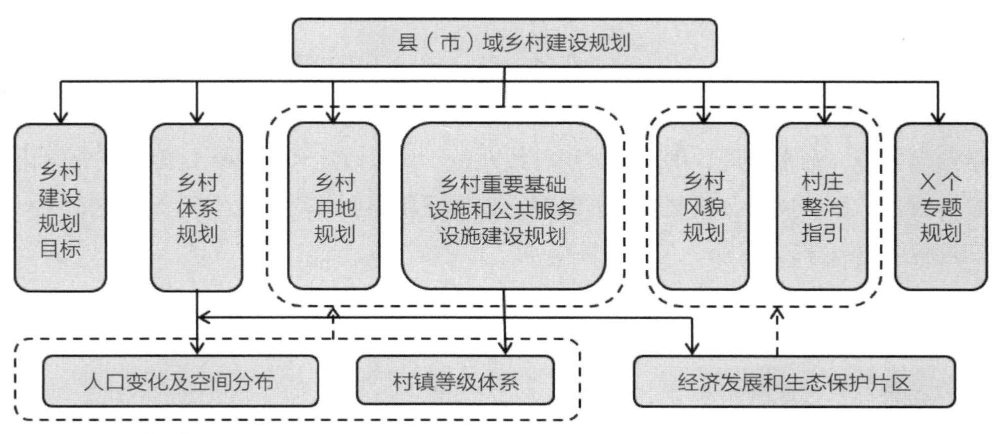

图 2–3–4 县市级乡村建设规划内容

产业发展规划（生产空间）：基于本县域的农林牧渔条件及资源禀赋条件，明确乡村产业结构、发展方向和产业选择重点，寻求差异化的产业发展路径，划定经济发展片区，构建定位合理、特色突出的县域乡村产业体系，制定各片区的开发建设与控制引导的要求和措施，促进县域城乡产业多层次融合发展。

村镇体系规划（生活空间）：依据县域内不同规模、职能和特点的村镇，科学合理地确定村镇等级体系。村镇体系一般由重点镇（国家级重点镇或特色小镇）、一般乡镇、中心村、自然村四个等级构成，形成以乡镇政府驻地为综合公共服务中心，以中心村为基本服务单元的相对均衡的乡村空间布局模式。

c. 乡村用地规划

根据县（市）域不同地区的用地适宜性条件、资源开发情况、生态环保和防灾减灾安全要求、扶贫支持政策等，研究生态、生产和生活空间内的建设用地模式，划定乡村居民点管控边界，明确宅基地规模标准，提出农村居民点布局原则，并和土地利用规划中的约束性指标相协调。

d. 乡村重要基础设施和公共服务设施规划

基于农村居民的出行距离、使用频率、设施服务半径来构建乡村生活圈，并通过交通、地形、资源等因素对设施服务半径影响进行修正和调整，并以适宜的“乡村生活圈”为依据，统筹配置教育、医疗、商业、文体等公共服务设施。以城乡统筹、因地制宜为原则，确定县（市）域乡村供水、污水和垃圾治理、道路、电力、通讯、防灾等各类基础设施的规模、建设标准和选址意向。

e. 乡村风貌规划

依据区位条件、乡土风情、生态格局、自然肌理、建筑风格等划定风貌分区，明确各类风貌管控区的建设要求及重点，从田园风光、建筑风貌、山水特色和文化保护等要素，着手制定分区图则分类引导村庄建设。

f. 村庄整治指引

依据村庄规模、空心率、区位条件、综合现状、周边资源、市政条件等对村庄进行整治分类，并提出对应整治措施：一是建筑整治引导；二是基础设施建设，包括给水安全、污水处理、雨水排放、杆线改造、垃圾收运和道路硬化等；三是绿化景观改善，按照风貌分区制定乡村景观打造的通用导则，对滨水空间、村庄节点空间进行分类引导。

g. 专题

依据各地实际确定需要增添的规划内容，譬如历史文化名村保护规划等。

2. 镇乡域村庄布点规划

（1）规划任务

镇（乡）域村庄布点规划应依据城市总体规划和县市域总体规划，以镇（乡）

域行政范围为单元进行编制，可作为镇总体规划和乡规划的组成部分，也可以单独编制。小城市试点镇、中心镇、重点镇等宜单独编制。

镇（乡）域村庄布点规划应明确镇（乡）域空间管制要求，明确各村庄的功能定位与产业职能，明确中心村、基层村等农村居民点的数量、规模和布局，明确镇（乡）域内公共服务设施和基础设施布局，提出村庄公共服务设施和基础设施的配置标准，制定镇（乡）域村庄布点规划的实施时序。

（2）规划期限

镇（乡）域村庄布点规划的期限应与镇总体规划和乡规划保持一致，一般为10~20年。其中，近期规划为3~5年。

（3）规划内容

a. 村庄发展条件综合评价。结合村庄现状特征及未来发展趋势，综合评价村庄发展条件，明确各村庄的发展潜力与优劣势，总结主要问题。

b. 村庄布点目标。以镇（乡）域经济社会发展目标为主要依据，确定镇（乡）域村庄发展和布局的近远期目标。

c. 镇（乡）域村庄发展规模。依据镇（乡）总体规划，结合农业生产特点、村庄职能等级、村庄重组和撤并特征以及村庄发展潜力等因素，科学预测乡镇域村庄人口发展规模与建设用地规模。

d. 镇（乡）域村庄空间布局。明确“中心村——基层村——自然村（独立建设用地）”三级村庄居民点体系和各村庄功能定位，制定各级村庄的建设标准，并对主要建设项目进行综合部署。

e. 空间发展引导。在镇（乡）域范围内划分积极发展的区域和村庄、引导发展的区域和村庄、限制发展的区域和村庄、禁止发展的区域和搬迁村庄等四类区域，制定各区域和村庄规划管理措施。

f. 镇（乡）域村庄土地利用规划。依据发展规模，进一步明确镇（乡）域各村庄建设用地指标和建设用地总量，提出城乡建设用地整合方案，重点确定中心村、基层村和自然村（独立建设用地）的建设用地发展方向和调整范围。

g. 基础设施规划。综合考虑村庄的职能等级、发展规模和服务功能，合理确定各级村庄的行政管理、教育、医疗、文体、商业等公共服务设施的级别、层次与规模。

h. 公共服务设施规划。统筹安排镇（乡）域道路交通、给水排水、电力电信、环境卫生等基础设施，提出各级村庄配置各类设施的原则、类型和标准，并提出各类设施的共建共享方案。

i. 环境保护与防灾减灾规划。根据村庄所处的地理环境，综合考虑各类灾害的影响，明确建立综合防灾体系的原则和建设方针，划定镇（乡）域消防、洪涝、地质灾害等灾害易发区的范围，制定相应的防灾减灾措施。明确村庄环境保护的要求和控制标准，确定需要重点整治的村庄、污染源和防治措施。

j. 近期建设规划。明确近期镇（乡）域村庄布点的原则、目标与重点，确定近期村庄空间布局、引导要求和重点建设项目部署，确定近期各村庄建设用地规模与发展方向。

k. 规划实施建议和措施。提出镇（乡）域村庄发展和布局的分类指导政策建议和措施，重点对近期规划提出针对性的政策建议。

3. 村庄规划

（1）规划要求

村庄规划以行政村为单元进行编制，空间上已经连为一体的多个行政村可统一编制规划。村庄规划的规划区范围宜与村庄行政边界一致。

（2）规划期限

村庄规划的期限一般为10~20年，其中近期规划为3~5年。

（3）规划内容

村庄规划可分为村域规划和居民点（村庄建设用地）规划两个层次。村庄规划内容分基础性与扩展性内容，基础性内容是各类村庄都必须要编制的，扩展性内容针对不同类型村庄可选择性编制。村庄规划内容应符合表2–3–1的规定。

村庄规划内容　　表2–3–1

村庄规划内容		基础性与扩展性内容	
		基础性内容	扩展性内容
村域规划	资源环境价值评估	√	
	发展目标与规模	√	
	生态保护规划		√
	文化传承规划		√
	产业发展规划		√
	村域空间管制	√	
	村域总体布局		√
居民点规划	村庄建设用地布局	√	
	旧村整治规划		√
	基础设施规划	√	
	公共服务设施规划	√	
	村庄安全与防灾减灾	√	
	村庄历史文化保护		√
	景观风貌规划设计指引		√
	近期建设规划	√	

注：1. 基础性内容可根据村庄实际情况作适当调整。
2. 历史文化名村、传统村落、景中村的规划内容应符合相关法规、规范、标准的要求。

a. 村域规划

村域规划综合部署生态、生产、生活等各类空间，并与土地利用规划相衔接，统筹安排村域各项用地，并明确建设用地布局；居民点（村庄建设用地）规划重点细化各类村庄建设用地布局，统筹安排基础设施与公共服务设施，提出景观风貌特色控制与村庄设计引导等内容。规划内容包括资源环境评估、发展目标与规模、村域空间布局、村庄产业发展规划和空间管制规划。

——资源环境价值评估。提出镇（乡）域村庄发展和布局的分类指导政策建议和措施，重点对近期规划提出针对性的政策建议。

——发展目标与规模。依据县市域总体规划、镇（乡）总体规划、镇（乡）域村庄布点规划以及村庄发展的现状和趋势，提出近、远期村庄发展目标，进一步明确村庄功能定位与发展主题、村庄人口规模与建设用地规模。

——生态保护规划。在梳理乡村生态资源的基础上，针对山、水、林、田、村、居等生态要素，提出生态保护规划措施，构筑村域生态空间体系。

——文化传承规划。传承民族文化，保护地方传统，促进乡村经济发展，引领乡村规划建设。

——产业发展规划。尊重村庄的自然生态环境、特色资源要素以及发展现实基础，充分发挥村庄区位与资源优势，围绕农村居民致富增收，加强农业现代化、规模化、标准化、特色化和效益化发展，培育旅游相关产业，进行业态与项目策划，提出村庄产业发展的思路和策略，实现产业发展与美丽乡村建设相协调。统筹规划村域第一、第二、第三产业发展和空间布局，合理确定农业生产区、农副产品加工区、旅游发展区等产业集中区的选址和用地规模。

——空间管制规划。划定“三区四线”，并明确相应的管控要求和措施。

——村域空间布局。依据村域发展定位和目标，以路网、水系、生态廊道等为框架，明确“生产、生活、生态”三生融合的村域空间发展格局，明确生态保护、农业生产、村庄建设的主要区域。

b. 居民点（村庄建设用地）规划

——村庄建设用地布局。对居民点用地进行用地适宜性评价，综合考虑各类影响因素确定建设用地范围，充分结合村民生产生活方式，明确各类建设用地界线与用地性质，并提出居民点集中建设方案与措施。

——旧村整治规划。划定旧村整治范围，明确新村与旧村的空间布局关系；梳理内部公共服务设施用地、村庄道路用地、公用工程设施用地、公共绿地以及村民活动场所等用地；评价建筑质量，重点明确居民点中的拆除、保留、新建、改造的建筑；提出旧村的建筑、公共空间场所等的特色引导内容。

——基础设施规划。合理安排道路交通、给水排水、电力电信、能源利用及节能改造、环境卫生等基础设施。

——公共服务设施规划。合理确定行政管理、教育、医疗、文体、商业等公共服务设施的规模与布局。

——村庄安全与防灾减灾。应根据村庄所处的地理环境，综合考虑各类灾害的影响，明确建立村庄综合防灾体系，划定洪涝、地质灾害等灾害易发区的范围，制定防洪防涝、地质灾害防治、消防等相应的防灾减灾措施。

——村庄历史文化保护。提出村庄历史文化和特色风貌的保护原则；制定村庄传统风貌、历史环境要素、传统建筑的保护与利用措施；列举历史遗存保护名录，包括文物保护单位、历史建筑、传统风貌建筑、重要地下文物埋藏区、历史环境要素等；提出非物质文化遗产的保护和传承措施。

4. 村庄设计

村庄设计是指村庄在新址建设和原址扩建之前，设计者按照传承历史文化，营造乡村风貌，彰显村庄特色，提高建设水平的要求，把村庄建设过程和使用过程中所存在的或可能发生的问题，事先作好通盘的设想，拟定好解决这些问题的办法、方案，用图纸和文件表达出来，便于整个建设过程得以在预定的规划设计范围内，按照周密考虑的预定方案，步骤统一，顺利进行，并使建成的村庄建筑、环境与基础设施能充分满足使用者和社会所期望的各种要求。

村庄设计是对村庄规划的深化，分为村庄总体设计和村居设计两种类型。

（1）村庄总体设计

村庄总体设计应当从空间形态、空间序列、村貌设计、环境设计等层面进行谋划和布局。

a. 空间形态

——总体形态选择与设计。村庄设计应从区域整体的空间格局维护和景观风貌营造的角度出发，通过视线通廊、对景点等视线分析的控制手法，协调好村庄与周边山林、水体、农田等重要自然景观资源之间的联系，形成有机交融的空间关系。村庄设计应根据地形地貌和村庄历史文化特征，灵活采用带状、团块状或散点状空间形态。在功能布局合理的前提下，可采用具有历史文化内涵的图案状平面形态。

——路网格局。村庄设计宜根据当地自然地形地貌，灵活选择路网格局。

——村庄肌理延续与格局。村庄设计应尊重和协调村庄的原有肌理和格局。

——建筑高度控制与天际线营造。

b. 空间序列

空间序列由轴线和节点组成，轴线以道路、河网等为依托，串联村庄入口、重要的历史文化遗存、重要的公共建筑及公共空间等节点，形成完整的空间体系。

c. 环境设计

环境设计主要指（村居）外部的景观设计，细分为交往空间设计、滨水空间设计、景观小品设计和绿化设计四项。

交往空间设计包括村口空间、公共广场、街巷节点空间和道路空间设计。

滨水空间设计包括桥梁、驳岸护砌及亲水设施设计。

景观小品设计包括标识系统、扶手栏杆、坐具、废物箱、花坛、树池、挡土墙、路灯及景观灯设计。

绿化设计分为公共空间、生产绿化、道路绿化、庭院绿化、滨水空间绿化和古树名木等。

d. 生态设计

生态设计在村庄设计中的核心在于雨水链的生态管理；生态设计应与村庄环境设计紧密结合，展现乡野趣味的同时打造绿色乡村。

（2）村居设计

a. 村居功能用房设计

b. 村居建筑风貌设计

c. 村庄公共建筑设计

d. 村庄建筑风貌整治设计

（三）成果与要求

1. 县市级乡村建设规划

成果包括“规划文本、图集、入库数据和附件（说明书、规划公示、公众参与、规划听证等规划公开过程的相关记录）”四项内容。其中数据库应为地理信息系统（GIS）数据，且文本和规划入库数据是《规划》的法律文件。

（1）规划文本：规划文本，应以规划强制性内容为重点，围绕地方政府的管控要求进行条文式书写。条文应直接表述为规划指标、结论和要求，措辞准确，符合名词术语规定，体现法定性和政策性。

（2）规划图集包括：乡村居民点综合现状图、村庄布点规划图、乡村体系规划图、空间管制规划图、乡村产业布局规划图、综合交通规划图、公共服务设施规划图、基础设施规划图、乡村风貌规划图、村庄整治指引规划图、近期建设项目规划图。

除上述必备图纸之外，可根据需要增加其他可选图纸，如历史文化遗产保护规划图、综合防灾规划图、环境保护规划图、乡村旅游规划图等。

2. 镇乡域村庄布点规划

镇（乡）域村庄布点规划成果主要由规划文本、图纸和附件三部分组成，以纸质和电子文件两种形式表达。

（1）规划文本：包括规划总则、村庄布点目标、镇（乡）域村庄发展规模、镇（乡）域村庄空间布局、空间发展引导、镇（乡）域村庄土地利用规划、基础设施规划、公共服务设施规划、环境保护与防灾减灾规划、近期建设规划、规划实施建议与措施等。

（2）规划图纸：包括区域位置图、镇（乡）域村庄布局现状图、镇（乡）域村庄布局规划图、空间发展引导图、镇（乡）域村庄土地利用规划图、基础设施规划图、公共服务设施规划图、保护与防灾减灾规划图、近期建设规划图等（应标明图纸要素，如图名、图例、图标、图签、比例尺、指北针、风向玫瑰图等）。

3. 村庄规划

村庄规划成果主要由规划文本、图纸及附件三部分组成，以纸质和电子文件两种形式表达。

（1）规划文本：包括规划总则、村域规划、居民点规划及相关附表等。

（2）图纸：

a. 村域规划。包括村域现状图、村域空间布局规划图、村庄产业发展规划、村域空间管制规划图等。

b. 居民点（村庄建设用地）规划。包括村庄用地现状图、村庄用地规划图、村庄总平面图、基础设施规划图、公共服务设施规划图、村庄防灾减灾规划图、村庄历史文化保护规划图、近期建设规划图等。同时，为加强村庄设计引导，可增加景观风貌规划设计指引图、重点地段（节点）设计图及效果图等（所有图纸均应标明图纸要素，如图名、图例、图标、图签、比例尺、指北针、风向玫瑰图等）。

（3）附件：包括规划说明、基础资料汇编等。

4. 村庄设计

村庄设计的成果内容包括：村庄总体设计、村庄居住建筑设计、村庄公共建筑设计、村庄建筑整治设计、村庄环境与生态设计、村庄基础设施设计等内容。

规划成果包括规划说明、规划图纸。

规划图纸包括村庄总体风貌分区图、村庄肌理与格局规划图、村居设计图、村庄公共建筑设计图、村庄建筑整治图、村庄环境设计图、村庄基础设施设计图。

第四节　乡村规划的工作程序与方法

乡村规划涉及县市级乡村建设规划、镇（乡）村庄布点规划、村庄规划和村庄设计四个层面规划内容，工作程序总体相同，但因涉及内容、特点不同略有差异，本节重点就县市级乡村建设规划和村庄规划作重点表述。

（一）县市级乡村建设规划

1. 工作程序

县市级乡村建设规划的具体工作程序为：现状分析与评估——确定乡村建设目标——进行乡村体系规划——乡村用地规划——乡村公共服务设施规划与重要基础设施规划——乡村风貌规划——乡村整治指引，如图 2-4-1 所示。

2. 规划方法

（1）基于全覆盖视角开展县域所有乡镇村落、基础设施、公共服务设施、用地条件、资源条件等调研，全面深化分析县（市）域村镇体系规划内容，实现规划研究对象（县域所有乡镇村落）、重要市政基础设施建设安排和基本公共服务设施全面覆盖。图 2-4-2、图 2-4-3 和图 2-4-4 为县市级乡村建设规划中的乡镇村落、基础设施和公共服务设施布局。

（2）基于“多规融合”视角进行乡村体系规划。深化“多规合一”乡村层面用地分类，汲取农业、林业、水利、旅游、国土等相关按照自身责权划定相应的规划控制线。按照底线控制原则，对全域乡村空间建设适宜性进行分析，划定村庄建设管控区：禁止建设区、控制建设区、适宜建设区和划入城镇建设区。图 2-4-5 为浙江省开化县“多规合一”下的空间管制分区规划。

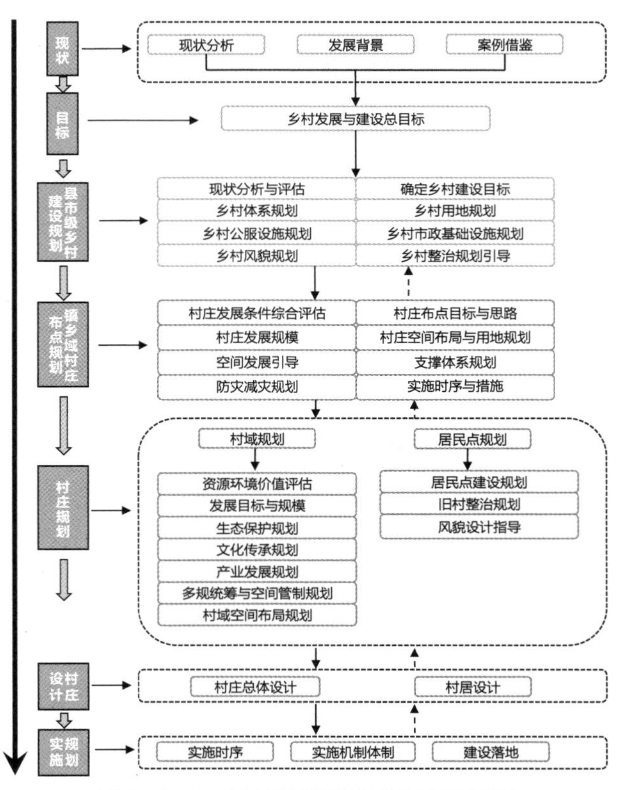

图 2-4-1　乡村规划整体工作程序框架图

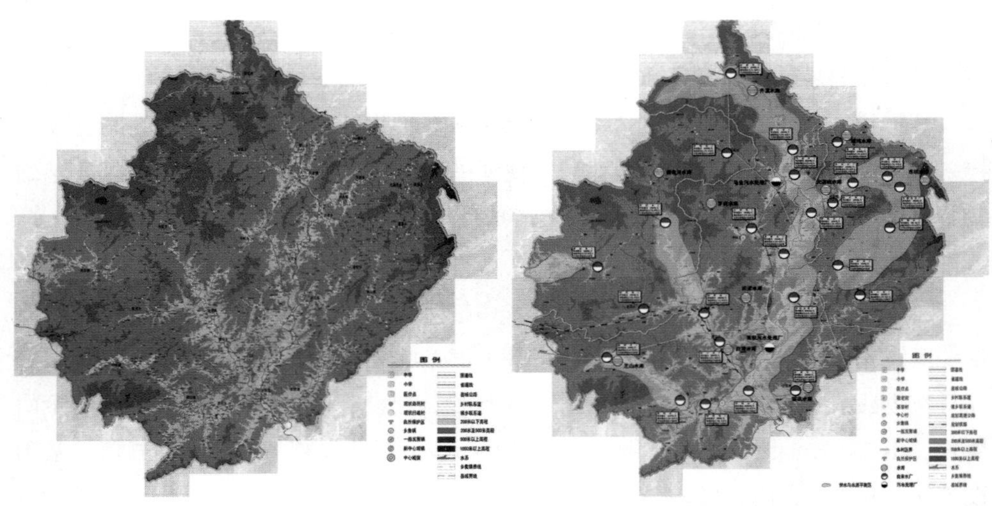

图 2-4-2　村庄分布现状图　　图 2-4-3　县域给水排水工程规划图

依据基本公共服务均等化原则，从居民的生活需求与活动范围考虑，以不同生活圈的服务半径、服务规模为依据，统筹配置教育、医疗、商业等公共服务设施。

图 2-4-4　基本公共服务设施配置规划图

同时，分区指引村庄分类，并加以管控。依据村庄所处的分区类型，综合考虑村庄交通可达性、现状人口集聚水平、基础公共服务设施、村庄周边可建用地存量等发展潜力因素，结合村庄特色资源，将所有村庄分为五类：择机撤减型、逐步衰减型、稳定发展型、适度成长型和城镇转化型，如图 2-4-6 所示。分类指导人口与建设用地管控，由下至上校核人口与用地，保证增减挂钩；图 2-4-7 为浙江省开化县乡村建设用地管控规划。

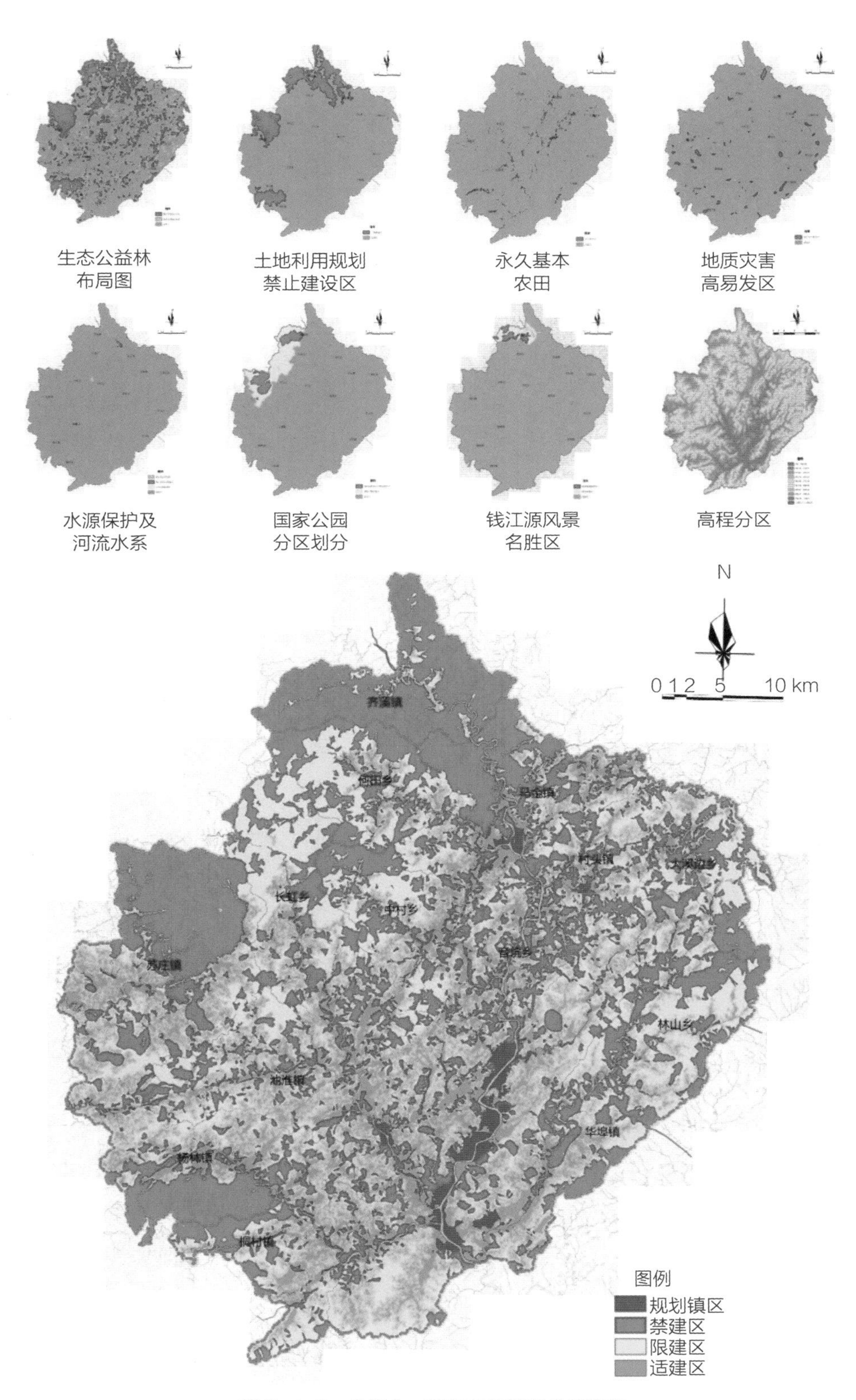

图 2-4-5 多规合一下的空间管制分区规划

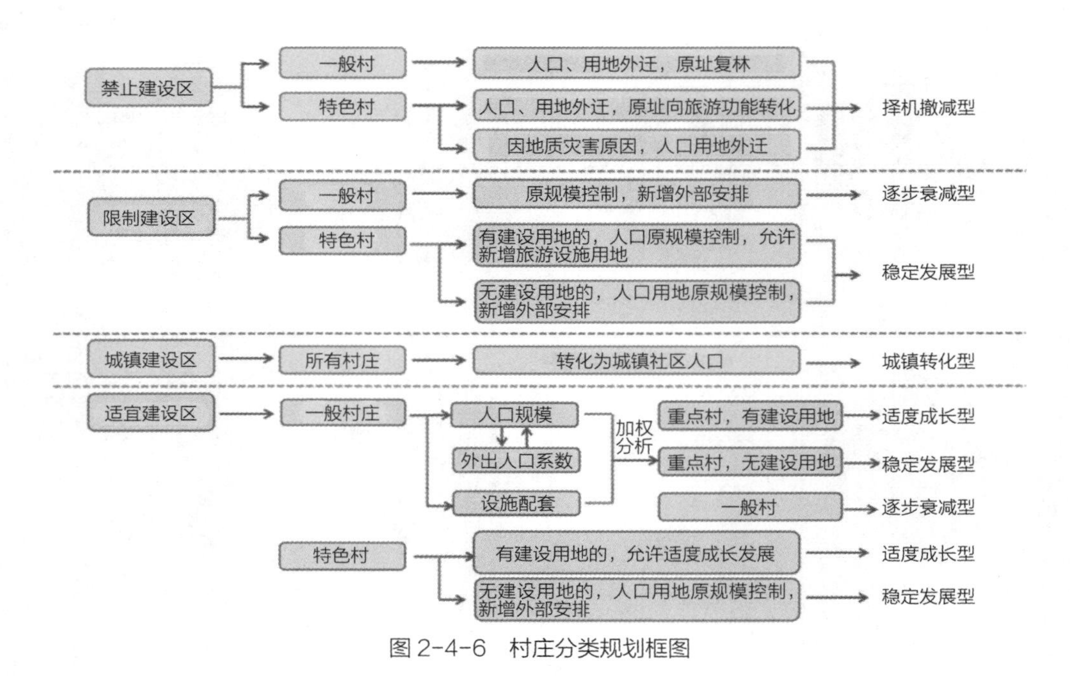

图 2-4-6　村庄分类规划框图

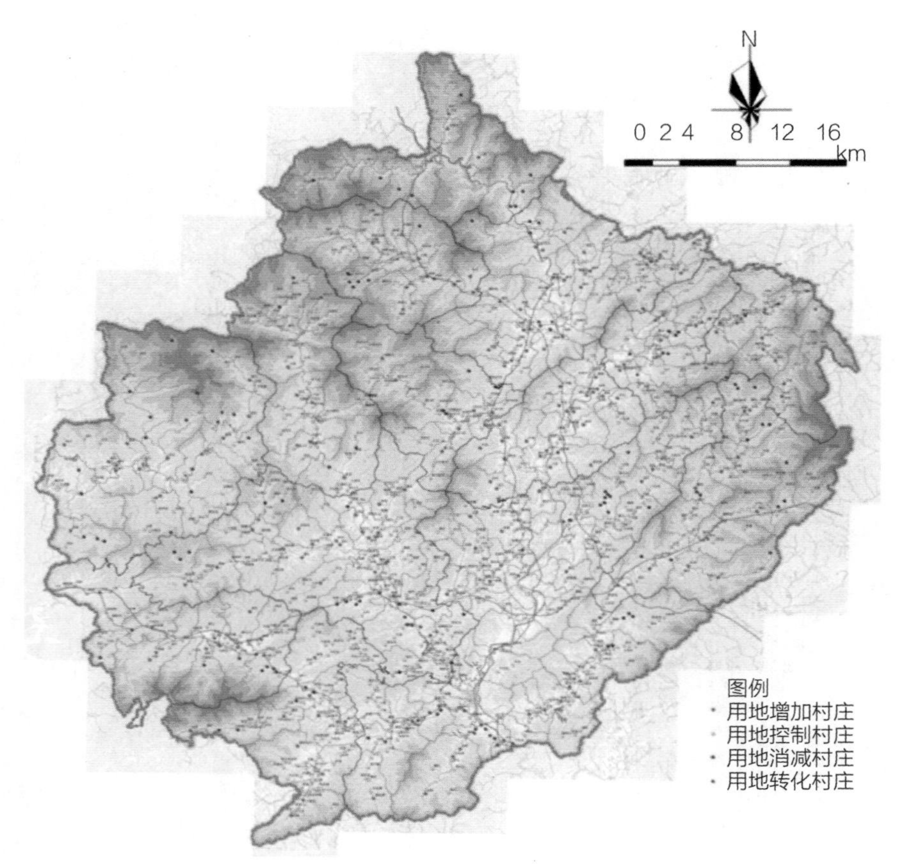

图 2-4-7　开化县乡村建设用地管控图

（3）基于公共服务均等化原则和乡村人口流动特点构建村庄体系规划

规划以人的活动路径为依据的公共服务圈，进而构建城乡空间体系。以出行便利为原则，中心村庄的服务圈应打破行政村界。运用 GIS 平台，对辐射范围、人口规模、可建设用地规模、已有服务设施等因素生成中心村庄空间体系，通过服务圈层重叠或缺乏来反复校核中心村庄的选择，如图 2-4-8、图 2-4-9 所示。

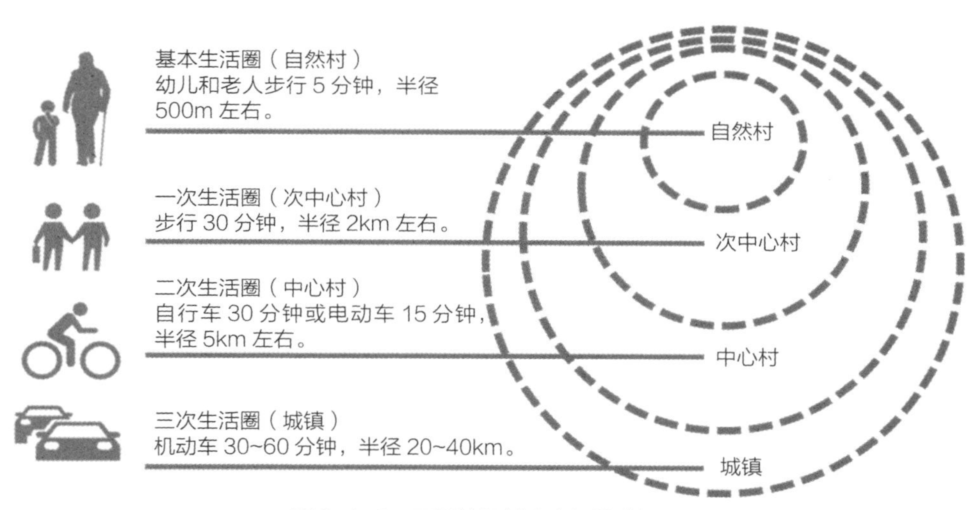

图 2-4-8　不同等级村庄生活圈分析

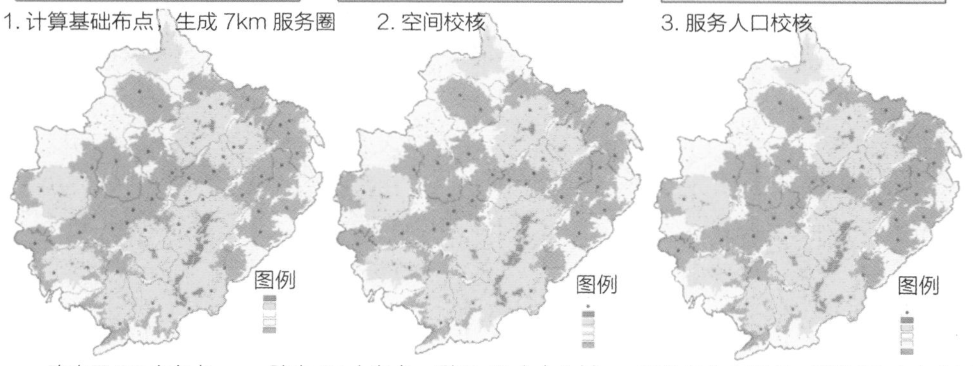

图 2-4-9　中心村选择及生成过程图

（4）差别对待，因地制宜开展分区体系规划

规划应围绕主体功能定位划定经济发展引导分区，依据空间特点差异分级划定分类治理分区，基于生态环境和资源利用特点划定管控分区，进而因地制宜构建镇村体系，如图 2–4–10 所示。

（5）基于特色彰显的分类分层原则开展乡村风貌规划

依据区位条件、乡土风情、生态格局、自然肌理、建筑风格等划定风貌分区，明确各类风貌管控区的建设要求及重点，从田园风光、建筑风貌、山水特色和文化保护等要素着手制定分区图则，分类引导村庄建设，如图 2–4–11、图 2–4–12 所示。

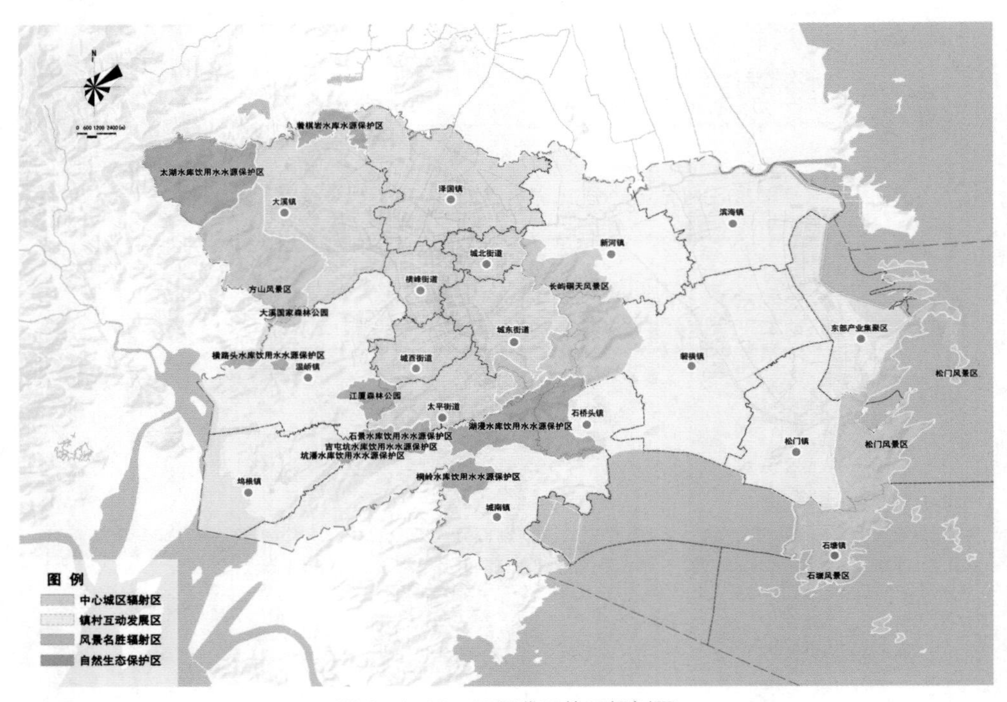

图 2–4–10　不同分区体系规划图

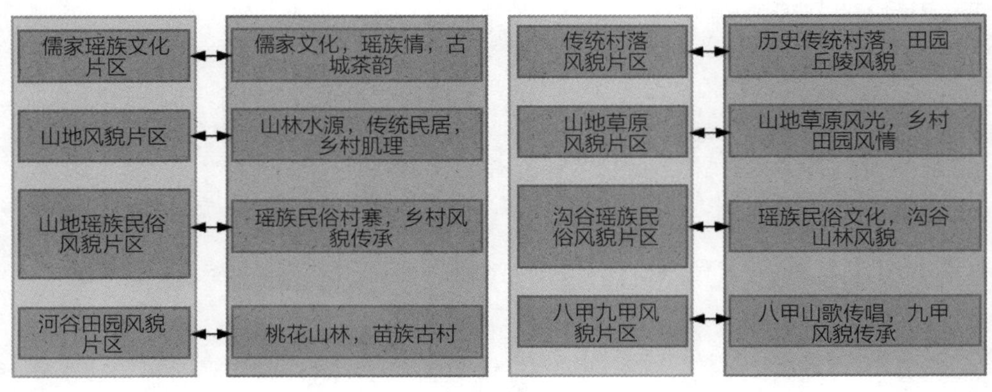

图 2–4–11　某村乡村风貌特色规划分区示意

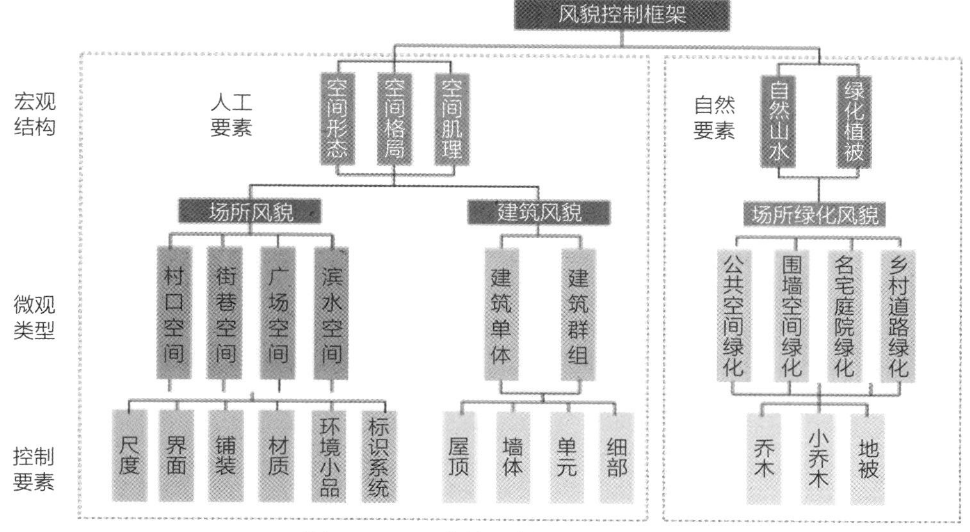

图 2-4-12　乡村风貌控制框架图

（二）村庄规划

1. 工作程序

村庄规划的一般流程为：①摸清家底，开展资源调查与评估；②充分挖掘资源与发展潜力，提炼村庄特色；③基于主题定位与市场分析开展项目策划，做好村庄产业发展规划；④基于需求确定发展目标与规模预测；⑤基于空间管制与乡村建设（旅游）需求做好村域空间规划；⑥基于村民需求做好居民点规划；⑦基于美丽乡村建设需求做好环境提升设计；⑧基于村庄实施做好时序安排与近期建设项目资金预测，如图 2-4-13 所示。

2. 村庄规划方法

现有的村庄规划包括很多方法，徐宁、梅耀林提出的乡村规划“五型方法”，可以在开展乡村规划与设计时参考，如图 2-4-14 所示。

（1）基于需求型规划厘清乡村建设的各方要求。乡村规划应本着尊重村民意愿的原则，把握村民对宜居生活的环境与设施需求；同时为加强规划可操作性，了解村干部关于村庄发展的整体意愿，并在此基础上，从村域统筹视角提出规划引导需求，如图 2-4-15 所示。

（2）基于层次型规划特征建构乡村规划内容体系。乡村规划从内容上看，包含引导、控制与行动三方面内容，规划要按照村庄资源条件和产业发展策划，引导人口适度集聚，并对村庄设施配套、村民个人建房等提出管控要求，然后制定村庄近远期行动计划，如图 2-4-16 所示。

（3）基于行动型规划细化乡村规划实施导则。对各项工程和各类子项目进行核算，提供建设规模、参考单价、建设内容、建设费用和建设时序等内容，便于村庄以“项目化”的方式有序推进，如图 2-4-17 所示。

（4）基于共识型规划组织流程。乡村规划的流程包含编制前期、编制过程和编制后期三个阶段。编制前期通过动员沟通、交流讨论形成关于乡村发展问题和发展期望的共识；编制过程通过方案比选、成果公示并听取村民、村干部各方意见加以修改完善；编制后期通过各种宣传，加深村民对乡村规划方案的认识，提升行动力，如图 2-4-18 所示。

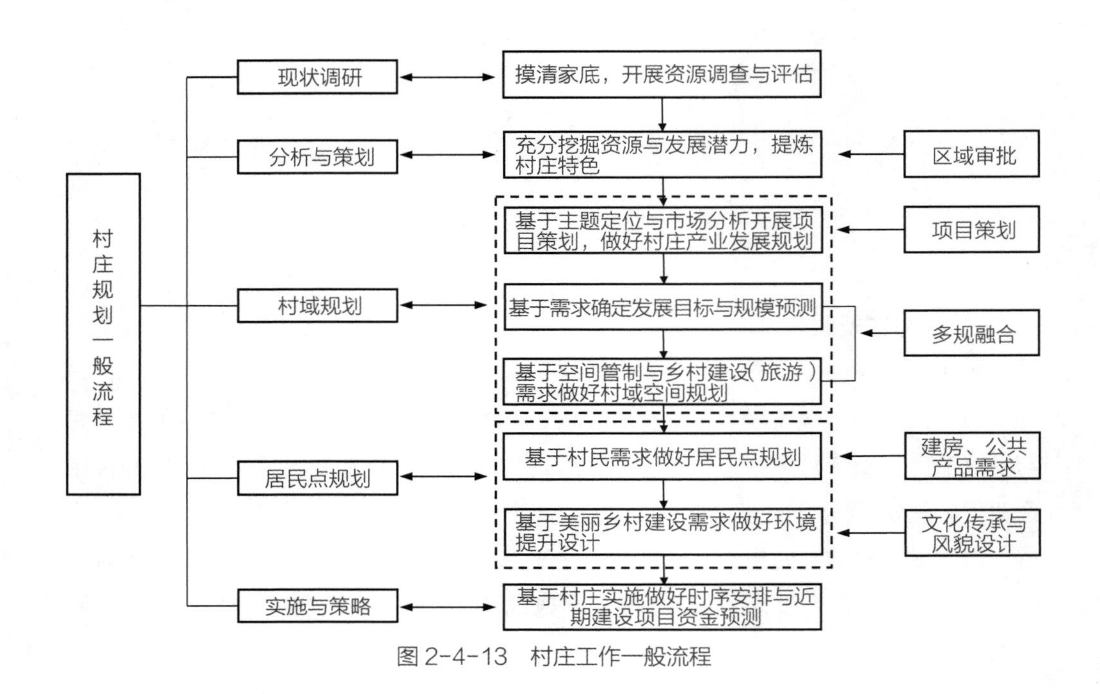

图 2-4-13　村庄工作一般流程

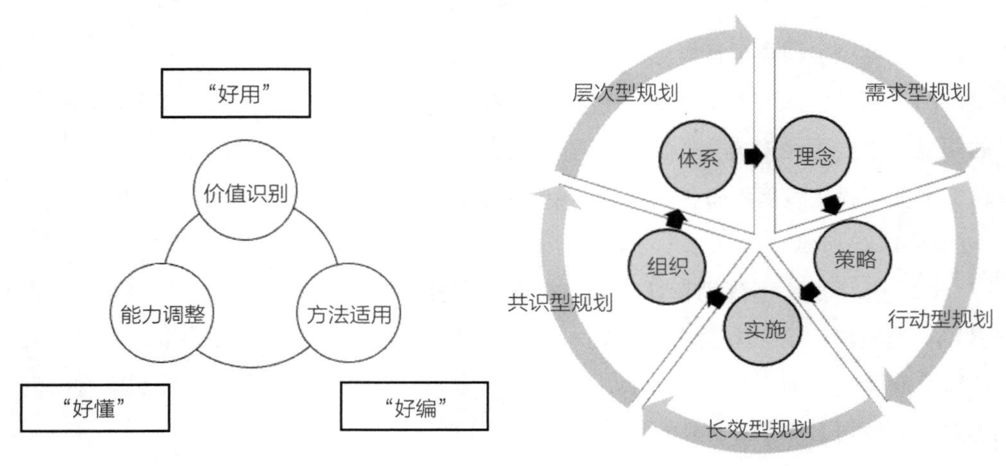

图 2-4-14　村庄规划方法

（5）基于长效型规划编制乡村规划共识手册。乡村规划的实施是一个非常复杂的过程，因此要探索适合乡村发展的长效型机制，通过村民共识手册、乡村民约等本土化手段提升规划实施的有效性，促进乡村可持续发展。

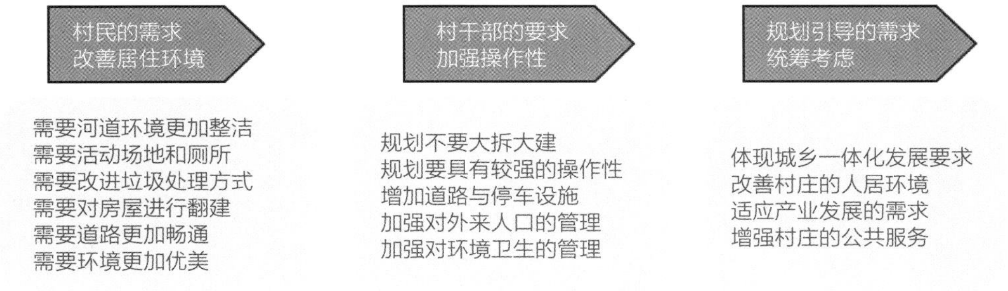

村民的需求
改善居住环境
需要河道环境更加整洁
需要活动场地和厕所
需要改进垃圾处理方式
需要对房屋进行翻建
需要道路更加畅通
需要环境更加优美
村干部的要求
加强操作性
规划不要大拆大建
规划要具有较强的操作性
增加道路与停车设施
加强对外来人口的管理
加强对环境卫生的管理
规划引导的需求
统筹考虑
体现城乡一体化发展要求
改善村庄的人居环境
适应产业发展的需求
增强村庄的公共服务

图 2-4-15 基于需求型的规划方法

乡村规划内容体系
引导
控制
行动
人口引导
功能定位
产业发展
资源管控
农房建设管理
设施配套控制
乡村景观控制
乡村适用技术
村庄环境整治
人居环境持续改进
城乡统筹的需求
持续改进人居环境
彰显自然特征
加强操作性
试点工作要求内容
划分层次
拓展内容
体现示范性

图 2-4-16 基于层次型的规划方法

某某村规划内容
引导
（4 个方面）
功能定位
村庄人口控制引导
内生型产业发展路径
土地用途与空间管制
指导村庄长远发展
有效引导空间与发展
控制
（4 个内容）
农房建设管理
设施配套控制
乡村景观控制
适用技术控制
规范日常建设与行为
有效控制村庄建设
行动
（8 个举措）
近期达到美丽
乡村建设要求
配设
整饰
增绿
理水
建场
整饬
清杂
通路
落实美丽乡村建设施工
有效指导现场实施需求

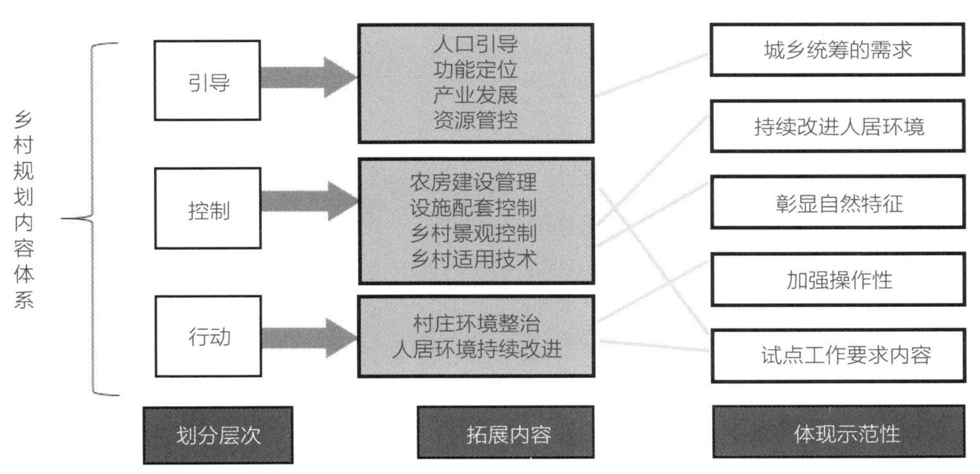

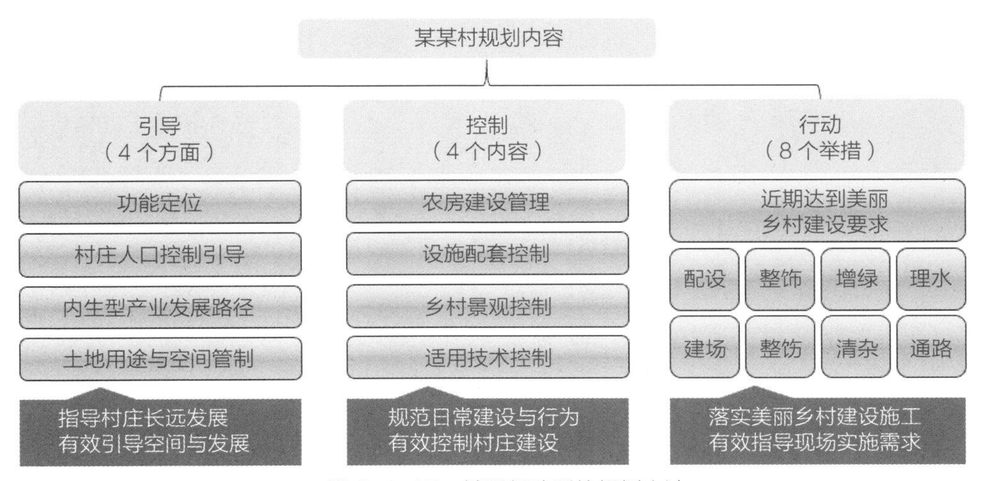

图 2-4-17 基于行动型的规划方法

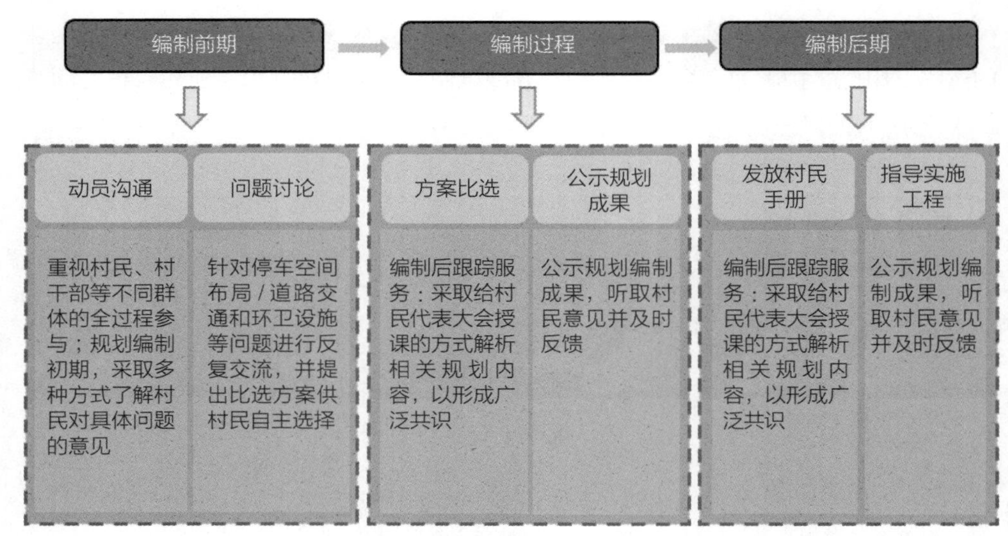

图 2-4-18　基于共识型的规划方法

复习思考题：

1. 为什么乡村需要规划？乡村规划的基本原则？
2. 乡村空间区别于城市空间的特征有哪些？
3. 在乡村振兴视角下，乡村规划应关注哪些问题？

第三章

乡村调查与分析

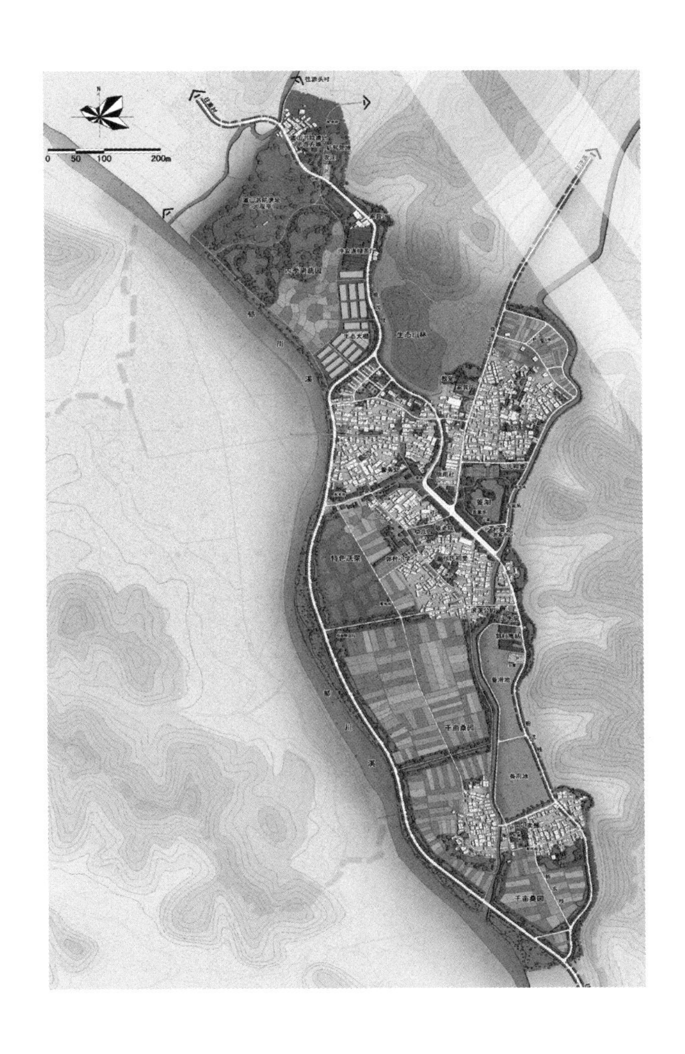

乡村调查与分析是乡村规划与设计的基础。乡村是一个复合系统，涵盖社会、经济、文化、自然环境、建成环境、景观（乡村意象）等六方面。利用踏勘调研、资料调查、访谈调研、问卷调查四种方法获取乡村全面信息，进而使用因子分析法进行乡村系统整体分析、子系统整体分析或子系统的单因子分析，获取文字型、表格型、图片型与专题图型的现状分析结论，最终指导村域规划、居民点规划与村庄设计三个层面成果的编制，保证各层面编制成果的科学性与可实施性。

第一节 调查内容与方法

充分调查是做好乡村规划与设计的前提，尤其是随着越来越多的对乡村少有接触的 90 后、甚至 95 后的乡村规划师诞生，走上专业规划设计岗位，如何全面深入认识乡村及乡村发展面临的社会、经济、生态环境问题显得更加重要。

（一）调查内容

乡村系统是个大系统，涵盖社会、经济、环境、文化、景观等子系统，乡村调查应全面审视乡村各子系统及其相互作用形成的交叉系统，具体可以从以下六个方面展开（表 3–1–1）。

乡村规划与设计调查内容一览表　表 3-1-1

子系统	条件因子名称	调研内容
社会子系统	历史沿革	村庄不同历史时期村庄行政区划调整及其对应的空间演变轨迹，特别要注意空间轨迹演变的推动因素调研
	人口构成与流动	①村庄各自然村人口分布 ②村庄人口家庭、年龄、社会构成、劳动力构成等 ③村庄人口流入与流出数量 ④流入人口的就业、就医、居住状况等 ⑤历年人口变动情况表
	乡村管理机制	①有关乡村建设、社会发展等的议事规则 ②上级政府促进乡村建设的举措、办法与规定
	村民意愿	①村民对村庄现状设施、环境状况的满意度 ②村民对村庄建设、村容村貌、公共服务设施等满意程度与发展愿景 ③村民关于提高村民收入、村民致富等方面的设想 ④村民住宅流转、入市、迁建等意愿
	建房需求	①村庄规划期限内的个人建房需求 ②当地村民建房的相关政策与标准
经济子系统	第一产业	①农业种植类型、收入与从业人口 ②各类农业园区规模、面积与空间分布
	第二产业	①村庄二产的企业名称、规模、产值、职工人数及产品 ②企业污染情况及今后发展设想
	第三产业	①乡村农家乐、民宿、庭院经济、乡村旅游项目情况 ②第三产业发展存在的问题 ③第三产业发展设想
	土地流转与村集体收入	①村庄土地流转收入 ②村集体收入主要来源 ③家庭收入主要来源
文化子系统	村庄非物质文化遗产	①村庄习俗、节庆活动、传统美食、传统祭祀活动等 ②民间文学、口头技艺、名人、工艺品等
	村庄物质文化遗产	①文保点、不可移动文物、历史建筑等分布位置、等级 ②古桥、古墓、古井等历史环境要素分布位置、等级、保存完好度
	传统风貌街区与建筑	①传统风貌街区分布及价值 ②传统建筑风貌与分布
自然环境子系统	自然条件	村庄赖以生存的地形（山体）、水系、森林、气候等
	特殊生境	动物、植物的栖息地
建成环境子系统	村域土地利用	村域土地利用现状，含地类类别、面积、空间分布
	居民点土地利用	①村庄所有居民点土地利用现状性质、面积及空间分布 ②村庄居民点分布图
	村庄基础设施	①村庄的给水、污水、电力、通信、环卫等基础设施的建设现状，涵盖管线走向、管径、管材、敷设方式与深度、相关设施空间位置与规模 ②公厕与垃圾收集设施 ③污水处理方式，垃圾处理方式

续表

子系统	条件因子名称	调研内容
建成环境子系统	村庄公共服务设施	村委会、小学、幼儿园、中学、卫生室、超市、便利店、菜市场、文化设施等位置与规模
	道路交通现状	①村庄主要对外交通线路名称、等级、位置、断面形式与宽度、路面质量 ②村庄主要道路、次要道路、支路、巷路等名称、等级、位置、断面形式与宽度、路面质量、铺装形式与材料 ③村内停车场建设现状 ④桥梁形式与位置
	村庄绿化	①村民美丽庭院建设现状，包括采用的绿化树种 ②进村道路及村内主要道路绿化现状 ③绿化维护机制与资金来源 ④村庄古树名木分布现状
	村民住宅	①村民住宅形式、建筑质量、建筑高度等 ②村民建房水平
景观子系统/乡村意象	山水田	①乡村山体、水体、田园景观 ②山、水、田、居的空间关系、形态与格局
	村口	①村口的标识 ②村口空间景观
	主街巷	①主要街巷的肌理 ②主要街巷的宽度、立面、地势、铺地、植物等
	边界	①村庄的边界（建筑界面） ②村庄外围的水体、山体、农田边界景观
	节点	村内公共空间分布与景观质量
	片区	①生活性、生产性、公共服务等片区范围与景观质量 ②历史保护、旧村整治、新村建设等片区的范围与景观质量

（二）调研方法

1. 踏勘调研

踏勘调研法指通过乡村实地调研了解乡村各系统发展及建设状况。踏勘调研前要准备好村域和乡村居民点地形图、遥感图（如谷歌地图）以及收集、记录踏勘资料的材料；同时，踏勘过程中最好有当地向导带引。通过踏勘，直观感知乡村各种物质环境和乡村发展水平，了解乡村人居环境中的道路、公共服务设施、市政基础设施、建筑质量、建筑高度、建筑风貌、公共空间、景观绿地等状况和土地利用现状，初步了解乡村物质空间建设存在的问题、乡村经济（产业）与文化特色等内容；并采用地形图对照与记录（标注）、照片记录、手绘记录、观察等方法做好踏勘信息的记录，如图 3-1-1 所示。在踏勘过程中，要特别注意标出、记录出实地现状与乡村地形图（遥感图）不一致的地方。有条件的情况下，踏勘期间最好能够住在村民

图 3-1-1　踏勘调研
（调研记录、照片记录、手绘记录）

家中，时间两周以上，以进一步充分了解调研乡村的发展历史、乡村的风土与人情、村民的意愿等内容。

2. 资料调查

乡村规划涉及上位规划、相关政策、村史村情等大量文字与图片资料。资料调查指的是在乡村基础资料收集清单基础上，通过村委会以及相关管理部门收集乡村规划相关规划及上位规划、历次村庄规划、村史村情、重要项目建设情况、人口构成及变迁情况、产业发展、体制机制、各类统计报表等相关文字和图片资料。

3. 访谈调研

访谈调研对象包括村干部、不同年龄层次的村民访谈，游客访谈，企业代表、乡镇政府干部代表等访谈。访谈内容围绕住房情况及个人建房需求、设施及人居环境的满意度与发展需求、产业发展、大项目建设、企业搬迁、城乡迁移、生活愿景、村集体领导力、乡村议事规则、资金来源等内容展开充分访谈，了解存在的问题以及问题产生的根源。访谈可采用座谈会、单独访谈、小组访谈等形式；要注意做好访谈记录。在访谈过程中，尤其要注意跟村民的交流方式，尊重地方习俗。另外，如果需要解决语言障碍问题，应该寻求懂地方方言的村干部、村里大学生等陪同与帮助。

4. 问卷调查

问卷调查的对象包括村干部、不同年龄层次的村民、游客、非农产业经营者代表、乡镇政府干部等。因此，要针对问卷调查对象的不同分别设计相应的调查问卷，以实现对调研乡村全面信息的收集与掌握。问卷调查的方式、方法整体上可以分为自填式问卷调查、代填式问卷调查两大类。其中，自填式问卷调查中的送发式问卷调查、代填式问卷调查中的访问式问卷调查最适宜于乡村问卷调查过程中使用。

下面是浙江工业大学学生参加第一届长三角地区高校乡村规划教学方案竞赛时，针对设计基地江苏海永乡的村民设计的代填式调查问卷。

“海永美丽乡村规划”农村居民调查问卷

居民朋友：您好！为规划海永美丽乡村，需对海永乡基本情况及居民居住状况进行问卷调查，希望得到您的支持与合作！在您填表的同时，向您表示衷心的感谢！

1. 您家位于：A）永北村；B）沙南村；C）乡政府驻地
2. 您的性别：A）男；B）女
3. 您的年龄：A）20 及以下；B）21~30；C）31~40；D）41~50；E）51~60；F）60 以上
4. 您的职业：A）普通企业员工；B）高新企业员工；C）农民；D）教师；E）商业和服务业；F）学生；G）公务员；H）军人；I）干部；J）离退休；K）事业单位职员；L）自由职业；M）商人；N）其他
5. 您的文化程度：A）小学及以下；B）初中；C）高中 / 中专；D）大专 / 高职；E）本科；F）研究生及以上
6. 您的月收入水平：A）无；B）1000 元以下；C）1000 元 ~5000 元；D）5000 元 ~1 万元；E）1 万元 ~5 万元；F）5 万元以上
7. 您出行的主要交通方式（可多选）：A）步行；B）自行车；C）摩托车；D）公交车；E）小汽车；F）其他
8. 您从家到工作地点一般所需要的时间：A）10 分钟以内；B）10~30 分钟；C）30 分钟 ~1 小时；D）1~2 小时；E）2 小时以上
9. 您觉得去海永乡以外的乡镇是否方便：A）方便；B）比较方便；C）不太方便；D）不方便，原因：________________________
10. 您对本村基础设施的满意度如何？（请在下面选项中打“√”）

	2 满意	1 一般	−1 不满意	0 无所谓
A）道路状况				
B）交通系统				
C）休闲场所				
D）商业服务设施				
E）教育设施				
F）运动健身设施				
G）垃圾处理设施				
H）医疗卫生条件				
I）娱乐购物设施				

11. 您觉得本村最缺的公共设施是什么：________________

12. 您觉得本村的优势 / 特色是什么：A）自然环境；B）地理区位；C）建筑风情；D）历史人文；E）特色产业；F）其他 ________________

13. 您认为本村最应该发展什么类型的旅游产业：________________

14. 您对发展民宿的看法：A）愿意提供民宿；B）愿意提供民宿且接受建筑改造；C）不提供民宿

15. 您对本村未来的发展有什么期望：________________

再次感谢您的参与！

第二节　分析内容与方法

（一）现状分析的类别

针对现状调查收集、获取的乡村资料与数据，进行科学、全面的解读与分析是进行乡村规划与设计的前提，是确保乡村规划与设计成果具有科学性与可实施性的重要保证。乡村现状分析包括乡村社会、经济、自然环境、建成环境、文化、景观子系统现状条件的系统整体分析、子系统整体分析、子系统单项因子分析三类，如图 3-2-1 所示。

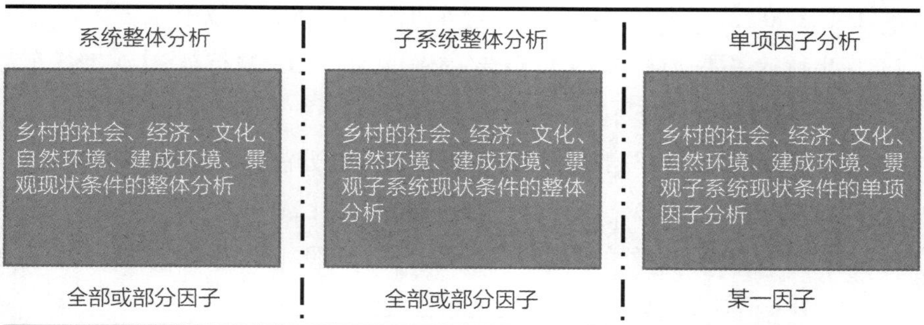

图 3-2-1　现状分析的类别

（二）现状分析的方法

因子分析法是一种简单、明晰的现状分析方法。首先，将调查获取的乡村社会、经济、自然环境、建成环境、文化、景观等对于乡村规划与设计具有直接或潜在影响的每个现状条件做为一个分析因子；然后，制定每个因子的分析或评价的定性标准或定量标准；最后，根据需要，利用各种制图或绘图软件进行单因子分析图、多因子（叠加）分析图的绘制，进行系统整体分析、子系统分析或单项因子分析。进而取得诸如区位分析、上位规划分析、SWOT 分析、生态敏感性分析、土地适宜性分析、景观分析图、村民愿意分析等各类专项分析成果。

由于 ArcGIS 类软件具有强大的地理信息存储、查询、表现与分析功能，它已经成为进行乡村现状分析时最常用的软件之一。此外，在进行乡村现状分析时，也可以针对乡村现状条件的特点对现状条件因子赋予权重值进行分析。现状分析过程中要尽量遵循全面性、系统性、客观性、科学性等原则，以保证现状分析结果、结论对于乡村规划与设计真实的引导、约束作用。现状分析的技术路线如图 3-2-2 所示。

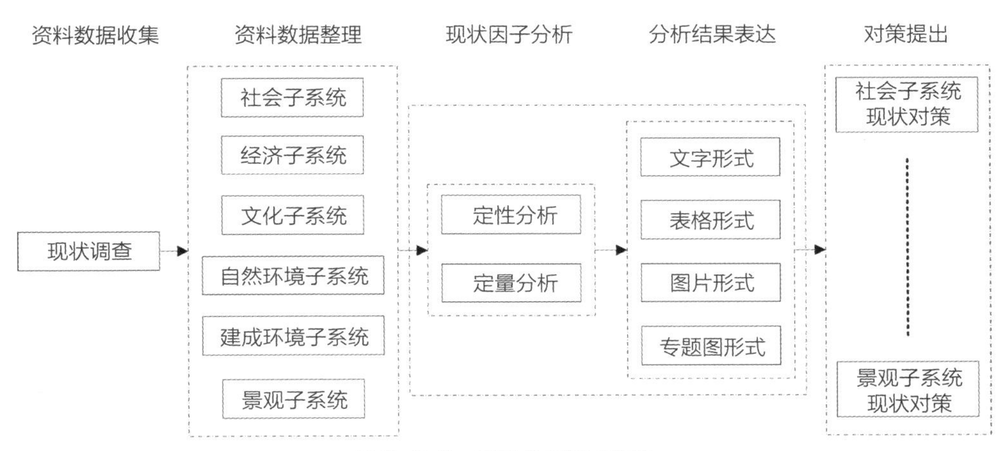

图 3-2-2 现状分析技术路线

（三）现状分析的实施

1. 系统整体分析

（1）区位分析

事物区位有两层含义：一是指该事物的位置，即绝对区位；二是指该事物与其他事物的空间联系，即相对区位。区位认识方法主要包括两类：一是整体到局部的方法，即要认识一个地方的位置，最好先知道其在上一级区域中的相对位置，这也是区位认识的基础；另一类是地图认识的方法，具体包括坐标法、界线法、相关法、形态法、特征事物法以及综合法等。区位分析方法主要包括以下五个步骤：确定区位分析的对象、选择区位分析的现状条件要素（位置要素、自然区位要素、社会与经济区位要素）、思考区位分析的要求（全面、对比、优势、主导因素分析）、制定区位分析的要点、实施区位分析。科学、全面的区位分析对于确定乡村发展定位、用地布局、产业导向等具有重要作用。图 3-2-3 为浙江大学学生参加浙江省第三届大学生“乡村规划与创意设计”大赛时对台州市宁溪镇蒋家岸村进行的全面的区位分析，进而支持蒋家岸村特色乡村旅游产业的策划与规划。

（2）上位规划分析

各种上位规划体现了上一级规划对土地利用、空间资源、生态环境、基础设施、产业发展等内容构想与要求，具有全局性、综合性、战略性、长远性的特点；均衡了近期与远期、局部与全面、单一与综合、战术与战略利益的考量；它们是下位规划的引导性、约束性规划。通过对相关的县市级（上一级）的乡村体系规划、乡村用地规划、乡村服务设施规划、乡村基础设施规划、乡村风貌规划、乡村整治规划，交通系统规划，旅游规划、环境保护规划以及镇（乡）域村庄布点规划包括的村庄空间布局、村庄发展规模、空间发展导引、支撑体系、防灾减灾、实施建设时序安抚等相关上位规划信息的全面解读，才能有依据、科学性、协调性地进行具体的村庄规划。图 3-2-4 为华中科技大学学生参加 2017 年度全国高等院校城乡规划专业大学生乡村规划方案竞赛（台州基地）时，对规划对象（台州市宁溪镇白鹤岭下村）

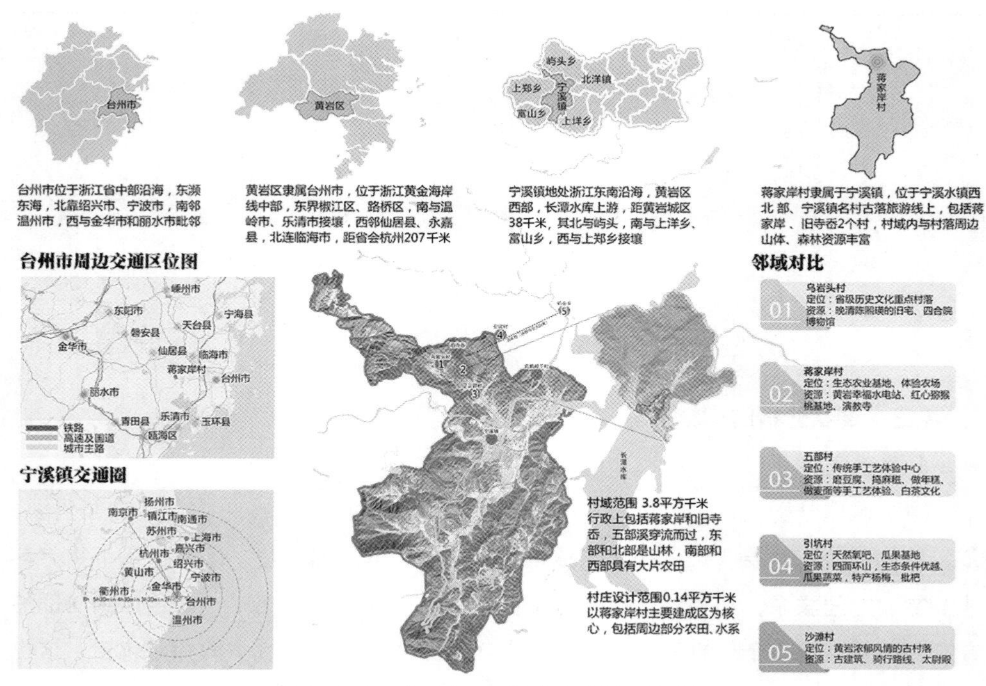

图 3-2-3　台州市宁溪镇蒋家岸村区位分析

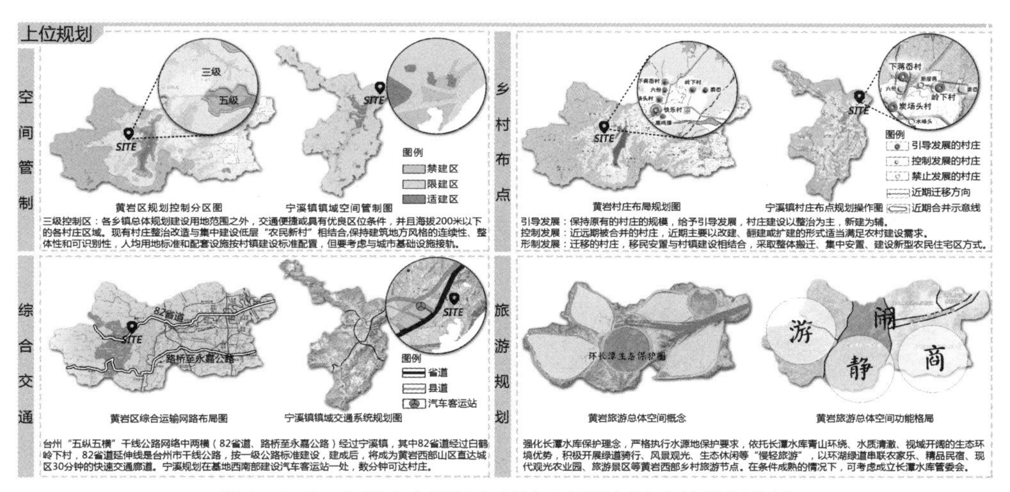

图 3-2-4　台州市宁溪镇白鹤岭下村规划的上位规划分析

研究时涉及的台州市黄岩区、宁溪镇的空间管制、村庄布点、综合交通以及旅游等上位规划进行详细解析，从而协同其他资源与条件的分析，确定白鹤岭下村的发展定位、发展目标等规划内容。

（3）SWOT 分析

也称为自我诊断法；其中，S（Strengths）表示优势，W（Weaknesses）表示劣势，O（Opportunities）表示机会，T（Threats）表示威胁。即，基于内外部竞争环境和竞争条件下的态势分析，就是将与研究对象密切相关的各种主要内部优势、劣势和外部的机会和威胁等通过调查列举出来，并依照矩阵形式排列，然后用系统分析的思想，把各种因素相互匹配起来加以分析，从中得出一系列相应的结论，并且结论通常带有一定决策性。运用这种方法，可以对规划乡村所处的情景进行全面、系统、准确的研究，从而根据研究结果制定相应的发展战略、计划以及对策等。

（4）生态敏感性分析

生态环境敏感性是指生态系统对区域内自然和人类活动干扰的敏感程度，它反映区域生态系统在遇到干扰时，发生生态环境问题的难易程度和可能性的大小，并用来表征外界干扰可能造成的后果。生态敏感区包括水源保护区、风景名胜、自然保护区、国家重点保护文物、历史文化保护地（区）、基本农田保护区、水土流失重点治理及重点监督区、天然湿地、珍稀动植物栖息地、红树林以及文教区等区域。生态敏感性分析可以针对特定生态环境问题进行评价，也可以对多种生态环境问题的敏感性进行综合分析，明确区域某种或综合生态环境敏感区的空间分布，以及生态问题发生的可能性大小等内容，也可以指导村庄各类型用地范围的划定。图 3-2-5 为浙江省淳安县界首乡云濛村通过生态敏感性分析指导划定村域建设用地范围、基本农田保护范围、生态保护范围以及历史文化遗产保护范围等四线。

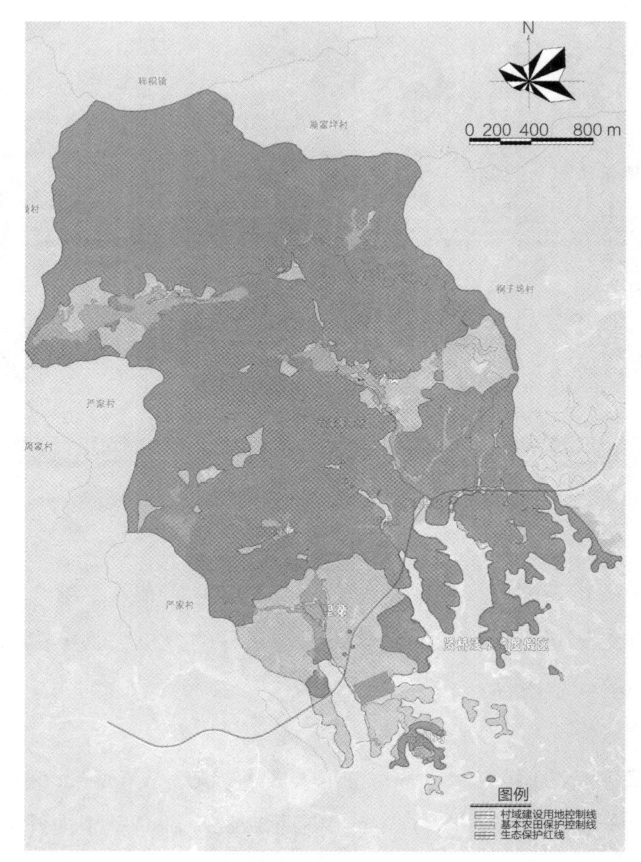

图 3-2-5　淳安县界首乡云濛村“四线”划定规划图

（5）土地适宜性分析

土地适应性即土地在一定条件下对不同用途的适宜程度。土地适宜性分析就是根据土地的自然、社会、经济等属性，评定土地对于某种用途（或预定用途）是否适宜以及适宜的程度，它是进行土地利用决策，科学地编制土地利用规划的基本依据。土地适宜性可分为现有条件下的适宜性和经过改良后的潜在适宜性两种。土地按其适宜的广泛程度，又有多宜性和单宜性之分。多宜性是指某一块土地同时适用于农业、林业、旅游业等多项用途；单宜性是指该土地只适于某特定用途，如陡坡地仅适于发展林业、水域仅适于发展渔业等。由于每块土地有不同等级的质量，因此在满足同一个用途上，还有高度适宜、中等适宜、勉强适宜或不适宜的程度差别。图 3-2-6 为使用高程、坡度、坡向三个自然因子的单因子分析与三因子叠加分析对尚田镇桥棚村建设用地选择进行的适宜性评价过程。

2. 子系统分析

（1）社会子系统

村庄现状社会子系统包括村庄历史沿革、人口构成与流动、乡村管理机制、

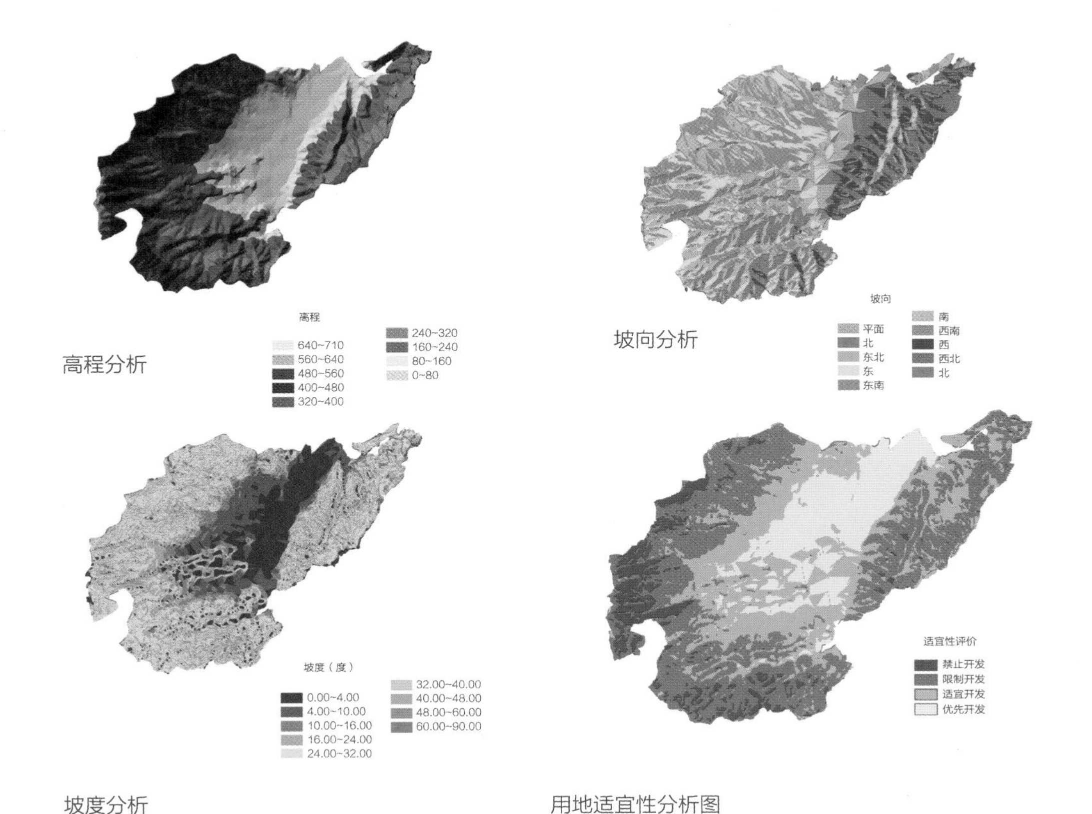

图 3-2-6　奉化市桥棚村建设用地适宜性评价

村民意愿以及村民建房需要等现状条件。其中，村民意愿分析是乡村规划与设计中需要特别注意的一项重要内容。依据《城乡规划法》第十八条规定，“乡规划、村庄规划应当从农村实际出发，尊重村民意愿，体现地方和农村特色”。具体来说，村民意愿分析大体包括两个方面：一方面是村庄整体发展，也就是村集体对于村庄整体发展的集体利益的意愿；另一方面是村民个体生产生活，即村民对于其从事的生产劳动和居住环境改善的愿意。进一步细分，村民意愿主要分为四种：村庄发展意愿、村民生产意愿、村民生活意愿和村民资产意愿。村民是村庄的主人，通过对村庄村民愿意的全面分析，科学性、专业性地进行村域规划、居民点规划、村庄设计、村居设计等取得规划成果才是最现实可行的。此外，特别需要注意的是，对于一些已经具有一定产业发展基础的乡村，在进行村民意愿分析时可以进一步对产业利益相关人员（“客人”，即除原村民外）愿意的分析，进而保证乡村规划能够全面反映、代表村庄发展利益与方向。图 3-2-7 为浙江工业大学学生参加第二届长三角地区高校乡村规划教学方案竞赛时对苏州市通安镇树山村的“主人”与“客人”对村庄发展意愿的分析图，以此为树山村的物质景观空间规划设计、产业的策划与规划提供依据。

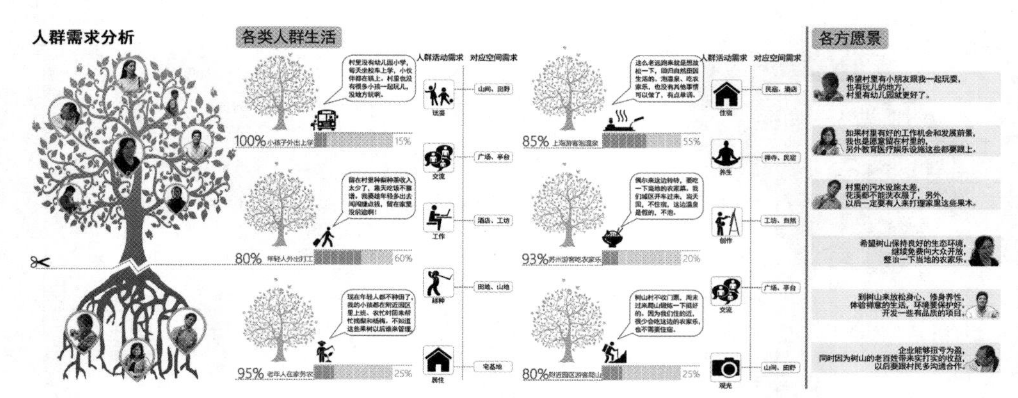

图 3-2-7　苏州市通安镇树山村“主人”与“客人”的发展意愿分析

（2）经济子系统

乡村经济子系统现状主要包括乡村性质，产业发展导向，一、二、三产规模、比例、发展情况与发展意愿，主导（特色）产业类型、发展情况与发展愿意，产业从业人员状况等内容；还包括乡村集体收入、家庭收入主要来源等内容。乡村经济状况是评价乡村发展现状、质量与潜力的重要依据之一，是建设和谐、富裕、文明的新农村的核心内容之一。对乡村经济子系统的全面分析是进行乡村规划与设计的重要前提，尤其对于确定乡村的产业发展目标、产业发展策略、产业项目策划、产业空间布局等内容具有直接作用。图 3-2-8 为浙江工业大学学生参加第二届长三角地区高校乡村规划教学方案竞赛时，对苏州市通安镇树山村产业发展现状与存在问题的分析，最终指导树山村产业发展战略确定（包括产业发展结构、发展路径、发展项目）。

（3）文化子系统

乡村文化子系统现状主要包括乡村非物质文化遗产、乡村物质文化遗产、传统风貌街区与历史建筑等内容。乡村文化资源是系统乡村发展的文化本底，是乡村可持续发展与特色化发展的重要依托，是乡村具有或打造独特的、有魅力的景观意象的重要元素。尤其在当前乡村旅游作为解决三农问题、促进乡村发展与振兴的重要手段与路径的前提下，对各种乡村文化在挖掘、保护、传承的基础上进行利用是乡村地区进行旅游开发的重要资源、最具特色的旅游吸引体验物。图 3-2-9 为浙江工业大学学生参加第二届长三角地区高校乡村规划教学方案竞赛时对苏州市通安镇树山村的历史文化资源进行的分析，以支撑打造树山村的文化发展战略、文化旅游体验项目策划以及相应意象景观设计。

（4）自然子系统

乡村的地形（山体）、水系、森林、气候等自然环境资源是乡村发展的本底，是乡村可持续发展的自然依托，是乡村规划的自然背景，是乡村具有或形成整体和谐景观意象的重要依托之一，反映了乡村在选址与发展过程中人类与自然的协同共生过程。此外，在乡村地域内存在的特殊、有价值的生物栖息地也是需要在乡村自然子系统现状分析中辨析、加以保护的重要资源。图 3-2-10、图 3-2-11 为浙江理工大学学生参加浙江省第三届大学生“乡村规划与创意设计”大赛时对宁溪镇蒋家岸

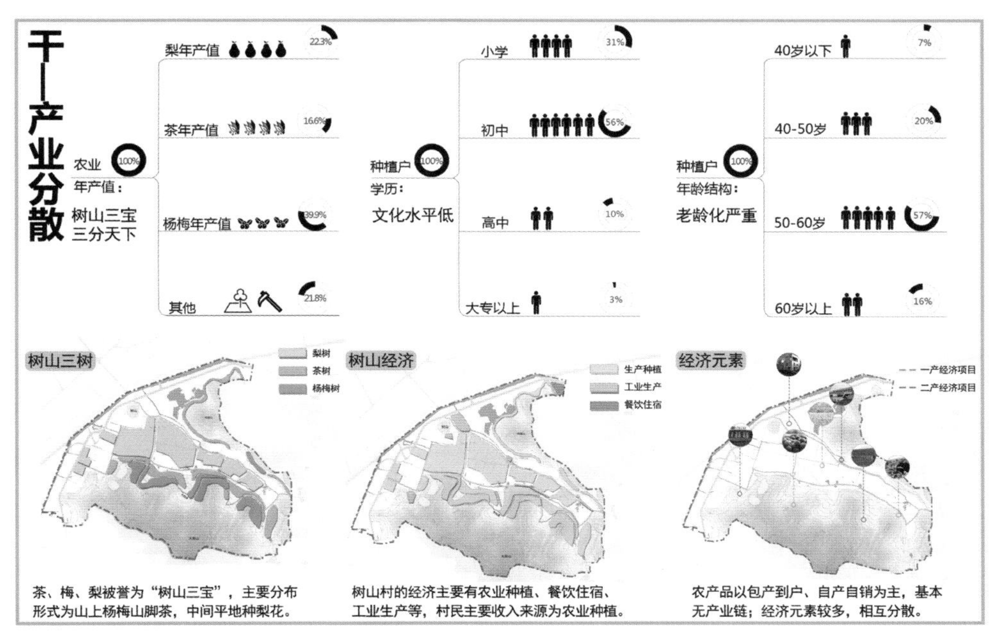

图 3-2-8　苏州市通安镇树山村产业发展现状分析

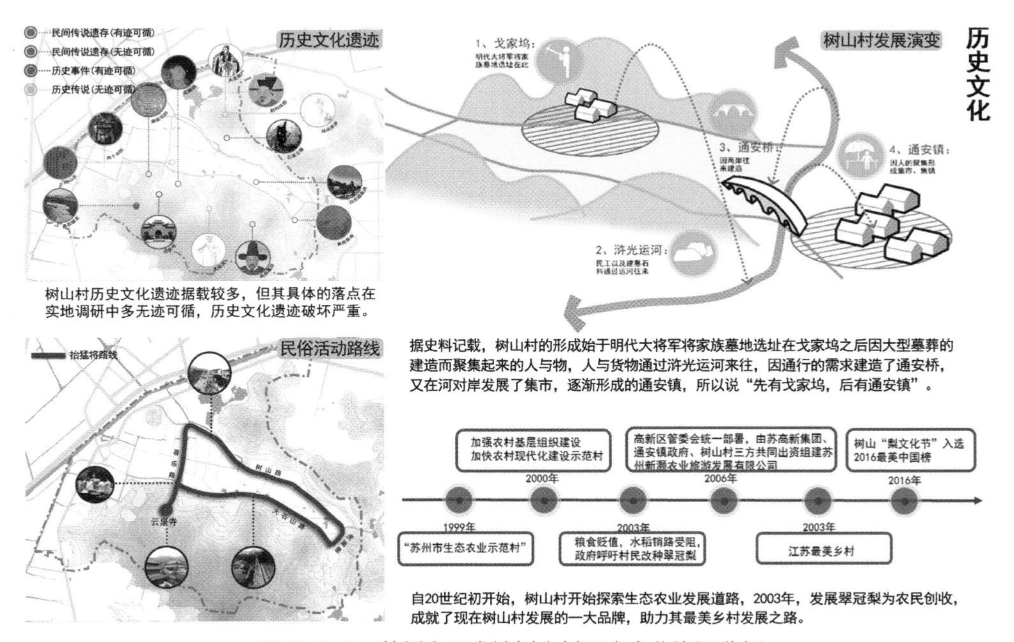

图 3-2-9　苏州市通安镇树山村历史文化资源分析

蒋家岸村周边山势东高西低，北高南低。群山阻隔了冬季的西北寒风，而夏季风从海而来，带着长潭水库的水汽深入，使得当地气候冬暖夏凉，其中以西北角旧寺岙为最，符合风水学中“藏风聚气”的地形环境。但是夏秋之交会受到一定的台风影响，连续强降雨易形成积水。

图 3-2-10 宁溪镇蒋家岸村季风分析

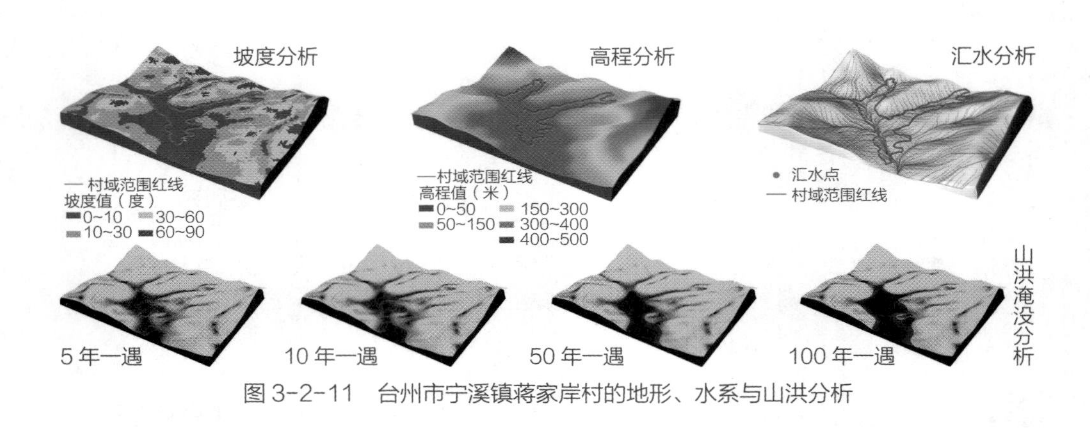

图 3-2-11 台州市宁溪镇蒋家岸村的地形、水系与山洪分析

村地形、水系、风等自然环境条件进行分析，进而获取、论证村域的发展范围以及确定河道水系的生态化改造措施。

（5）建成环境子系统

乡村建成环境子系统的现状主要包括村域土地利用现状、居民点土地利用现状、村庄公共与市政基础设施现状、村庄绿化景观现状以及村民住宅建筑现状等内容。这些现状条件是保障与建设品质乡村生活的重要物质条件，同时这些也是进行乡村规划与设计时需要进行科学编制的重要内容，因此需要在结合详细现状调查（或结合已有相关规划资料）的基础上进行全面的分析。图 3-2-12 为浙江工业大学学生参加浙江省第一届大学生“乡村规划与创意设计”大赛时对金华市浦江县潘周家村的古街巷与古建筑进行现状解读与深度分析，进而为古厅堂建筑保留与修缮、古街巷景观打造、村庄整体空间功能格局设计、古建筑区游览线路设计提供依据，确保潘周家村古村核心区形成统一的景观意象。

（6）景观子系统

乡村景观子系统（乡村意象）的现状主要包括山水田、村口、主街巷、边界、节点、片区等六元素，这些是乡村形成整体、协调、有识别性、可印象性乡村景观（乡村意象）的重要组成元素。良好的乡村意象的形成与打造是切实提升村民人居生活品质、开发各种类型乡村旅游地（产品）的重要依托。如山水田要素主要指乡村周围相连、相依、相望的山体、水体和农田，反映了乡村在选址、整体布局中的因地制宜、天人合一的朴素生态理念，最终形成乡村景观整体意象明显、居住环境舒适、生产条件适宜的乡村理想人居环境。图 3–2–13 为浙江工业大学学生参加浙江省第一届大学生“乡村规划与创意设计”大赛时对金华市浦江县下湾村的自然山水格局、村落选址与发展过程进行分析与挖掘，进而引导下湾村生态、生产、生活空间与用地规划布局，保护与延续下湾村整体景观意象。

图 3–2–12　金华市浦江县潘周家村古街巷与古建筑解析

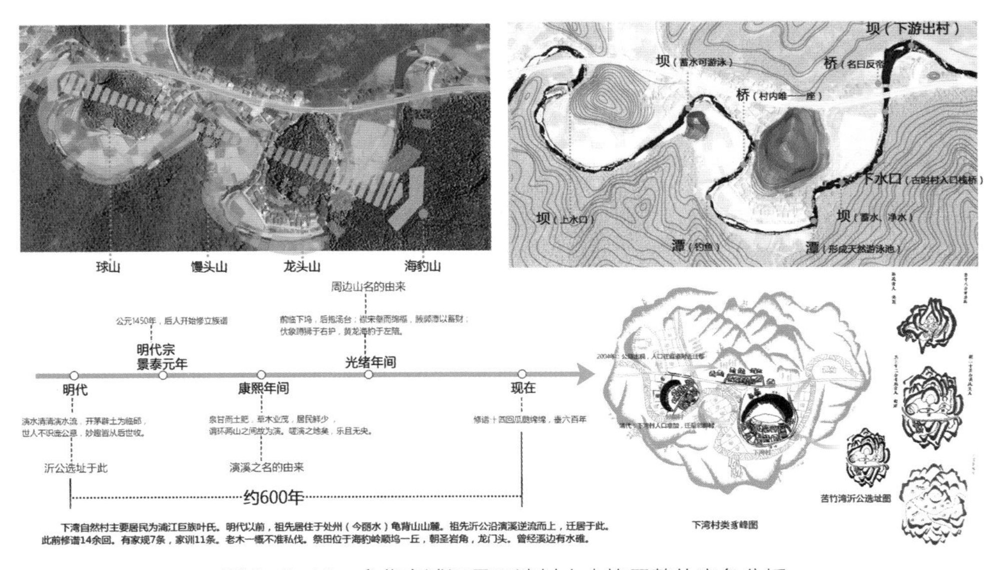

图 3–2–13　金华市浦江县下湾村山水格局整体意象分析

第三节 调研分析报告

完成现状资料与数据的收集、调查分析后，需要进一步归纳、总结形成一份内容全面、条理清楚的调研分析报告。下面分别为调研分析报告的提纲与浙江工业大学学生参加浙江省第一届大学生“乡村规划与创意设计”大赛时形成的金华市浦江县潘周家村的调研分析报告。

（一）调研分析报告提纲

1 村庄概况
1.1 区位概况
1.2 道路交通
1.3 历史沿革
1.4 人口概况
2 经济概况
2.1 第一产业
2.2 第二产业
2.3 第三产业
2.4 土地权属
2.5 村庄收入
3 建成环境
3.1 土地利用
3.2 基础设施
3.3 公交服务设施
3.4 内部交通
3.5 村庄绿化
3.6 开放空间
3.7 民宅状况
4 社会概况
4.1 村庄管理机制
4.2 村民建成环境意愿
4.3 村民产业发展愿意
4.4 村民建房需求
4.5 村民迁建意愿
5 文化资源
5.1 物质文化遗产
5.2 非物质文化遗产
5.3 传统街区
5.4 历史建筑
6 自然环境
6.1 水系状况
6.2 地形特点
6.3 森林状况
6.4 气候条件
6.5 特殊生境
7 景观特色
7.1 山水田
7.2 村口
7.3 主街巷
7.4 边界人口
7.5 节点
7.6 片区
8 问题总结
8.1 人口
8.2 交通
8.3 产业
8.4 建成环境
8.5 村民意愿
8.6 文化
8.7 自然环境
8.8 景观
9 发展方向分析
9.1 发展定位
9.2 发展目标
9.3 产业策划
9.4 近期目标
9.5 中远期目标

（二）浦江县潘周家村调研分析报告

1 村庄概况

1.1 区位概况

潘周家村位于浦江县和檀溪镇北部，距离县城中心 30km，距离檀溪镇区 4km，北临近桐庐县，是浦江北门户之一。潘周家村坐落于群山环抱中的盆地，古时称盘溪，有古书描述其“四面皆山，环抱如盘，中有一大坪，洋溪水如虹带盘绕其间，故谓之盘溪也”。村周围有七凤山、石狮岭、笔架山等，山清水秀，茂林修竹，聚落与自然结合紧密，自古有“小桃源”的美誉。潘周家村的区位与周边环境概况如图 3-3-1 所示。

1.2 道路交通

县域内只有一条乡道及仁檀线（城大线）通往潘周家村。仁檀线作为潘周家的过境主要交通，将潘周家村分为东西两个片区，这条线同时也是村中主要的通道，与檀溪镇距离为驾车 14 分钟，距离浦江县城需要 1 个小时。主要车流、人流方向为自南向北。由于沟通道路等级较低，距离县城较远，总体交通区位条件不佳。潘周家村对外交通状况如图 3-3-2、图 3-3-3 所示。

1.3 历史沿革

潘周家原为两个村，一个叫潘家，一个叫周家。据家谱资料记载，周家是宋朝时从杭州迁来，距今已有 770 多年。潘家是明朝时从古徽州迁来，已有 410 余年历史。

1.4 人口概况

潘周家隶属檀溪镇，由原来的潘家和周家组成，2004 年全村总人口为 1503 人，其中潘家 746 人，周家 757 人。2015 年全村户籍总人口为 1660 人，常住人口为 980 人。

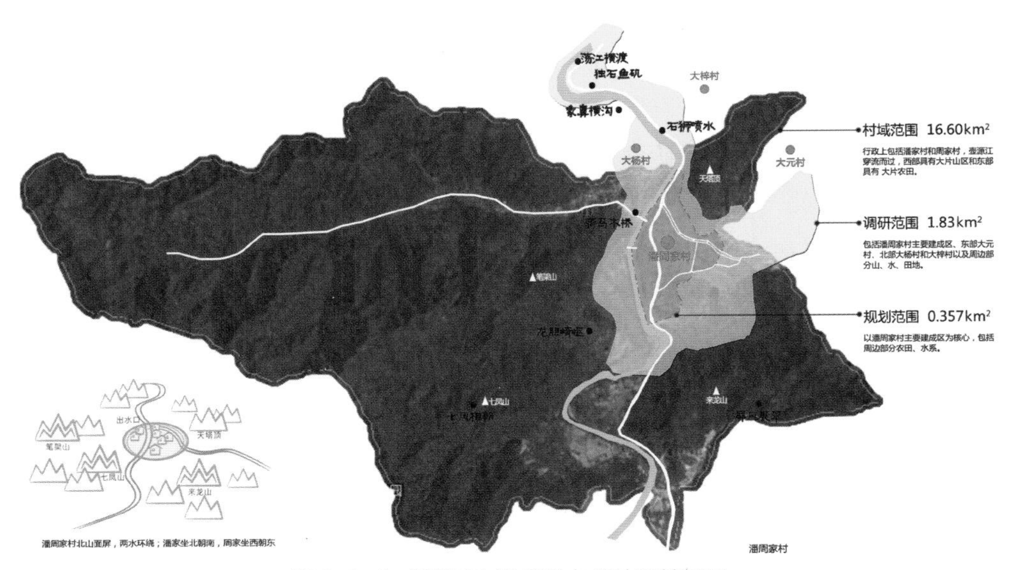

图 3-3-1 潘周家村的区位与周边环境概况

图 3-3-2　潘周家村驾车至檀溪镇与浦江县

图 3-3-3　潘周家村过境交通

2　经济概况

2.1 第一产业

潘周家村 2011 年耕地面积为 1456 亩，人均耕地面积为 1.07 亩，总粮食产量 89 吨。全村实行家庭联产承包责任制，包产到户，大部分农民有自家耕地，也有部分农民承包给大户种粮食。村里有一个以村长牵头的一根面的合作社，主要功能是一根面的技术传承、一根面的表演、一根面的农产品商标和包装，全村约 20 户做一根面的农户加入了这个合作社，共用一根面的农产品商标和包装。

2.2 第三产业

潘周家村的第三产业旅游业处于刚起步的阶段，南部村口只有一家面向游客的小旅馆。一根面声名远播，每到晒面的季节也能吸引不少外来游客到这里吃面、买面。但是旅游业还处于刚刚起步阶段，村里缺乏统计数据。

2.3 村庄收入

2004 年，潘周家村的农民人均收入为 3500 元，属中下水平。2015 年，潘周家村的农民人均收入为 8000 元。村民的收入多来源于农业，主要的作物有水稻、蔬菜、吊瓜、梨等，主要的农产品为手工面、茶叶。

3　建成环境

3.1 村庄现状用地情况

村域面积 8.62 平方千米，村庄占地面积 255 亩。潘周家村内最大的部分为村里的林地，其次是农用地，农业、林业用地是这个村庄最主要的用地类型。在潘周家村的建成区内，主要是居民住宅用地，临近乡道布置有公共设施用地和部分的商业用地。村里古厅堂数量多，全部传统建筑面积占村庄建筑总面积的比例为45%，其余是普通住宅用地。潘周家村村容村貌、用地现状如图3-3-4、图3-3-5所示。

3.2 内部道路交通

潘周家村过境的道路为中间的仁檀线，为乡道，宽度有6米，可以通车。外部环村新建的马路宽度在6米，可以行车。除了过境的乡道和环潘周家村的车行环路，村内部还是以人行道路为主。潘周家村内部多为1~2米的小路，特别是到古建筑区域，道路缩小成约0.5米，有时候还会受到阻隔，内部交通梳理不够，多断头路。潘周家村内部道路交通情况如图3-3-6所示。

3.3 建筑与街巷布局

现状建筑布局较为凌乱，新旧建筑混杂，建筑密度大，建筑间距小。建筑以二、三层为主，靠近后中线局部为四层。东侧建筑以砖墙为主，建筑质量相对较好，西侧多

图3-3-4 潘周家村村容村貌

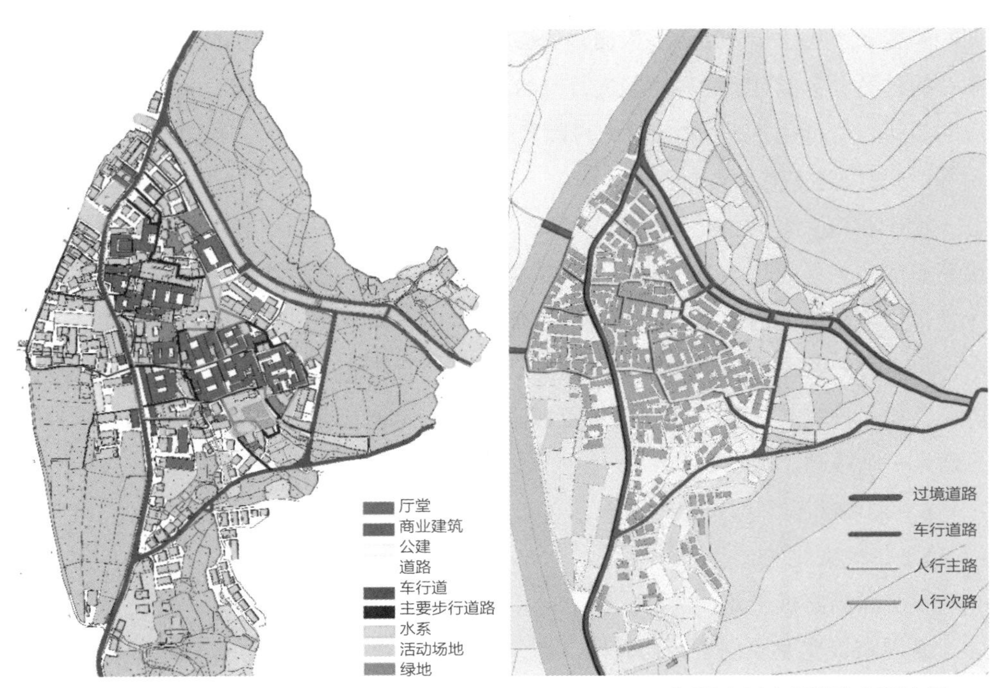

图3-3-5 潘周家村用地现状

图3-3-6 潘周家村内部道路交通情况

土木结构，建筑质量较差，外观破旧。大量的古厅堂建筑的形制保存完好，具有较高的文化价值，但是因为年久失修，并且现在居民的日益膨胀的建房需求，有些厅堂被毁坏了。但是大型的几个厅堂保存完好，并且两个厅堂已经被列为县级文物保护单位。

街巷布局留有很多古代的印记，古代街巷形成于明清时期，街巷尺度宜人，街巷两侧多厅堂、台门，马头墙高低错落，风貌古朴，有的街巷建有过楼，雨天可以借助过楼来往于全村，亦可防御强盗侵害。目前存有的主要古代街巷有玉和巷、永和巷、永昌路、光裕路、凤起巷。

3.4 基础设施与公共服务设施

基础设施配套不全：现状供水水源取于泥家坞水库，现有供水管为 2003 年所造，水质较好;现状排水设施基本没有，雨污均直接排入河道;现有两座室外变压器，规模为 100kV · A，村内电力线路纵横交错，老村内电力线老化严重；现状广播电视普及率为 80%，电话普及率为 95%，基本无村民使用宽带。

现状公共服务设施不够完善，现有周家老年协会、潘家老年协会、幼儿园、潘周家小学和一个私人诊所。商业设施主要分布在乡道两侧，集中在老年协会附近。基础设施和公共服务设施的配置水平较低。

4　社会概况

4.1 村民发展意愿

潘周家村的村民希望发展村里的产业，特别是一根面的产业和茶叶，让他们的农产品有好的销售渠道，并且能够为村民带来可观的收入；也希望发展旅游业，带来更多的游客来参观厅堂，品尝一根面，能够为村里的农民带来更多的收入。同时，潘周家村的村民也希望对于村容村貌进行整治和改善，拆除违建的房子，规范村民自主建房的活动。总而言之，潘周家村的村民发展意愿还是比较强烈的，希望脱贫致富。

4.2 村民建房需求

由于村内大量的古建筑被保留下来，而古建筑年久失修，居住在厅堂中的人们逐渐搬离，但是村里宅基地有限，又不能拆掉古建筑重新造房子。因此，许多从古厅堂中搬离出来的村民具有强烈的建房需求。还有当地民风也有强烈的住房建设需求，每家每户都希望自己家的房子崭新、漂亮。而新建房子如何与原有的风貌进行协调，如何控制村民自主建房的规范性，如何在传统老房子和现在村民的需求寻找平衡是一个难题。

5　文化资源

5.1 传统文化

（1）潘周家板凳龙

潘周家板凳龙原创于清初时期，逢年过节，或逢重大喜事，以舞龙的形式来企盼神龙保佑村民风调雨顺、五谷丰登和国泰民安。

（2）潘周家什锦班

潘周家什锦班以京戏和越剧什锦为主，一般庙会、迎灯、抬阁、开光、圆桥、婚丧寿庆等时期，有请什锦班去吹拉弹唱的风俗习惯。

（3）潘周家“一根面”

“一根面”历史悠久，始于明末清初，是一项传统的民间美食，在当地各家办喜事，如庆寿、生子、新房落成等，通常都要制作“一根面”招待宾客或答谢亲友邻里。

5.2 传统建筑

潘周家历史悠久，古韵犹存。村中自明代开始建造厅堂建筑，至今留有大量明清两代古厅堂建筑，建筑格局乃至细部保存完好的大小厅堂共有十余个，彰显潘周家村浓厚的历史韵味（表 3–3–1、图 3–3–7）。如明代起在玉和堂设盘溪精舍，授业传教，有曾培养出帝师的周璠、重德育的代表潘永宝、著名作家潘杰等人物。今日，不少厅堂建筑中堂额上仍有贴过科举“报单”的痕迹，“贡生”、“贡元”、“拔贡”等牌匾仍可以看出当时潘周家村鼎盛时期耕读传家的盛况。部分保存完好的古厅堂已经开放，成为节假时游客参观游览的景点。

潘周家村厅堂情况统计表　　表 3–3–1

厅堂名称	占地（m²）	余留户数	形制	现状情况
玉和堂	848.9	5	坐西朝东，无正厅，三合院式，三开间二层楼屋，呈“工”字形	形制特别，部分保存较好
下台门	804.8	3	坐西朝东，合院式	中部厅堂破坏严重
六顺堂	1396.1	5	坐西朝东，二进三开间	中部厅堂破坏严重
麟振堂	1836.2	25	坐西朝东，原有四进三开间，现存三进	部分破坏严重
诚一堂	936.1	0	坐西朝东，三合院式。正屋五开间二层，穿斗式结构，五柱落地，带前檐廊，厢房为一开间二层楼屋	破坏严重
上房	647.9	4	坐西朝东，合院式，三开间	危房，破坏严重
顺备堂	902.8	3	坐西朝东，三开间两层楼屋，正门砖雕极其精美，刻有暗八仙，台门上有“燕雀频来”四字门匾	保存较好
永思堂	1734.9	0	坐南朝北，始建于明万历年间，修建于民国，原二进三开间。现存正厅一进，堂楼已改建。正厅明间五架抬梁，前后双步，四柱落地，铺望砖	危房，破坏严重
徐庆堂	1072.9	0	坐南朝北	危房，破坏严重
培德堂	1676.5	10	坐南朝北，由门厅、正厅、堂楼及两侧厢房组成，二进三间一堂楼，右右两厢二十四间	保存一般
新厅	1509.6	5	坐南朝北，一进三开间一唐楼，左右抱厢共 24 间	保存一般
旧厅	1919.7	4	坐南朝北，二进三开间，由正厅、堂楼和两边厢房组成，三间四柱	保存较好
屋角厅	2375.0	5	坐南朝北，二层楼厅	破坏严重

图 3-3-7　古厅堂建筑

5.3 传统街巷

村中街巷多形成于明清时期，街巷尺度较宽，街巷两侧多厅堂、台门，马头墙高低错落，风貌古朴，有的街巷建有过楼，雨天可以借助过楼来往于全村，亦可防御强盗侵害（图 3-3-8、图 3-3-9）。还有暗巷连通厅堂之间，历史悠长，取义“暗”为“安”，且雨天行走不用撑伞。壶源江和盘溪绕村而过，如玉带绕襟，水岸青山秀美，壶源江上原有周家木桥，现仍有周家水埠和骑马石。

玉和路：建于清朝初，原用鹅卵石铺成，因玉和堂而得名，是本堂居民通道。永和路：明清时期用鹅卵石铺设而成，是潘周两姓居民的分界路，供两姓居民出入及红白大事的必经之路。永昌路：明清时期用鹅卵石铺设而成，位于永思堂和余庆堂的北侧，有文巷名为起凤路。光裕路：明清时用鹅卵石铺设，因光裕堂旧厅、新厅、屋角厅而得名，路两侧潘家厅堂聚集。凤起路：永昌路的支巷。

图 3-3-8　周家厅堂区肌理

图 3-3-9　潘家厅堂区肌理

6 自然环境

6.1 山水格局

潘周家村位于浦江和桐庐交界的北部山区，此地却平生一块山间平原，地势南高北低，视线开阔，当地人称之为“大坪洋”；因为四周皆山、环抱如盘，分别有一条大元溪和壶源江流经该村，文人们则喜称为“盘州”。潘周家村背山面屏，两水环绕，曲折婉转，环抱有情，使潘周家村成为名副其实的“盘洲”。来龙山、七凤山处在入村口，为村守门，龙凤呈祥。周（氏）家整体坐西朝东，潘（氏）家坐北朝南。村庄四面被田园所环绕，为潘周家村打下良好农业基础。

6.2 气候条件

气候属亚热带季风气候区，四季分明，气候温和，雨量丰富，光照充足，受地形影响具有一定的盆地气候特征。

6.3 自然风景

当地有以自然景观为主的盘州八景，包括荡江横渡、独石鱼矶、象鼻横沟、石狮喷水、骑马木桥、龙胆崎岖、七凤相朝、屏风展翠。每个景点都有优美的乡土自然风光，每个景点名字都具有悠久的历史，并且有相关的故事与传说流传于当地。

7 景观特色

7.1 边界

自然的线性边界：河流、小溪、山脉、田地。

7.2 节点

北边村口有一棵古树，作为从北边进入村庄的一个重要标志节点。南部进村有一个 20 世纪 70~80 年代留下的戏台，是南边进入村庄的一个重要节点。村内大的厅堂前几个重要的节点广场是村民集聚和晒面、晒稻谷的中心，是村里的重要活动节点。分布村中的大量古井与两个水塘也是村中重要的节点、是村民日常生活的场所、是村中公共生活发生的重要地点。村中保留较好的古厅堂建筑也是村中最有历史意义和文化价值的标志物（图 3–3–10、图 3–3–11）。

图 3-3-10　主要节点分布

8 问题总结

8.1 区位交通

宏观区位条件较好，但是微观交通条件差。从主要的潜在旅游客源地

图 3-3-11　晒面场景

到潘周家村的交通可达性差。周边县区同质性竞争强，潘周家村的优势并不突出。

8.2 景观资源

潘周家村山水资源丰富，自然风景秀美，但是分布分散，之间距离稍远，没有成体系，也没有相关的景观（旅游）设施支撑。

8.3 建筑街巷

古厅堂建筑单体特色鲜明，但是整体街巷格局有待提升。古街巷系统发达，目前缺缺乏疏通和整理。同时，新建住房对原有的建筑风貌、街巷格局产生较大破坏。

8.4 特色产业

潘周“一根面”已经有一定的产业基础，但是“一根面”的产业链比较单一，旅游项目开发单一。“一根面”的可持续传承和发展还存在问题。旅游处于起步阶段。

8.5 社会人口

年轻人都外出打工或者在大城市定居，村里老龄化的现象比较严重，村内活力不足。导致村内公共设施配套、产业发展遇到明显瓶颈。

9　发展方向分析

9.1 定位与目标

潘周家村是一个历史文化古村落，一个集优秀古代厅堂建造技术和传统制面手工艺艺术为一体的村落。取其精华，创意再生——在核心保护区，设计抓住潘周家“厅堂”与“一根面”等特色资源，通过对古厅堂的修缮保护，将厅堂的形制沿袭下来并抽象至整体布局。丰富“一根面”的产业链，并与核心保护区的物质空间结合，同时在核心保护区注入新的业态功能，使核心保护区的历史价值得以留存，并注入新的功能。在风貌协调区，梳理建筑肌理，改造建筑立面，提升物质空间的品质，适度引入新业态，使全村成为富有历史文化韵味、活力人居气息、传统农家风情的传统古村落。

9.2 产业策划

檀溪镇是浦江西北部山区的一个小镇，虽然它没有非常有名的景点胜迹，但是有大梓漂流、潘周家古村、平湖戏水、魅力罗家、水竹湾、森森果园等旅游景点散落在大山深处。根据潘周家村现有的资源条件与现有、起步的产业基础，规划引入两条旅游线路：两条主线，两条辅线。两条主线，一条是由“一根面”串联起来的集观赏、制作参与、美食品尝为一体的体验旅游线路；另一条是古厅堂游览串联起来的古厅堂参观线路。两条辅线，一条是沿壶源江的水上旅游项目线，可以开展包括水上自行车、水上划船、漂流等项目；另一条是休闲观光农业项目，可以包括农田采摘、农田景观观赏等内容。

9.3 近期目标

进一步打造“一根面”招牌，进一步保护、修缮与利用古厅堂建筑；打造潘周家村旅游核心品牌。完善旅游基础设施的建设，如游客服务中心、旅馆、面馆、“一根面”市场、游玩项目服务设施等，为进一步吸引游客、留住游客打好物质基础。

9.4 中远期目标

使潘周家村真正成为一个浦江北部区域的融合自然与农业景观、特色古建筑与饮食文化的旅游型村落。北接桐庐古风民俗带，南联浦江主题乡村群落带，成为这条浦江主题乡村群落带上的一个旅游节点。

复习思考题：

1. 假设调研村庄，分别设计出针对村干部、村民、游客（假定此村庄有一定旅游产业）、非农产业经营者代表、乡镇政府干部的调研问卷。

2. 收集案例，举例说明多因子（叠加）分析法的使用流程与分析结果对于相应规划设计方案的指导作用。

3. 查找文献与案例，进一步收集村庄规划设计过程中使用的现状分析方法。

Rural Planning and Design

第四章

村域规划

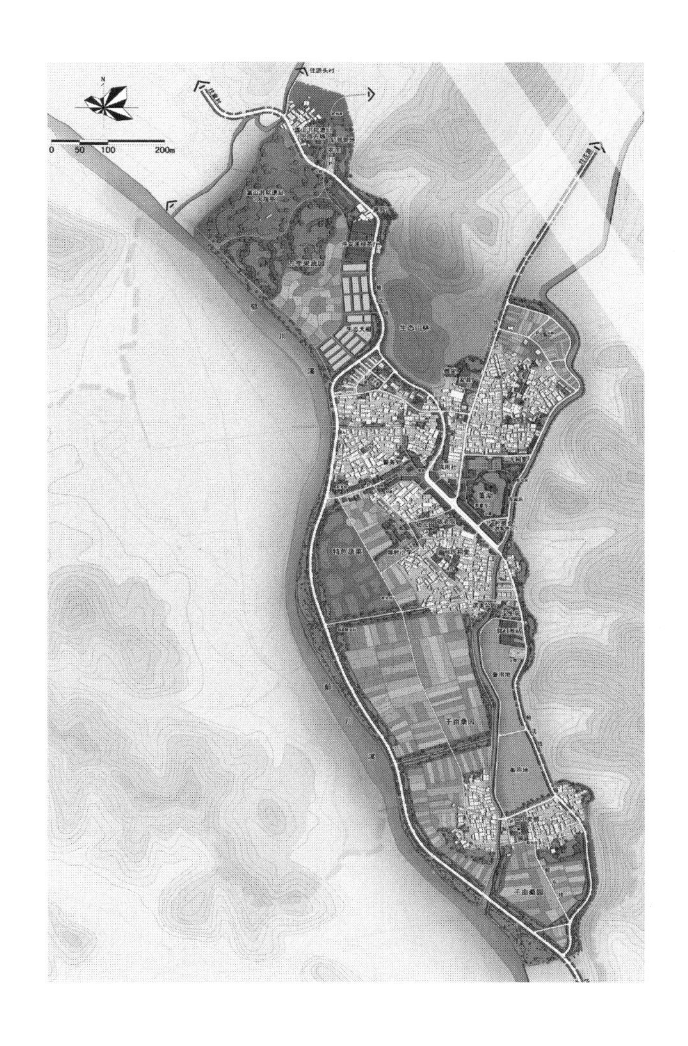

村域规划是村庄规划编制的重要内容，是衔接镇村体系规划和村庄建设规划的重要环节，也是乡村全域统筹和多规融合的关键对象。村域规划的主要内容在于对村域的各项建设活动提出引导控制要求，重在保护自然生态环境与历史文化资源，守护生态与耕地红线，并对村庄（居民点）布点及规模、产业及配套设施的空间布局提出总体要求，以实现村域的"一张图"管控。

第一节 村域规划的主要任务与主要原则

（一）主要任务

在村庄资源环境价值评估的基础上，提出村庄发展目标，构建村庄发展策略，明确村庄功能定位，设计村庄主题名片；重点围绕生态保护、文化传承、产业发展三方面内容，综合部署生态、生产、生活等各类空间；在此基础上，提出村域空间管制的思路与内容，统筹安排村域各项用地。

（二）主要原则

1. 自然与生态保护优先原则。尊重村庄自然格局、地形地貌，保护村庄生态环境、历史文化，处理好山、水、田等生态保护与村庄建设的关系。

2. 因地制宜、与时俱进原则。根据当地自然生态条件、地方文化特色、经济社会发展水平，结合当前及未来人类生产、生活方式的变化，提出村庄发展的目标定位、功能分区与用地布局，增强村域规划的适用性。

3. 突出特色原则。突出乡村风情和地方文化，确定富有个性的村庄定位与发展主题，塑造富有乡土气息的人文环境与景观风貌。

4. 协调整合原则。加强与周边区域及上位规划、土地利用总体规划、经济社会发展规划、生态环境保护规划和各专项规划的协调与整合，合理部署村域生态、生产、生活等各类空间。

（三）技术路线

村域规划可以从“基础与目标分析、核心任务与关键内容确定、管控与布局”三个环节展开。基础与目标环节主要是基于现场评估确立乡村目标定位；在此基础上，开展生态保护、文化传承和产业发展等专项研究；最后，在村域空间管制分区的基础上进行建设用地空间布局，实现村域“一张图”规划。村域规划技术路线如图 4–1–1 所示。

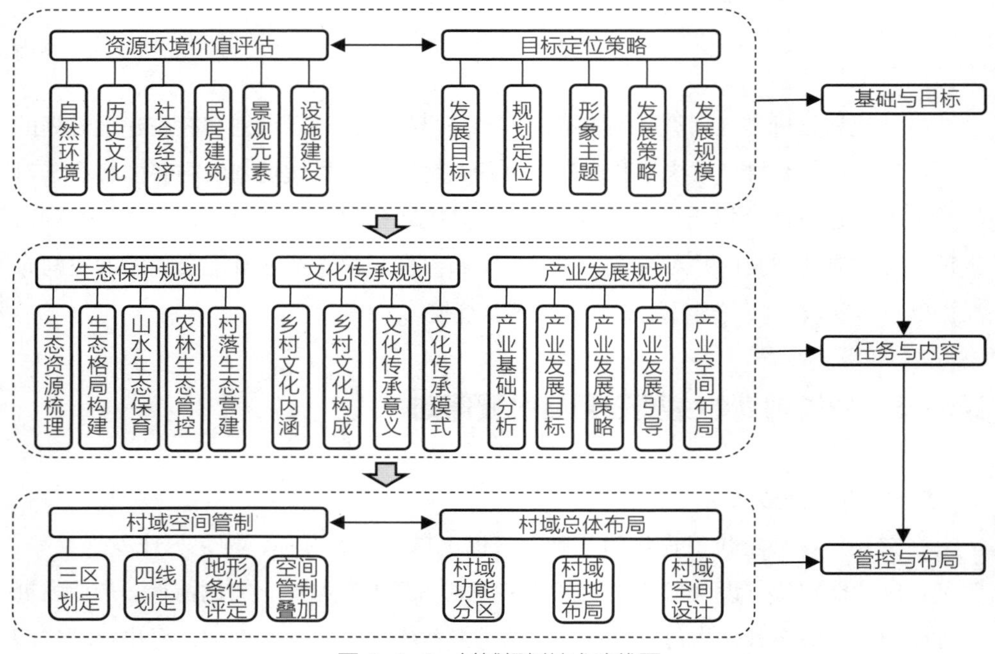

图 4–1–1　村域规划技术路线图

第二节　目标定位

（一）发展目标

1. 基本内涵

乡村发展目标是指一定时期内乡村经济、社会、环境发展的方向和预期达到的一种状态。乡村发展目标是多层面、多维度的，既包括总体发展目标定位，也包括区域分工、环境提升、产业经济、文化特色、乡村设施建设、社会和谐等子目标。

2. 目标制定

乡村发展目标制定包括分析背景条件、确定总体目标、明确各子目标等环节。如图 4–2–1 所示，以国家乡村振兴总体要求为基础，契合省市县乡村发展总目标，评估乡村的机遇与挑战，结合乡村资源环境价值评估，综合判断乡村所处的发展阶段其主要短板；在总目标的基础上，可以进一步从区域分工定位、生态环境提升、产业经济发展、历史文化彰显、乡村设施建设、社会文明和谐等方面定性或定量提出乡村发展的子目标。

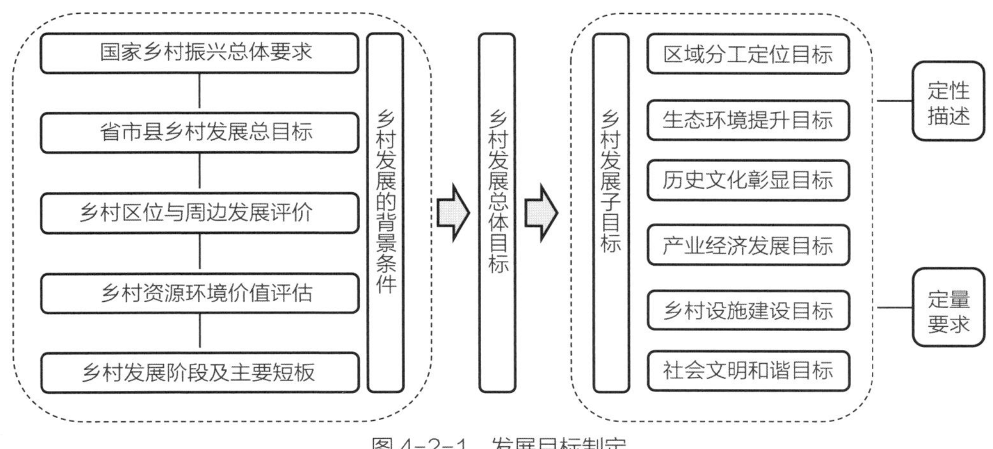

图 4-2-1 发展目标制定

3. 乡村发展的背景条件

（1）国家乡村振兴总体要求

2017 年，国家乡村振兴战略提出了“产业兴旺、生态宜居、乡风文明、治理有效、生活富裕”的总体要求，以增加农民收入、提升农民生活品质为核心，以村庄建设、环境整治为突破口，协调推进产业发展和社会管理，努力打造农民幸福生活美好家园。

（2）省市县乡村发展总目标

一般来说，各省、市、县（区、市）等不同主体会根据地方经济发展水平、乡村发展特征，提出不同层面的乡村发展总体要求及其政策供给。如浙江省在推进“两美”浙江建设过程中，提出了“四宜、四美”的美丽乡村发展总体目标。“四宜”，系将农村打造成为村村秀美、家家富裕、户户文明、处处和谐、人人幸福，“宜居、宜业、宜游、宜文”的美好家园；“四美”，即规划科学布局美、村容整洁环境美、创业增收生活美、乡风文明身心美。“四宜、四美”已经成为近期浙江省美丽乡村建设的总体目标和行动纲领。

（3）乡村区位与周边发展评价

乡村区位与周边发展评价主要包括两方面，一是综合分析上位规划，处理好近期与远期的关系；二是充分了解周边地区的发展现状，处理好竞争与合作的关系。

乡村区位与周边发展评价有利于把握乡村周边地区发展的总体态势，可以更好地判断未来乡村发展定位，并处理好与周边地区的发展关系。

（4）乡村资源环境价值评估

深入分析自然环境、社会经济、历史文化、民居建筑、历史遗存、景观风貌等方面的特色与价值，探索其作为乡村发展总体目标关键因素的可能性，为乡村发展目标的制定提供坚实基础。

（5）乡村发展阶段及主要短板

结合乡村建设发展的国际经验与规律，研判乡村发展阶段，评估乡村建设存在的主要短板，明确现阶段乡村建设的主要任务与发展目标。例如，在乡村建设早期，乡村地区一般会存在环境卫生脏、乡村秩序乱、生活水平差等现象，该阶段首要任务是通过村落环境建设来改善人居环境；在乡村建设中期，乡村的生活环境已经有了很大的改善，但产业发展往往成为薄弱环节，该阶段主要是通过发展现代农业来提升乡村经济，并注重重塑大地景观；在乡村建设后期，将更加关注乡村品质建设，通过文化塑造来提升乡村品位，如图 4–2–2 所示。

4. 制定乡村发展目标

综合分析乡村发展的背景条件，选择关键因素，从示范性和特色性着手，提出乡村发展总体目标。在此基础上，从区域分工定位、生态环境提升、产业经济发展、历史文化彰显、乡村设施建设、社会文明和谐等方面提出各个子目标，并选择关键性因素，对分项目标进行定性描述或提出定量指标要求。图 4–2–3、表 4–2–1、图 4–2–4 为江苏、甘肃、浙江等地乡村发展目标制定的相关案例。

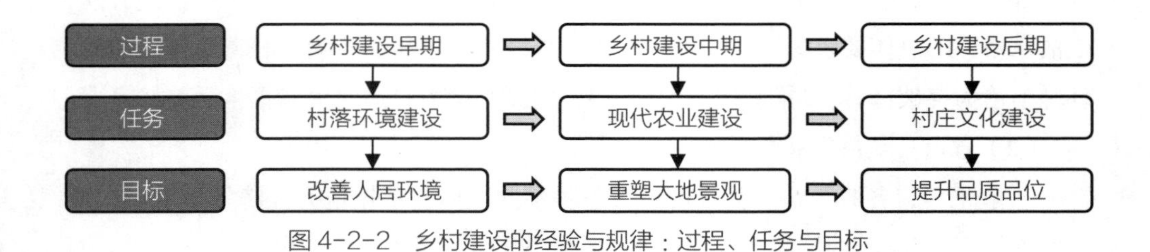

图 4–2–2　乡村建设的经验与规律：过程、任务与目标

乡村	总目标	子目标
江苏省海门市海永	全国美丽乡村示范区； 全国乡村休闲旅游示范点	• 海门市的生态窗口； • 崇明岛的芳香花园； • 上海市的休闲小镇
甘肃省渭源县渭河源村	10 年脱贫致富	• 生活更富裕；• 环境更美好； • 文化更特色；• 社会更和谐
浙江省临安市潜川镇青山殿村	柳溪江旅游带上的明珠； “宜业、宜居、宜文、宜游”的风情深山渔村	• 柳溪江风情旅游带的主要节点； • 以“深山渔”为特征的生态休闲旅游胜地； • 开放舒适的“四宜”风情小镇

乡村发展子目标：
区域分工定位目标
生态环境提升目标
产业经济发展目标
历史文化彰显目标
乡村设施建设目标
社会文明和谐目标

图 4–2–3　乡村发展目标制定示例

甘肃省渭源县渭河源村发展目标 **表 4-2-1**

总体目标：通过“三步走”发展建设，实现渭河源村 10 年脱贫致富。
（1）第一步，2014~2017 年：改善脏乱差，初步建设美丽乡村；
（2）第二步，2018~2021 年：基本建成美丽乡村，实现初级小康；
（3）第三步，2022~2023 年：全面建成全国贫困地区美丽乡村建设样板村。

子目标	序号	指标名称	单位	目标值 2017 年	目标值 2021 年	目标值 2023 年
生活更富裕	1	农村人均收入	元 / 人	6000	16000	23000
	2	劳动力就业	%	95	100	100
环境更美好	3	道路硬化率	%	100	100	100
	4	道路清洁率	%	80	100	100
	5	卫生厕所	个	2	2	2
	6	垃圾收集处理率	%	65	80	95
文化更特色	7	文化活动室	个	1	2	2
	8	农村技能培训	个	30	70	95
	9	电影播放	场 / 年	20	50	100
	10	文艺演出	场 / 年	2	6	12
	11	农村信息化程度	%	40	85	95
社会更和谐	12	农村新型合作医疗参保率	%	90	100	100
	13	村务公开满意度	%	80	90	95
	14	财务公开满意度	%	80	90	95
	15	社会安全满意度	%	80	90	95

- 青山殿村总体发展目标
  - 柳溪江旅游带上的明珠，潜川镇旅游产业中心
  - “宜业、宜居、宜文、宜游”的风情深山渔村

- 青山殿村发展子目标

柳溪江风情旅游带的主要节点

柳溪江风情旅游带是临安市重点建设的休闲旅游发展区，沿线分布了昌化、河桥、青山殿等众多具有地域特色的风情村落。其中青山殿作为下游重要的特色村，是提升柳溪江整体旅游品质、打造风情旅游带的关键。通过滨水村落的开发建设，实现旅游业的快速发展。建设中突出流域的上下联动，发挥河桥、青山殿不同的风光特色与自然条件，建设具有系统性、延续性的流域旅游体系，创建临安旅游新的增长点。

以“深山渔村”为特征的生态休闲旅游胜地

青山殿山水依存，自然条件得天独厚，村庄发展中已经形成了“深山渔村”为品牌的休闲产业。下一步发展中，要从餐饮型农家乐的单一模式进行产业升级，发展以餐饮、观光、度假、养生、疗养相结合的多元化生态休闲旅游胜地，推动以青山殿水库为核心的山水资源综合利用。提升村庄品质。

开放、舒适的“四宜”风情小镇

青山殿是新农村建设的典范，一方面要建设成为对外开放程度高、服务能力强、品牌价值高的休闲旅游胜地，另一方面也要为村民创造一个生活舒适、配套完善、环境整洁的生活乐园。因此村庄建设中必须坚持对外提升服务、对内提升品质的同步发展。围绕着“宜业、宜居、宜游、宜文”的指导思想，全面提升村民的生活、生产水平，实现跨越式发展。

图 4-2-4　浙江省临安市潜川镇青山殿村发展目标

（二）规划定位

1. 乡村职能

乡村职能是指乡村在地区环境、社会、经济发展中所发挥的作用及其承担的地域分工。长期以来，乡村职能主要表现为农业生产，包括农、林、牧、副、渔。随着经济社会的快速发展，乡村已从单纯的农业经营发展到旅游业、特色加工业、商业服务业等多种职能，并为周边一定范围内的农民聚居点提供公共服务，其职能发生了深刻变化。

（1）农业生产职能

农业生产是乡村的主导职能，也是乡村区别于城市的主要特征，主要包括传统农业生产和现代农业生产。传统农业是以自给自足的自然经济为主导地位的农业，具有精耕细作、自然生态的特点，在目前仍然发挥着一定的作用。现代农业是广泛应用现代科学技术、现代工业提供的生产资料和科学管理方法进行的社会化农业，具有社会化、现代化、规模化的特点。现代农业正在逐步向农产品加工生产、农业商品交易、农业休闲旅游等方向延伸，呈现出农工商旅一体化的特征，由此成为当前和未来发展的主要方向。

（2）公共服务职能

公共服务职能主要包括行政管理、教育、医疗、文体、商业等服务职能，一般由行政村或中心村承担。例如，行政村是村民委员会进行村民自治、公共服务的管理范围，是由若干个自然村组成的自治单位；中心村一般为行政村，是延伸公共服务功能、实现农村地区公共服务均衡配置的重要载体。中心村的公共服务设施将辐射周边一定区域范围内的自然村和其他行政村。

（3）特殊职能

特殊职能主要指在农业生产、公共服务之外的其他职能，一般包括历史文化、风景旅游、革命纪念等属性。乡村自身所具备的条件，包括资源条件、地理条件、建设条件等，也是形成乡村特殊职能的重要因素。

2. 乡村定位

（1）基本概念

乡村定位是指乡村在一定区域内社会、经济和文化方面所担负的主要职能和所处的地位。乡村功能定位代表了乡村的个性、特色和发展方向，由乡村形成与发展的主要条件决定，并由该条件产生的主要职能所体现。

（2）确定乡村定位的依据和方法

确定乡村功能定位，就是综合分析乡村的地理条件、交通优势、资源环境、产业水平、公共服务水平等因子，指出其发展特色与优势，明确乡村的主要职能。一般采取“多因子综合分析”的方法，结合定性与定量分析，明确乡村功能定位。乡村功能定位的分析框架如图 4–2–5 所示。图 4–2–6 为浙江省淳安县界首乡严家村发展目标与功能定位的分析案例。

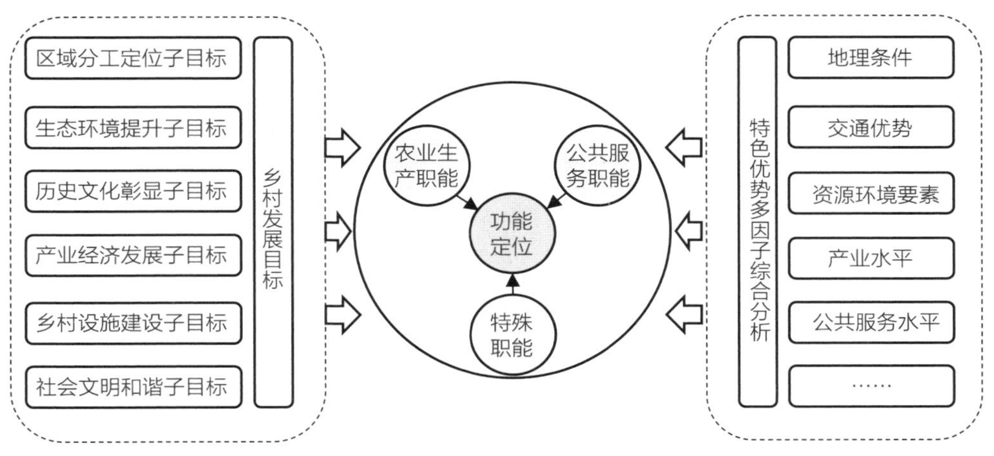

图 4-2-5 乡村功能定位的分析框架

总体目标：千汾线美丽乡村精品带上的重要节点；
以“千汾渔村”为主题的渔村风情度假胜地；
开放、舒适的“四宜”（“宜居、宜业、宜游、宜文”）生态旅游示范村。

影响因子	解释	功能导向	发展子目标
地理条件	淳安县中部，界首乡东部，紧邻千岛湖畔，南部村域已纳入千岛湖风景名胜区	纳入千岛湖大旅游，开展乡村生态游	建设特色风情旅游景点
交通优势	千汾线、绿道、姜桐线、姜严线、严家码头	环湖绿道游、界首乡中东部、乡域服务中心、渔家风情游线	界首乡中东部区域副中心
旅游资源要素	毗邻千岛湖风景名胜区和雨润旅游综合体、千岛湖畔渔村、梅峰水库、界首乡油菜花观光园、柑橘	开展渔家乐，培育相关服务产业	千岛湖渔家乐示范村，乡村旅游发达
生态环境	靠山滨湖，生态田园资源丰富	开展滨湖休闲旅游、发展无公害农业	建设现代农业示范园

功能定位：界首东部乡域副中心，以现代农业为基础，休闲渔业为特色的千岛湖渔家风情旅游示范村。

形象定位：千汾渔村、美丽严家

图 4-2-6 浙江省淳安县界首乡严家村发展目标与功能定位分析

（三）形象主题

乡村形象是留给人们总体的印象和感受，包含了无形的主观感知和有形的物质形态。乡村形象是在漫长的历史发展过程中，乡村内多元要素综合作用的产物，这些要素包括了乡村的自然风光、历史文化、风俗民情、风貌建筑、乡村经济，并随着乡村的建设发展而不断丰富、生长和变化。乡村主题是乡村形象的高度凝练与概括，也是乡村规划设计的中心思想。乡村规划的主题设计，是规划设计者对乡村形象的总结、对乡村现实的思考及对乡村未来发展的探索。

乡村形象主题的设计，可以从乡村历史和文化关键要素的表达、乡村地理和资源特质的总结、乡村精神和时代风貌的提炼、乡村建设和发展价值观的弘扬等方面入手分析，并体现以下要求：

1. 体现核心价值观：基于开阔的时空视野分析，充分体现对乡村生态环境的保护、历史文化的传承及民俗民意的尊重。

2. 简约上口的语言表达：乡村形象主题不仅需要展现乡村“有形形态”，还需以简约上口的语言传达“无形”的抽象概念，表达乡村个性化的内涵和寓意，并体现对乡村文化习俗和公众审美意愿的尊重，具有直观易懂的特点。

例如，表 4-2-2 为江苏、甘肃、浙江等地乡村发展目标、功能定位和形象主题制定的相关案例。

乡村规划发展目标、功能定位和形象主题示例　　表 4-2-2

乡村名称	所在省市	发展目标	功能定位	形象主题
海永	江苏省南通市海永镇	全国美丽乡村示范区、全国乡村休闲旅游示范点；海门市的生态窗口、崇明岛的芳香花园、上海市的休闲小镇	以“花卉产业”为特色，汇集休闲旅游、历史展览、文化创意以及宜居生活为特色的美丽乡村	临芳而栖 击壤而歌
大联村	浙江省淳安县浪川乡	浙江省绿色蚕桑集散地；淳安县南部汾口、浪川、姜家组合城镇副中心	以“万亩蚕桑园”为特色，以农业种植观光为主导，兼有工业服务、旅游配套功能的综合型中心村	桑海果林 创业大联
潘周家村	浙江省浦江县檀溪镇	集优秀建造艺术与手工艺技术为一体的中国古村落	以“一根面、古厅堂”为特色，集历史展示、美食文化、休闲旅游、宜居生活为一体的历史村落	食面八方 梦回大堂
大罗村	浙江省临安市锦北街道	临安城郊后花园	以山村休闲旅游为特色，现代农业和创意产业为支撑的城郊型生态村居	都市村庄 创意村落
青山殿村	浙江省临安市潜川镇	柳溪江风情旅游带的主要节点；以“深山渔村”为特征的生态休闲旅游胜地；开放、舒适的“四宜”风情小镇	融合历史文化、生态山水、农渔体验为一体的休闲旅游乡村	远古航道 深山鱼村
严家村	浙江省淳安县界首乡	千汾线美丽乡村精品带上的重要节点；以“千汾渔村”为主题的渔村风情度假胜地；“宜居、宜业、宜游、宜文”的生态旅游示范村	界首东部乡域副中心，以现代农业为基础，休闲渔业为特色的千岛湖畔渔家风情旅游示范村	千汾渔村 美丽严家
郭村	浙江省淳安县姜家镇	打造乡村特色文化旅游综合体；“田园宜赏、农家宜游、村落雅致、乡俗怡情”的幸福美丽乡村	姜家镇西北部中心，以乡村旅游、商贸服务、生态产业为主导的景致旅游乡村	活泉方塘 乡野桑园

续表

乡村名称	所在省市	发展目标	功能定位	形象主题
梧桐村	浙江省景宁畲族自治县梧桐乡	景宁美丽乡村精品带上的重要节点；以“畲乡慢生活体验”为主题的民族风情度假胜地	景宁畲族自治县中心村，以现代农业为本底，慢生活体验为特色的梧桐乡旅游集散中心	山水养生畲乡慢活
金兰村	浙江省景宁畲族自治县梧桐乡	景宁美丽乡村精品带上的重要节点；以“畲乡慢生活体验”为主题的民族风情度假胜地；“四宜”（“宜居、宜业、宜游、宜文”）生态旅游示范村	以现代农业种植为主导，发展休闲度假、养生养老、农家娱乐、生态观光等乡村旅游为特色的生态美丽乡村	鱼塘水乡养生胜地
渭河源村	甘肃省渭源县五竹镇	甘肃省乡村旅游示范村，甘肃省美丽乡村示范村，定西市精准扶贫示范村，渭源县小康社会示范村	以“渭河源文化”为核心载体，打造成为集文化探源、农家体验、农业观光、生态休闲等多功能于一体的美丽乡村	华夏文明渭河源诗意田园养生地

（四）发展策略

1. 基本内涵

乡村发展策略是实现发展目标的措施和途径。在乡村发展策略制定中，需要抓住乡村中具有全局或关键意义的发展重点，提出切实可行的措施与途径，从而将抽象的发展目标和形象定位加以具体化和可操作化。图 4–2–7 为浙江工业大学学生在参加江苏省海门市海永镇美丽乡村规划竞赛中提出的乡村发展策略。

2. 表现特征

（1）全域性：乡村发展策略设计应具有全域视野。既要从区域协调与统筹着眼，依托区位优势设计发展策略，也要从村域整体提升视角谋划发展思路。

（2）前瞻性：以发展的眼光和长远的思维进行乡村发展策略设计。一方面，充分衔接上位规划，以规划引领乡村发展。另一方面，准确研判乡村发展阶段，梳理主要阶段特征与重点任务，以制定下一阶段的发展措施。

（3）综合性：乡村虽小但五脏俱全，在发展策略制定过程中既要有宏观、中观到微观的区域观念，也要兼顾经济、社会与环境的全面发展。

（4）针对性：乡村发展策略在体现其综合性特征的同时，还应突出重点与关键问题，并进行深入研究，以寻找突围路径。

（5）空间性：乡村发展策略设计需要与乡村发展空间分析相结合，谋划的各种策略措施，尽可能落实于各种特定的空间。

3. 发展策略库

乡村发展策略作为乡村发展目标的措施和途径，可以依据乡村发展子目标体系

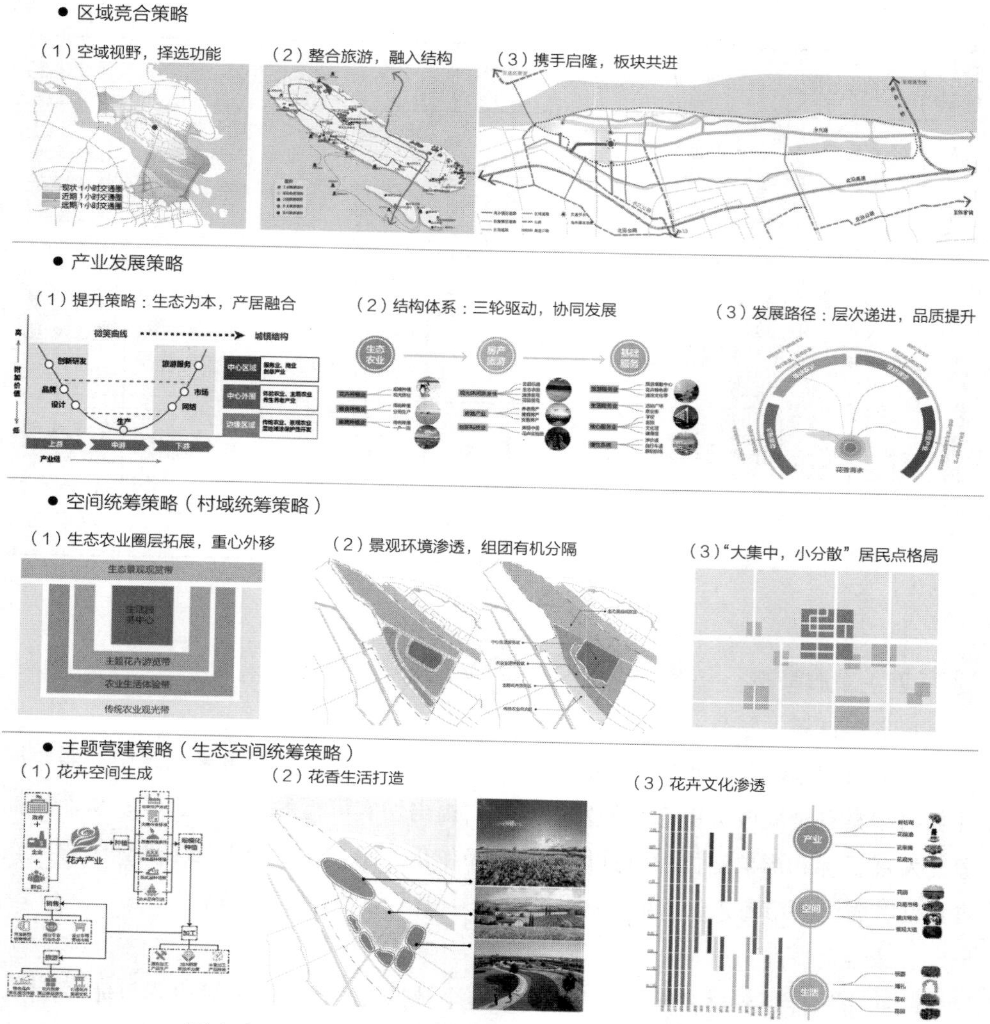
● 区域竞合策略
（1）空域视野，择选功能
（2）整合旅游，融入结构
（3）携手启隆，板块共进
● 产业发展策略
（1）提升策略：生态为本，产居融合
（2）结构体系：三轮驱动，协同发展
（3）发展路径：层次递进，品质提升
● 空间统筹策略（村域统筹策略）
（1）生态农业圈层拓展，重心外移
（2）景观环境渗透，组团有机分隔
（3）“大集中，小分散”居民点格局
生态景观观赏带
主题花卉游赏带
农业生活体验带
传统农业观光带
● 主题营建策略（生态空间统筹策略）
（1）花卉空间生成
（2）花香生活打造
（3）花卉文化渗透
产业
空间
生活

图 4-2-7　江苏省海门市海永镇美丽乡村规划发展策略示意

构建发展策略库。如基于区域分工定位子目标，可以形成区域竞合策略与村域统筹策略，关注全域提升；基于产业经济发展子目标，可以形成产业发展策略，而对于旅游资源丰富的乡村可以单独谋划旅游发展策略；乡村设施建设子目标，则可以从基础设施和公共服务设施两方面展开策略制定，如图 4-2-8 所示。

（1）区域竞合策略

该策略是指利用周边资源与发展条件，在有序竞争的同时，增强与周边的合作，提升自身竞争力。图 4-2-9 为海永镇美丽乡村规划的区域竞合策略，远期由于交通区位条件的变化，海永将纳入上海 1 小时交通圈，成为上海日常性消费空间，为此在规划建设过程中需要从发展大旅游、建设大花园的角度，与周边地区在错位竞争的同时，抱团发展，携手共进，打造上海的芳香花园。

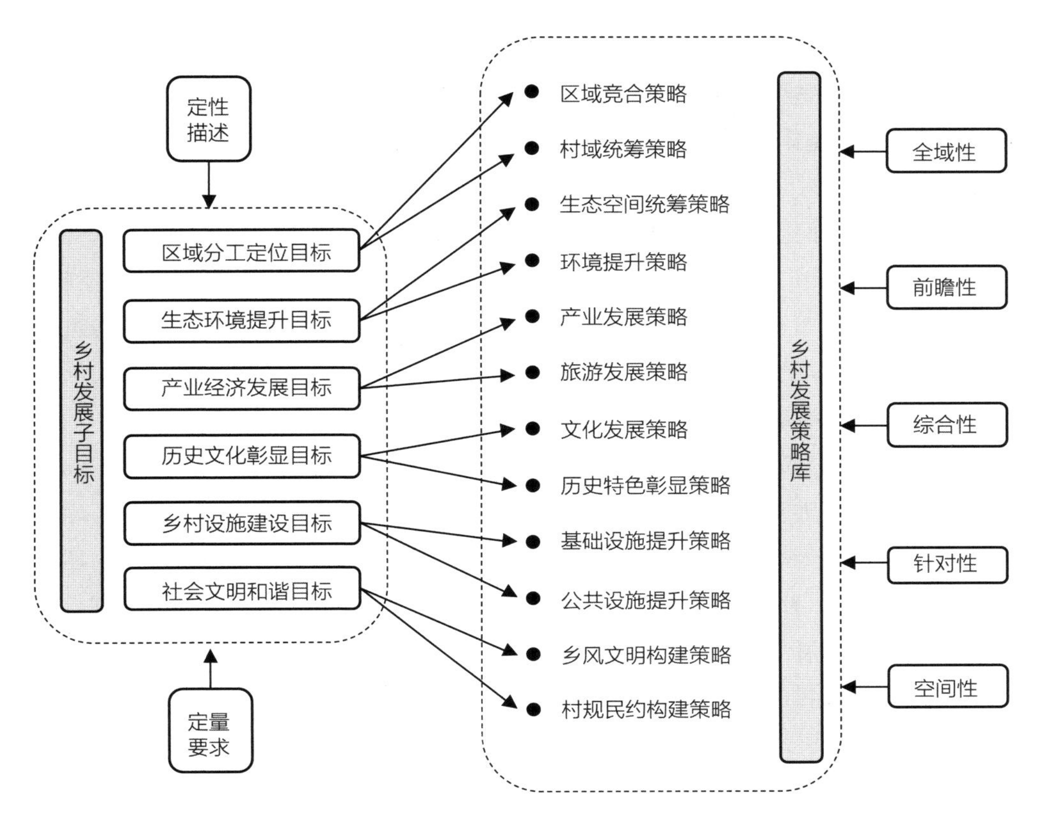

图 4-2-8 乡村发展策略库

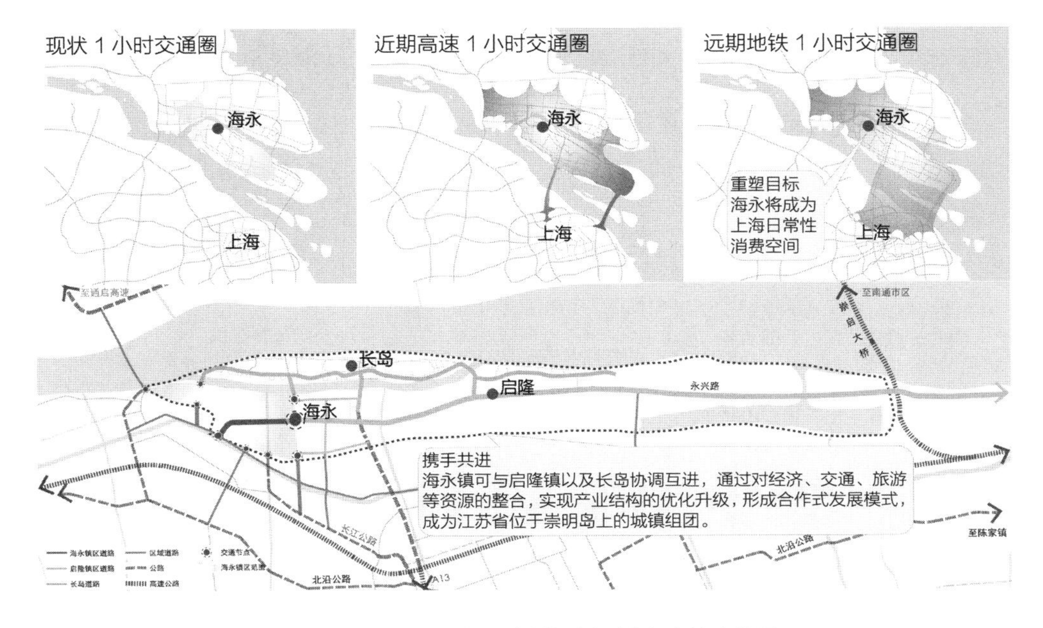

图 4-2-9 海永镇美丽乡村规划区域竞合策略简图

（2）村域统筹策略

该策略关注整个村域的空间统筹，一般从村庄居民点布点、村域用地空间结构、村域重要基础设施体系、村域重点公共空间结构等方面展开，实现村域发展一盘棋。图 4-2-10 为苏州市树山村村庄规划竞赛中提出的“以人为本，各得其所”的村域统筹策略。

（3）生态空间统筹策略

该策略是以山、水、田为主要元素，彰显乡村自然生态本底，保护重要生态空间；充分利用乡村生态资源，发展绿色生态农业，加强绿色低碳生态技术应用，构筑村域生态空间体系。图 4-2-11 为苏州市树山村村庄规划生态空间构筑策略，提出依托山水田打造多样的景观层次，构筑立体的生态景观系统。

（4）环境提升策略

该策略主要涉及山水田、生态基础设施、农居建筑、乡村景观节点等宜居环境工程建设。建设策略强调生态与古朴、精致与艺术，形成具有浓郁乡村特质的环境风貌。图 4-2-12 为甘肃省渭源县渭河源村环境提升策略中提出的 5 项引导原则。

（5）产业发展策略

产业规划是村庄规划的重要内容，在该阶段主要是从主导产业选择、产业发展路径、产业组织形式、产业空间引导等方面提出策略性框架。图 4-2-13 为苏州市树山村村庄规划竞赛中提出的“以树为源，三产互融”的村域产业发展策略。

（6）旅游发展策略

以旅游发展为特色的乡村应加强旅游发展策略研究。在梳理乡村旅游资源的基础上，明确旅游发展定位，策划旅游项目，落实旅游空间布局，组织旅游线路，完

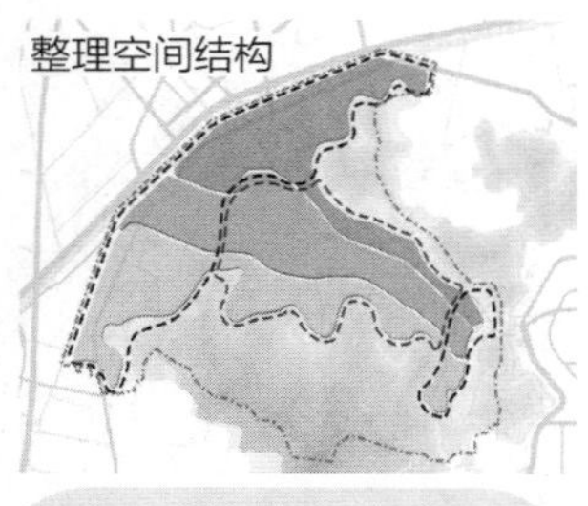

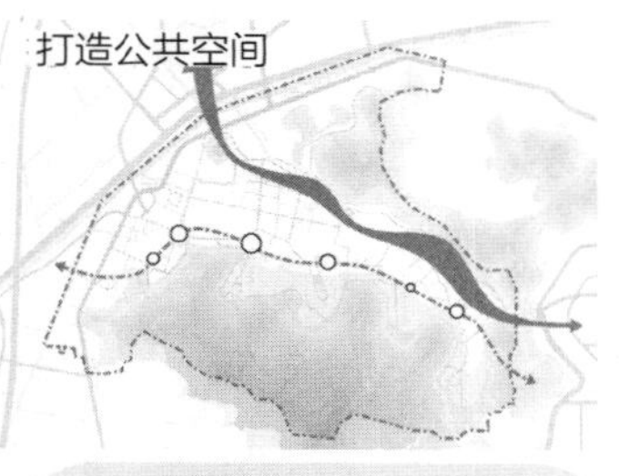

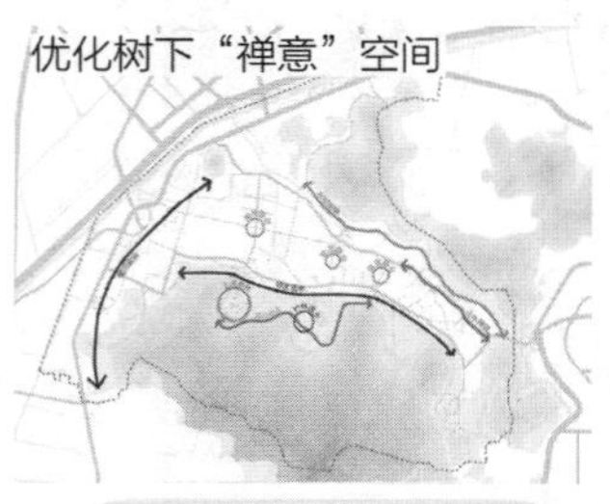

- 勾勒“三段式”空间结构

南北三段式：形成北部幽静生态片区、中部多样梨田片区、南部乡村生活片区三段式结构。

东西三段式：出于将树山村打造成世外桃源般的城市包围中的乡野绿地的初衷，完全保持树山村中段的原真乡村风貌，形成自西向东热闹——原真——幽静的东西向三段式结构。

- 创造“串珠相连、层次丰富”公共空间

打造服务于不同人群的、各具特色的公共空间。传统村庄的公共空间常常依托大树或是池塘，规划利用这两个元素打造点式的村民使用的公共交往空间，创造公共生活，丰富日常生活，这些空间处于自然村之间或是内部，通过大石山路串联；除此之外，还有服务于游客以及企业的公共空间，同样通过路径串联。

- 创造“串珠相连、层次丰富”的公共空间

“树”作为各类人群共同的树山记忆，在规划中作为重要元素融入各类空间设计中，成为塑造“禅意树山”的关键。

图 4-2-10　苏州市树山村村庄规划村域统筹策略简图

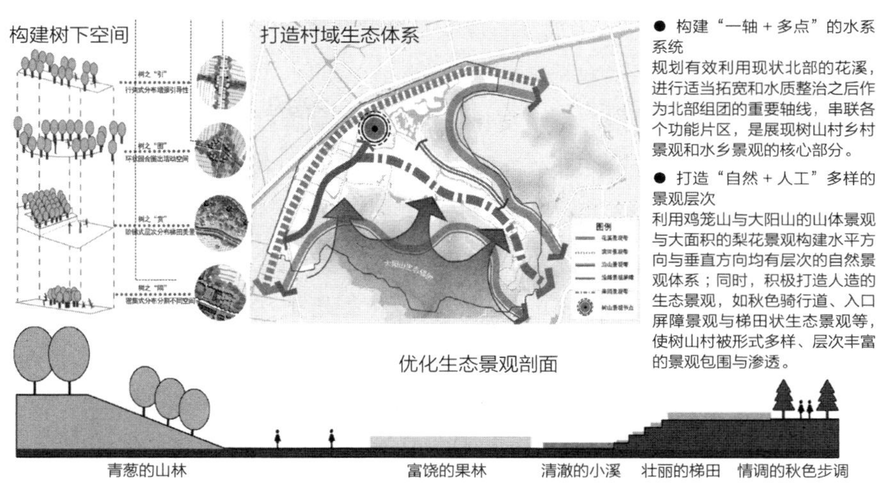

● 构建“一轴 + 多点”的水系系统

规划有效利用现状北部的花溪，进行适当拓宽和水质整治之后作为北部组团的重要轴线，串联各个功能片区，是展现树山村乡村景观和水乡景观的核心部分。

● 打造“自然 + 人工”多样的景观层次

利用鸡笼山与大阳山的山体景观与大面积的梨花景观构建水平方向与垂直方向均有层次的自然景观体系；同时，积极打造人造的生态景观，如秋色骑行道、入口屏障景观与梯田状生态景观等，使树山村被形式多样、层次丰富的景观包围与渗透。

图 4-2-11 苏州市树山村村庄规划生态空间构筑策略简图

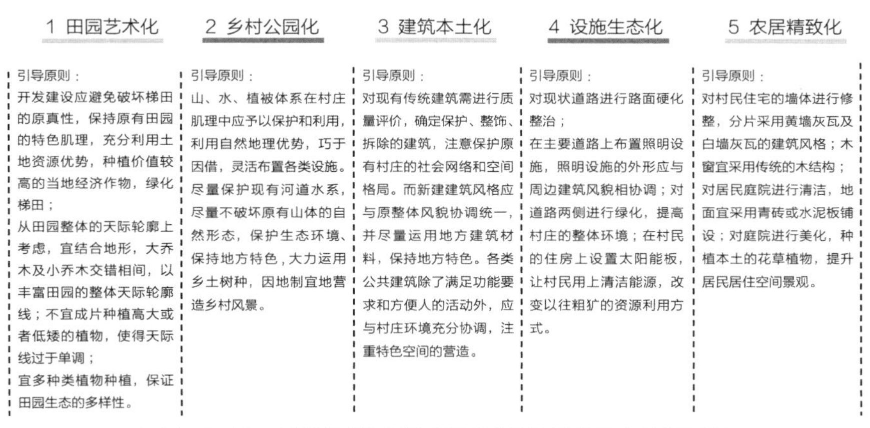

1 田园艺术化	2 乡村公园化	3 建筑本土化	4 设施生态化	5 农居精致化
引导原则： 开发建设应避免破坏梯田的原真性，保持原有田园的特色肌理，充分利用土地资源优势，种植价值较高的当地经济作物，绿化梯田； 从田园整体的天际轮廓上考虑，宜结合地形，大乔木及小乔木交错相间，以丰富田园的整体天际轮廓线；不宜成片种植高大或者低矮的植物，使得天际线过于单调； 宜多种类植物种植，保证田园生态的多样性。	引导原则： 山、水、植被体系在村庄肌理中应予以保护和利用，利用自然地理优势，巧于因借，灵活布置各类设施。尽量保护现有河道水系，尽量不破坏原有山体的自然形态，保护生态环境、保持地方特色，大力运用乡土树种，因地制宜地营造乡村风景。	引导原则： 对现有传统建筑需进行质量评价，确定保护、整饰、拆除的建筑，注意保护原有村庄的社会网络和空间格局。而新建建筑风格应与原整体风貌协调统一，并尽量运用地方建筑材料，保持地方特色。各类公共建筑除了满足功能要求和方便人的活动外，应与村庄环境充分协调，注重特色空间的营造。	引导原则： 对现状道路进行路面硬化整治； 在主要道路上布置照明设施，照明设施的外形应与周边建筑风貌相协调；对道路两侧进行绿化，提高村庄的整体环境；在村民的住房上设置太阳能板，让村民用上清洁能源，改变以往粗犷的资源利用方式。	引导原则： 对村民住宅的墙体进行修整，分片采用黄墙灰瓦及白墙灰瓦的建筑风格；木窗宜采用传统的木结构；对居民庭院进行清洁，地面宜采用青砖或水泥板铺设；对庭院进行美化，种植本土的花草植物，提升居民居住空间景观。

图 4-2-12 甘肃省渭源县渭河源村环境提升策略控制导则

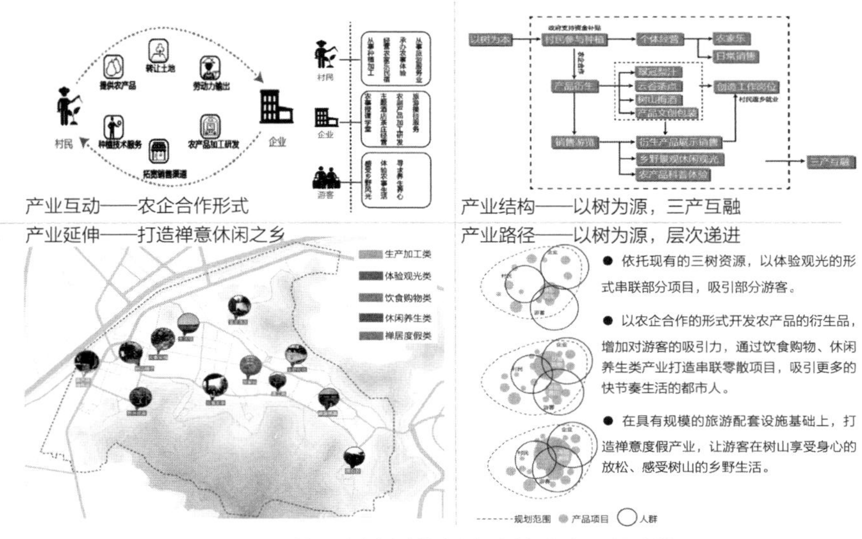

图 4-2-13 苏州市树山村村庄规划产业发展策略简图

善旅游服务设施。图 4–2–14 为浙江省淳安县金峰乡锦溪村旅游发展策略案例。

（7）文化发展策略

该策略主要从地方习俗与特色文化传承，地域品牌打造与营销，重大节日与文化品牌符号设计等方面展开。图 4–2–15 为苏州市树山村村庄规划提出的“以山为媒，雅俗共赏”的文化发展策略。

（8）历史特色彰显策略

对于历史文化遗产特别丰富的村庄，可以依据历史文化名村保护规划要求完善规划内容。历史特色彰显策略应重点关注“保持和延续传统格局与历史风貌、维护历史文化遗产真实性和完整性、继承和弘扬优秀传统文化、处理好发展与保护的关系”等内容。图 4–2–16 为潘周家村村庄规划提出的历史特色彰显策略，主要内容是保护

功能分区	资源特色	主题定位	旅游产品类型	项目策划
金峰峡谷漂流片区	锦沙溪	锦溪秀色，峡谷漂流	休闲旅游，生态旅游	峡谷漂流、滨水休闲
户外拓展运动基地	山岩坡地	山野观光，运动拓展	休闲旅游，观光旅游，生态旅游	徒步越野、攀岩训练、山地自行车等
特色水果采摘区	锦溪乐淘桃	生态果园，采摘体验	观光旅游，休闲旅游	健康果园
休闲农业观光区	中药材、山核桃、茶叶、笋竹等农业基础	田园风光，休闲养生	观光旅游，休闲旅游	养生中药园、生态茶园
民俗体验观光区	朱熹别院、方氏宗祠及下江双枫园等景观节点	古韵乡村，民俗风情	文化旅游，观光旅游，休闲旅游	方氏宗祠、邵氏宗祠、朱熹别院、下江双枫园

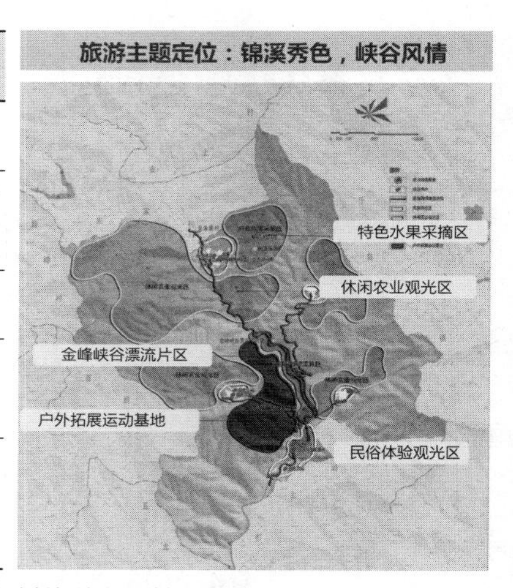

图 4–2–14　浙江省淳安县金峰乡锦溪村旅游发展策略简图

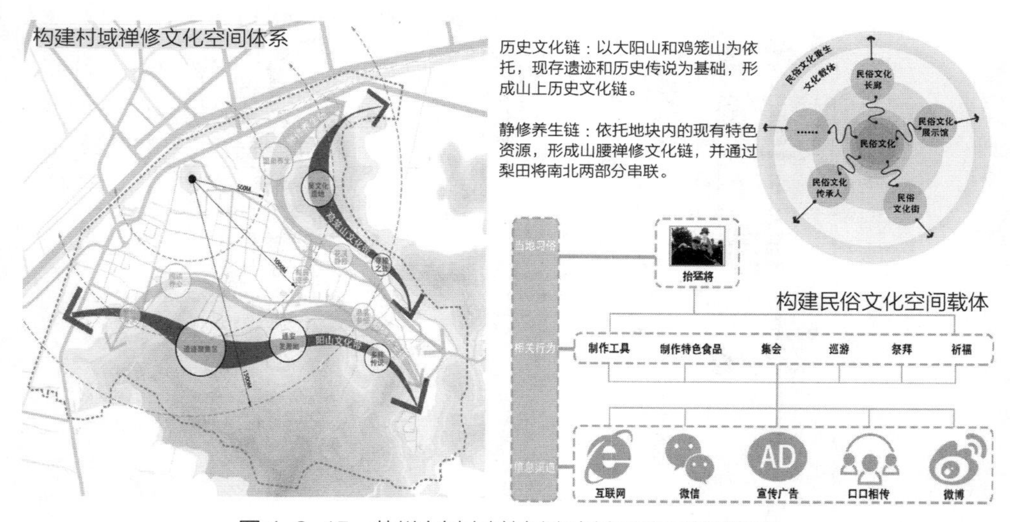

图 4–2–15　苏州市树山村村庄规划文化发展策略简图

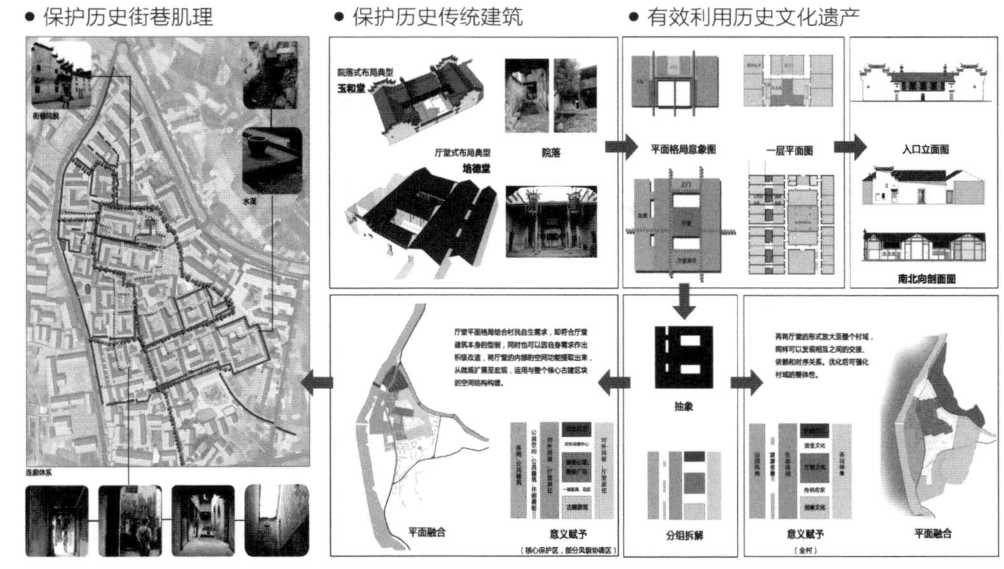

图 4-2-16 浙江省浦江县檀溪镇潘周家村历史特色彰显策略简图

街巷肌理与展示大堂文化。

（9）基础设施提升策略

该策略主要针对当前乡村地区基础设施建设普遍落后，城乡基础设施差异明显的现状问题。其主要任务是在规划中进一步引导地方政府在乡村基础设施的资金投入、组织管理和制度保障，建立乡村基础设施提升工程。图 4-2-17 为渭源县渭河源村村庄规划建立的基础设施提升体系。

（10）公共设施提升策略

该策略要坚持城乡公共服务均等化原则，营造乡村社区归属感，引导城市资源向

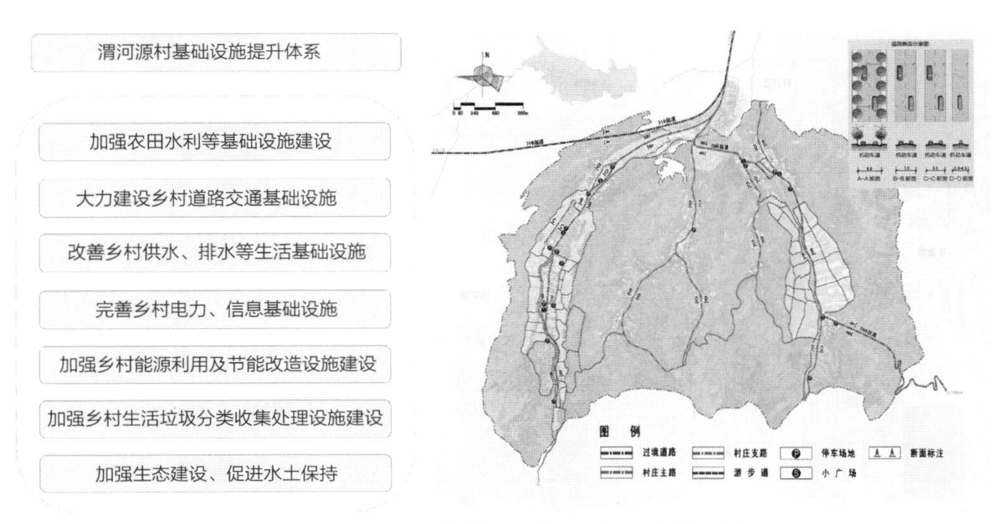

图 4-2-17 甘肃省渭源县渭河源村基础设施提升策略简图

农村流动。同时，进一步完善乡村文化教育卫生等硬件设施，优化服务质量，提高承载能力，提升农村公共服务水平。图 4–2–18 为渭源县渭河源村村庄规划针对公共服务设施薄弱的现实情况，构建由公共服务设施、文化设施、旅游服务设施组成的服务设施体系。

（11）乡风文明构建策略

乡风文明建设是社会主义新农村建设的重要内容之一，是实现美丽乡村建设目标的必然要求。乡村建设应与营造现代文明风尚、提高农民综合素质、弘扬社会主义核心价值观等相结合。图 4–2–19 为渭河源村通过规划“环境优化工程”、“道德培育工程”、“文化惠民工程”及“管理保障工程”四大工程项目，构建乡风文明框架。

分类	名称	设置要求
村庄公共服务设施	村委会	搬迁至草滩安置区
	小学	规划予以保留
	幼儿园	规划予以保留
	卫生室	搬迁至草滩安置区
	警务室	搬迁至草滩安置区
	公共场地	结合各村社空地设置公共场地 6 处
文化设施	文化活动室	结合草滩安置区新建
	文化广场	草滩安置区
	电子体验馆	结合草滩安置区新建
旅游服务设施	农家乐	新建 4 处
	公共厕所	新建 5 处
	信息栏	新建 5 处
	标识牌	新建 10 处
	观光巴士换乘点	新建 4 处
	自行车租赁点	新建 5 处
	生态停车点	新建 16 处

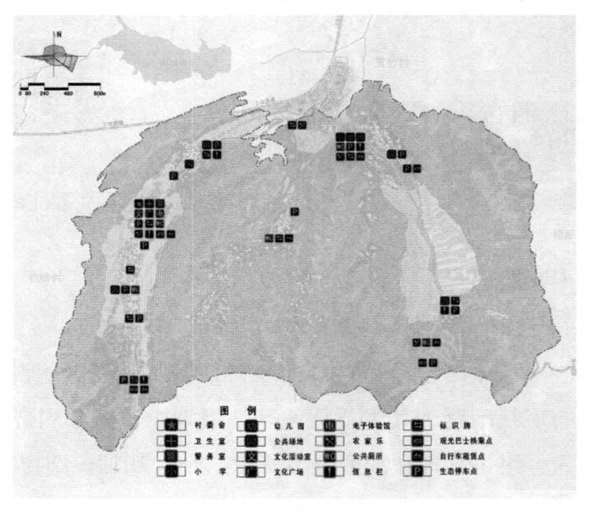

图 4-2-18　甘肃省渭源县渭河源村公共设施提升策略简图

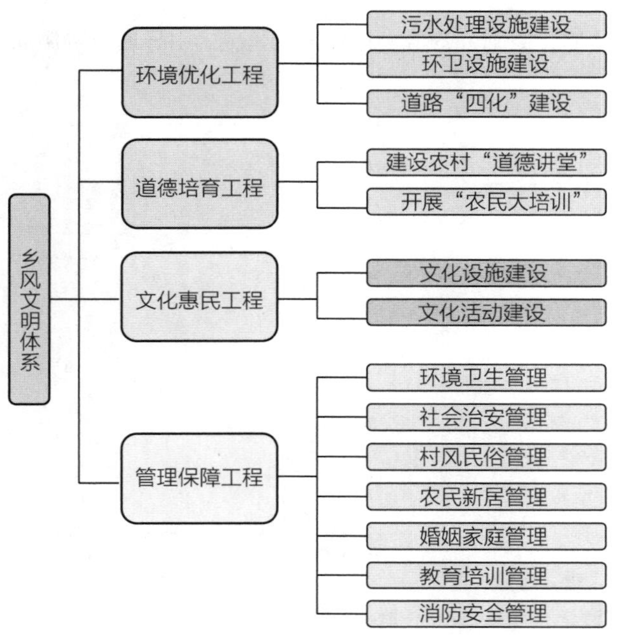

图 4-2-19　甘肃省渭源县渭河源村乡风文明构建框架

（12）村规民约构建策略

村规民约具有村民契约的性质，在乡村建设治理中发挥着"民间法"的作用，是实现村民自治的重要途径，在一定程度上延伸了政府职能，弥补了政府管理的空档。在乡村规划中，可以从环境卫生管理、农民新居管理、教育培训管理、社会治安管理、村风民俗管理、消防安全管理等方面提出意见。图 4–2–20 为甘肃省渭源县渭河源村村规民约局部简表。

环境卫生管理	1. 全体村民要人人参与环境卫生管理，以自家门前屋后为责任区，自觉消除脏、乱、差，做到洁、净、美。 2. 村民必须自觉搞好家居卫生，对禽畜集中圈养，不得散养，对死禽死畜要进行无害化填埋。违者罚款 100 元。 3. 垃圾不得乱倒，粪土不得乱堆，污水不得乱流，物料不得乱放，广告不得乱贴乱挂。必须做到房前屋后无积水、无杂草、无垃圾，无通行障碍，无影响观瞻处所。违者处 50 元以上罚款。 4. 不得在道路边乱搭乱建，不得堆放废土、乱石、杂物或以其他形式侵占路面，不得在路道上乱挖排水沟。违者罚款 100 元。 5. 发现破坏公共卫生设施的人和事要积极制止并及时向村干部报告。窃取或破坏公共卫生设施由村民自治组织严肃处理，问题严重者将移交公安机关。
农民新居管理	1. 新居住户以宅基地为界，道路、巷道及活动场地以宅基地直线为界，划为住户的责任区，住户责任区内的卫生、公益设施、大车上场等均有责任户负责管理，出现问题要承担相应的责任。 2. 新居住户须保持住房原有结构，禁止增加住房或附属房，违建者均进行强制拆除，造成的一切后果和损失由住户自负。 3. 坚决杜绝公共场所、巷道、道路上乱倒垃圾、乱堆乱放，违者经批评教育未改，要处以 50 元以上的罚款。 4. 新居住户要保持好供电线路、供排水等设施，以保证水电畅通，严禁私拉乱接，违者罚款 200-1000 元。 5. 新居住户要和睦相处，遵纪守法，杜绝非法经营和非法活动。
教育培训管理	1. 举办培训班。每季度举办一次种养殖业及农产品加工培训，就当归种植加工、百合种植加工、肉羊养殖等专业知识、专业技术进行培训，让受训人员牢固掌握科学的生产方式并熟练运用。 2. 开展基层巡回讲座。定期在村举办专题讲座，让受训人员掌握知识要点和技术要领。 3. 典型示范。积极引导现有种植大户、科技示范户等成功典型参与全市农民科技培训，充实师资力量。同时依靠典型带动，充分调动广大农民信科学、学科学、用科技的热情和积极性。 4. 现场指导。县农业局牵头，每季度安排农业技术人员或聘请农业专家深入田间地头，为广大农民开展现场技术指导，理论与实践相结合，提升村民的种养殖技术。

图 4-2-20　甘肃省渭源县渭河源村村规民约局部简表

（五）发展规模

1. 基本内涵

乡村规模主要包括乡村人口规模和建设用地规模。在乡村规划中，人口规模预测是各类公共设施与市政设施配套的前提和依据。只有人口规模预测准确，规划的建设用地规模、公共设施与市政设施规模的合理性才有保证。同时，建设用地规模要与人口规模相对应，根据不同区域情况，按照一定的标准进行配置。

2. 人口规模预测

（1）乡村人口组成

——常住人口：指经常居住在本村的人口。它包括常住该村而临时外出的人口，不包括临时寄住的人口。第六次全国人口普查使用的常住人口 = 户口在本辖区人也在本辖区居住 + 户口在本辖区之外但离开户口登记地半年以上的人 + 户口待定（无户口和口袋户口）+ 户口在本辖区但离开本辖区半年以下的人。

——通勤人口：主要指劳动、学习在本村内，但不住在本村人口，如职工、学生等。

——流动人口：主要指旅游、赶集等临时参加本规划区内活动的，但时常需要使用村内各种设施的人口。

（2）乡村人口规模预测

乡村人口预测通常采用指数增长预测法。其公式为：

$$P_n=P_0(1+K)^n+B$$

式中：P_0 是基准年人口规模，一般包括历年有规律变化的常住人口、通勤人口与流动人口；

P_n：规模期末人口规模；

B：历年基本没有变化的人口，如通勤人口；

K：人口的年平均增长率，通常依据过去 5~10 年的人口变化计算所得；

n：规划年限。

3. 乡村建设用地规模增减

合理调整乡村土地利用结构和空间布局，科学安排农业生产、农民生活和农村基础设施等各类用地。鼓励建设农民集中居住区，逐步缩减居民点数量，全面改善农民住房条件，提倡土地集约、节约利用。在与土地利用规划充分衔接的基础上，确定村庄建设用地规模，明确复垦用地规模，重点落实农民建房新增建设用地。

（1）建设用地增量：主要包括村民住宅用地、村庄公共服务设施与基础设施、村庄产业用地等建设用地的增加，也包括对外交通设施用地、国有建设用地等非村庄建设用地的增加。

（2）建设用地减量：通过缩减乡村居民点数量、居民点规模，以复垦农田、复垦林地等方式缩减建设用地。

4. 人均建设用地指标控制

本着严格控制用地的原则，浙江省的村庄建设用地一般都按人均 80~120m^2 控制。在编制乡村规划时，以现状人均建设用地水平为基础，通过调整逐步达到合理水平。表 4-2-3 为杭州市中心村人均村庄建设用地规划调整标准：现状人均建设用地低于 80m^2 的村庄可适当调高 5~10m^2；现状人均建设用地在 80~100m^2 之间的，可适当增减 0~10m^2；现状人均建设用地在 100.1~120m^2 之间的，可适当减少 0~10m^2；现状人均建设用地在 120.1~140m^2 之间的，应适当减少 0~20m^2；现状人均建设用地在 140m^2 以上的，宜减至 120m^2 以内。

杭州市中心村人均村庄建设用地规划调整标准　　表 4-2-3

现状人均村庄建设用地（m^2）	规划人均村庄建设用地（m^2）	允许调整幅度（m^2）
＜ 80	85~90	+5~+10
80~100	0~100	0 ~ −10
100.1~120	90~120	0 ~ −10
120.1~140	100~120	0 ~ −20
＞ 140	<120	＜ 0

注：参考《杭州市中心村规划编制导则》（2010）

5. 乡村发展规模预测技术框架

乡村规模预测步骤包括以下几个方面：①依据历年人口变化数据，科学预测乡村人口规模；②结合村庄建设用地分布现状，本着严格控制用地的原则，集聚居民点，增减村庄建设用地规模；③校核人均建设用地指标，当不满足标准要求时，则需要重新进行村庄建设用地增减；当满足标准要求时，则按规模总量引导村域土地利用空间布局，如图 4-2-21 所示。

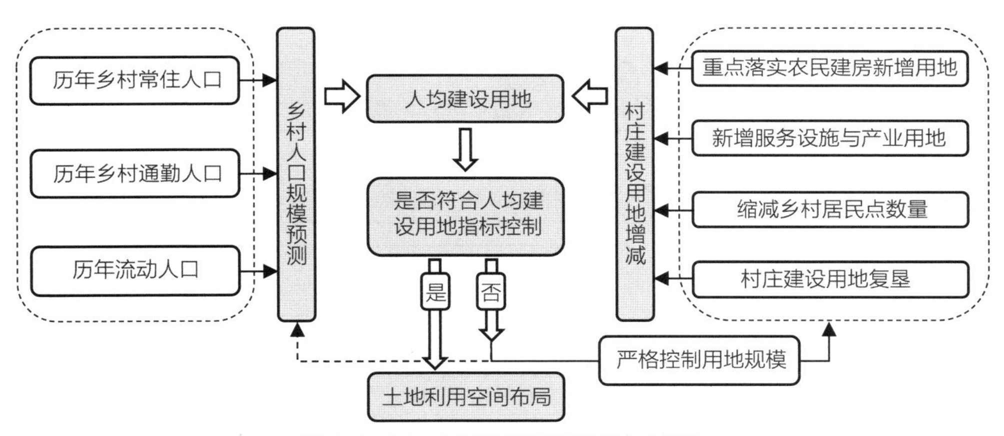

图 4-2-21　乡村发展规模预测技术框架

第三节　生态保护规划

（一）背景与任务

1. 背景条件

乡村地区地域广袤、生态良好、环境优美，大多具有典型的山、林、水、田、村、居等相互交融的乡村生态格局。然而，当前乡村地区发展相对落后，在传统的乡村发展建设过程中，往往以环境污染为代价，严重损坏了乡村的生态平衡，乡村生态保护迫在眉睫。

2. 主要任务

乡村生态保护规划应在梳理乡村生态资源的基础上，针对山、水、林、田、村、居等生态要素，提出生态保护规划措施，构筑村域生态空间体系。主要任务如下：

（1）梳理乡村生态资源，分析各类资源的生态敏感性，构建村域整体生态格局；

（2）保育与恢复乡村原生态资源，低干预、少进入，维护村域生态基底；

（3）发展绿色生态农业，在保护耕地基础上构建农业生产景观体系；

（4）在村落选址、营建过程中强调自然生态原则，加强绿色低碳生态技术在民居建筑中的应用。

乡村生态保护规划任务框架如图 4-3-1 所示。

（二）乡村生态资源分析

乡村自然生态资源类型多样，根据山、水、林、田、村、居等生态要素类型以及生态保护措施的不同，一般可以分为山地森林、河流水域、生物群落、一般林区、农业田园、生态渔场、草原牧场、村落和民居等（唐正君，2015），如表 4-3-1 所示。

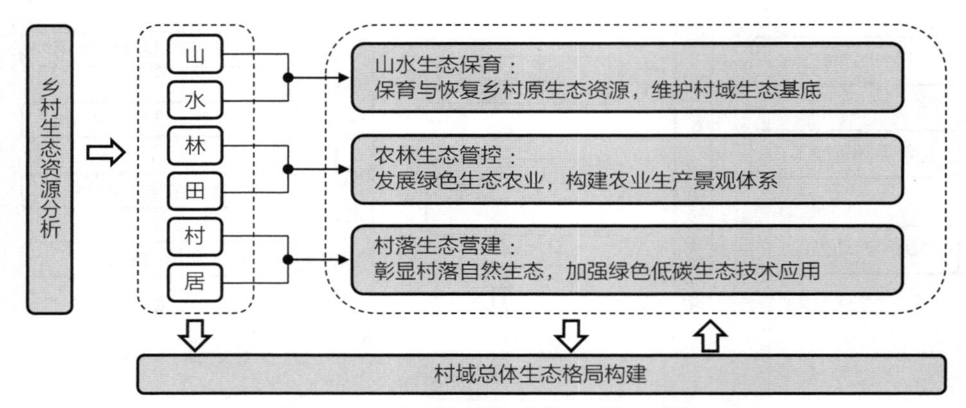

图 4-3-1　乡村生态保护规划主要任务框架

乡村生态资源要素分类表　　表 4-3-1

生态资源分类		资源品种	生态保护措施
山、水	山地森林	森林、山丘、独峰、奇石、峡谷、岩穴等	保育与恢复
	河流水域	岛、河段、天然湖泊、人工水库、沼泽、湿地、瀑布	
	生物群落	古树古木、花卉、动物栖息地、生物群落景观等	
林、田	一般林区	低丘林区、种植园、采摘果园	生产与管控
	农业田园	农业生产场景、旱地、梯田等	
	生态渔场	水乡、淡水渔场	
	草原牧场	草原景观、放牧景观、农场等	
村、居	村落	村落选址、布局形态、空间肌理	布局与营建
	民居	民居形式、建筑材料、建造技术	

（三）村域总体生态格局构建

通过山、水、林、田、村、居等要素的生态敏感度分析，以维持乡村原生生态格局、维护乡村原有生态平衡为目标，依托山林、水网、河湖、田园、绿树、和风、光等自然要素，使乡村人居环境与之和谐共生。在村域规划中，应充分解析现有各类生态资源，以保护为基本目标，划定生态底线，并建立空间准入机制；防止大兴土木、大拆大建而破坏乡村生态系统；充分遵循山水林田村居的分布格局，针对不同区域选择采取生态保育与恢复、农林生态管控、村落民居生态营建等生态保护措施，构建完整的村域生态保护格局。图 4–3–2 为浙江省台州市黄岩区白鹤岭下村域总体生态格局构建过程图。图 4–3–3 为山水林田村居总体生态格局意象图。

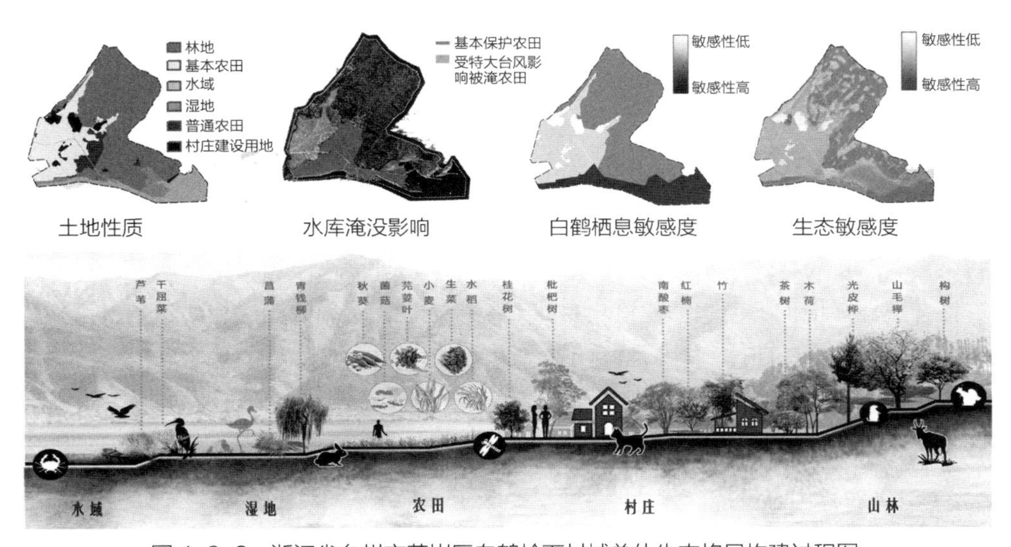

图 4-3-2　浙江省台州市黄岩区白鹤岭下村域总体生态格局构建过程图

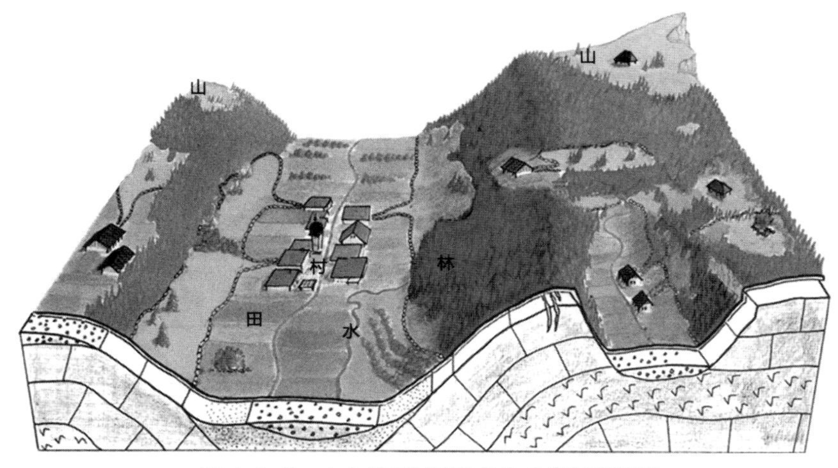

图 4-3-3　山水林田村居总体生态格局意象图

（四）山水生态保育

生态保育包含“保护”与“复育”两个方面。前者是针对生物物种与其栖息地的保存与维护，而后者则是针对退化生态系统的恢复、改良和重建工作。生态保育运用生态学的原理，监测人与生态系统间的相互影响，包含对于生态的普查与监测、野生动植物的饲育、自然景观生态的维护工作等，并协调人与生物圈的相互关系，以达到自然资源的可持续利用与永续维护。

由生态保育所衍生的重要内容，包括永续生物资源的利用、生态活动与减少干扰生态系统等。其中，生态活动的推广较为多元，不仅包含教育性质、休闲性质，这有助于观光产业与地方经济的发展，同时也包括观鸟活动、生态旅游与生态导览等。

乡村生态保育是基于生态敏感度划定的生态保护红线范围，以山水空间为主要载体开展保育工作。对象主要包括行洪河道、水源地一级保护区、风景名胜区核心区、自然保护区核心区和缓冲区、森林湿地公园生态保育区和恢复重建区、地质公园核心区、生态公益林等。这些区域应尽可能保持原生状态，以低干预、低准入为基本原则，保育生态要素的原真性，保护生物群落的多样化，维护生态景观的复合化，原则上禁止任何生产和建设行为。对已造成破坏的格局，应积极通过植树造林、退宅还林、退耕还林、水土保持、水系疏浚、污染治理等措施加强生态修复。对任何不符合资源环境保护要求的建设项目，要进行搬迁，对现状已存在的建筑、设施和人类活动积极引导外迁。其中，乡村山水生态保育措施框架如图 4–3–4 所示。图 4–3–5 为浙江省淳安县界首乡姚家村村庄规划中提出的村域山水生态保育空间。

（五）农林生态管控

农林生态管控主要是针对村域内从事生态农业种植、林业、畜牧业、副业、水产养殖业的农业生产区域，包括基本农田保护区、一般耕地、一般林地山地等。该区域属于不可建设的生态空间管控区，以保护耕地和基本农田为基本原则，以农业生产为基本职能，控制农用地转建设用地。一方面，要严格控制永久性基本农业田红线，禁止任何城乡建设行为，任何单位和个人不得改变或者占用；另一方面，该区域在不改变农业基本功能的基础上，引入田园景观设计，加强大地景观建设，在农作物选择、农业景观塑造等方面进行适当引导。图 4–3–6 为经过景观设计的德国

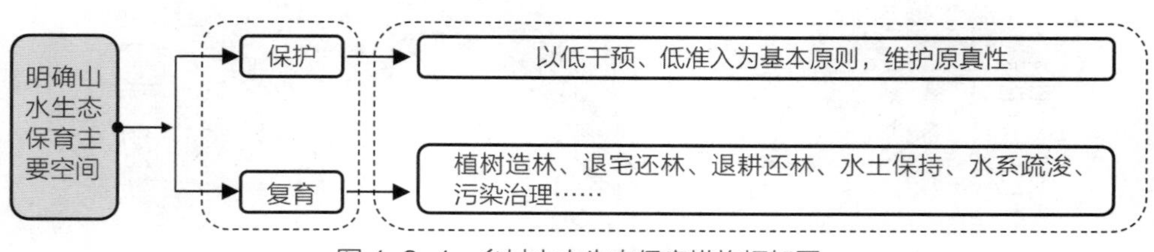

图 4–3–4　乡村山水生态保育措施框架图

乡村农业生产区，牧场、草地、森林等设计边界清晰。图 4–3–7 为甘肃省渭源县渭河源村农林生态管控措施示意。

（六）村落生态营建

村落生态营建主要包括村落选址营建和农村住宅生态化建设。

1. 村落选址营建

传统村落选址营建和中国各地的社会文化、居住习俗，以及地理水土、环境气候、风土人情都有着密切关系。传统村落一般依山而建、依田而筑、临水而居，尊重自然美，反映了因势因地而建的生态环境特色，彰显了与自然环境和谐共生的“生态适应性”，如图 4–3–8 所示。在村域规划中，应积极引导新旧村落的“生态适应性”建设，对村落格局和内在肌理进行梳理，注重村落与山体、地形、水系、环境的相互融合，在保持原有村落肌理的基础上，充分与自然景观融合，营造自然和谐的人居环境。

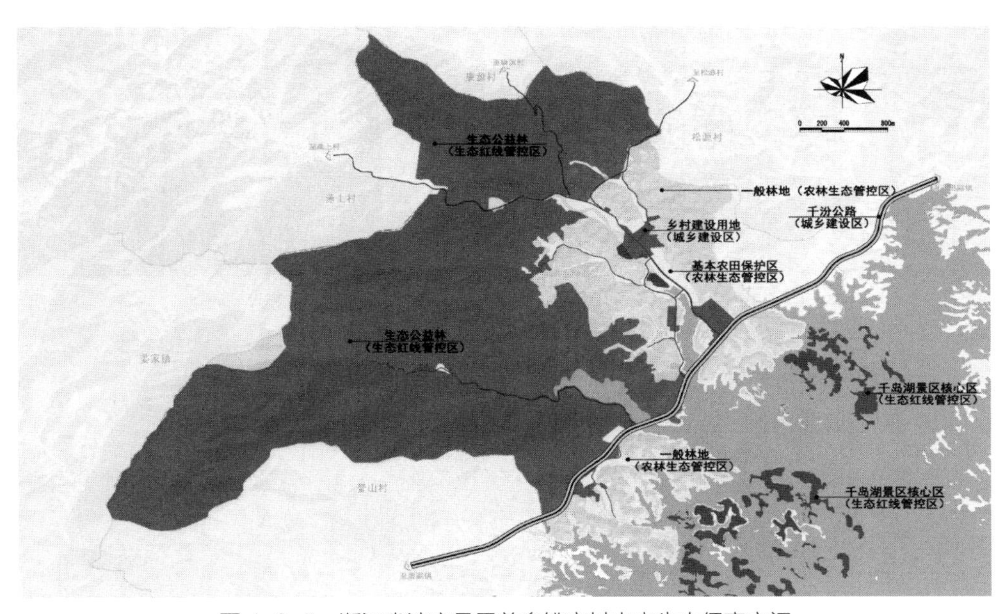

图 4-3-5　浙江省淳安县界首乡姚家村山水生态保育空间

图 4-3-6　经过景观设计的德国乡村农村生产区

图 4-3-7　甘肃省渭源县渭河源村农林生态管控措施示意

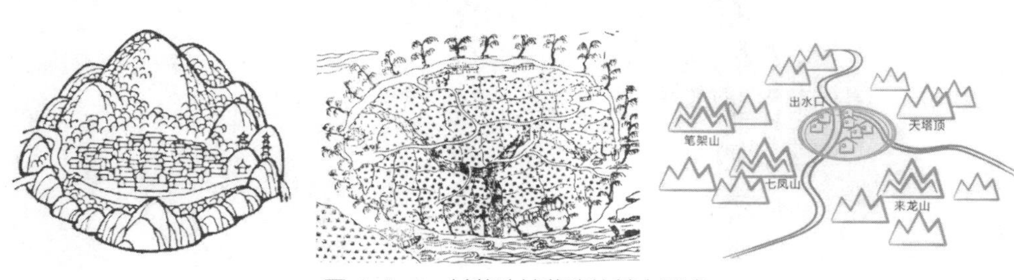

图 4-3-8　村落选址营建的基本形式

（资料来源：李京生，2017）

2. 农村住宅生态化建设

生态型农村住宅主要围绕着“美观、高效、舒适和健康”四大目标进行建设。“美观”代表农村住宅与大自然环境的景观和谐，与生态文化相融合，并保持乡土特色和传统文化元素。“高效”是指生态型农村住宅建设要尽可能最大限度地利用当地资源和能源，并做到节能、节地、节材的基本准则。“舒适”要求农村住宅有适宜的温度湿度和通风条件，以满足人体舒适度。“健康”是生态住宅建设的最终目标，要能够有益于人的身心健康。依据上述四大目标，形成农村住宅生态化建设的四个基本要点：

（1）地域文化传承：生态型农村住宅应反映地方文化与自然环境特色，与住宅周边环境相协调。住宅建筑应具有农村住宅的特色风貌，住宅庭院应保持乡土特色及绿色生态。

（2）外围护结构节能：针对目前农村住宅存在建筑主体节能水平低、能源消耗大的突出问题，生态型农村住宅建设应做到外围护结构的节能要求。主要是增强住宅屋顶、内外墙体、内部地面、外门窗、檐廊遮阳设施等外围护结构的保温性。

（3）能源资源利用：除了常规能源系统的优化利用，主要包括对可再生能源如太阳能的充分利用，对雨水的合理收集与有效利用，以及采取分散化集中的方式处理污水等。

（4）绿色材料使用：生态型农村住宅建设要倡导使用绿色建材、就地取材、资源再利用，如图 4-3-9 所示。

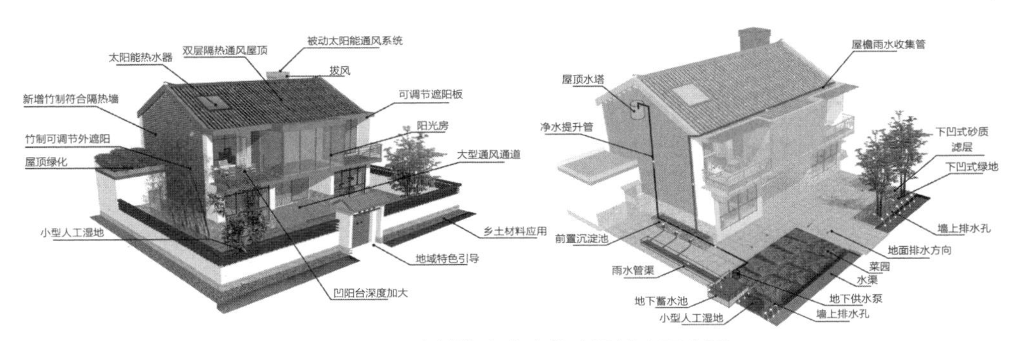

图 4-3-9　农村住宅生态化建设基本要点图

第四节　文化传承规划

（一）乡村文化内涵

文化是人类在社会历史实践过程中所创造的一切财富的总和，也包括社会的意识形态和价值观念。相对于城市文化，乡村文化是源于乡土并依存于乡土的文化，是村民在广大农村地域生产、生活过程中所形成的文化，也是村民在与自然环境的相互作用过程中所创造出来的一切物质财富和精神财富的总和。乡村文化具有历史性、持续性、可传承性。乡村文化是城市文化发展的基础和源泉，与城市文化相比，乡村文化具有更远久的历史和更丰富的载体。

（二）乡村文化构成

每个乡村都有悠久的历史，少则几百年，多则上千年。悠久的成长历史也使得每个乡村都拥有丰富的文化内容。乡村文化涵盖了田园景观、农耕文化、建筑文化、饮食文化、手工艺文化、家庭文化、艺术文化等传统乡村生活的方方面面（张艳，2007），并由物质文化、行为文化、制度文化、精神文化几个层面组成（韦浩明，2007），是一种发生于传统农业社会、以农民为载体的文化，通过乡村群众个体和集体努力创造并世代传承而逐步形成，具有适应当地经济社会发展的各种功能的文化体系。乡村文化也是一种包括政治、经济、居住、建筑、民俗信仰、制度、饮食等诸要素在内的文化体系（毕明岩，2011），可分为四个层次：①表层——乡村物质文化；②里层——乡村行为文化；③深层——乡村制度文化；④核心——乡村精神文化（骆宇，2016）。也可以将乡村文化分为物质文化和非物质文化，其中物质文化包含了自然景观、空间肌理、传统民居、宗祠建筑、空间节点、街巷景观；非物质文化包含了山水文化、“风水”文化、风土人情文化、生产文化、制度文化（姜彬，2016）。

综合所述，结合山、水、林、田、村、居等乡村物质生态要素和习俗、精神、文化等非物质要素，将乡村文化划分为物质文化和非物质文化两大类。其中物质文化与山、水、林、田、村、居等物质空间格局相关，包括山水文化、“风水”文化、布局肌理、传统街巷、空间节点、建筑文化、历史环境要素等内容；非物质文化又包括生产生活方式与精神文化制度两方面，可进一步细分为农耕文化、工商文化、生活习俗、文学艺术、宗教信仰、宗族制度等，如图 4-4-1、表 4-4-1 所示。

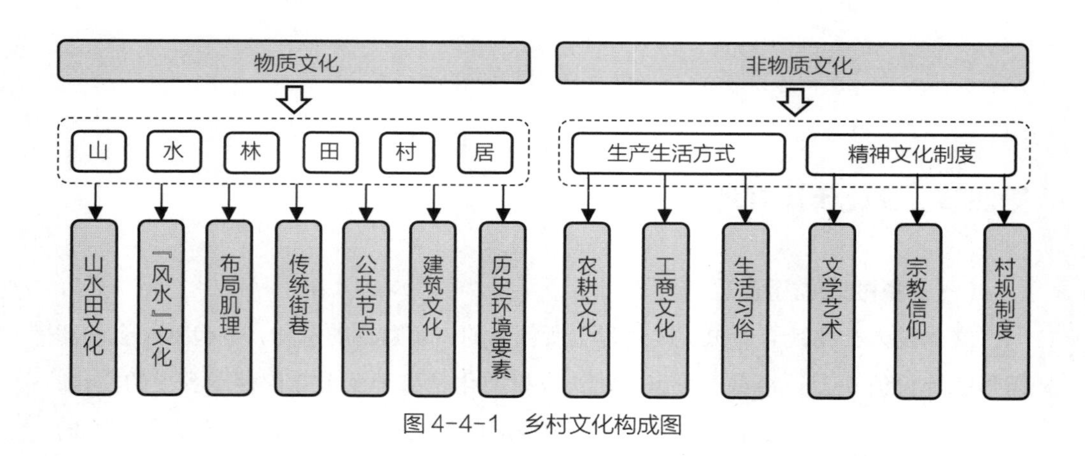

图 4-4-1　乡村文化构成图

乡村文化分类特征表　　　　**表 4-4-1**

大类	相关要素	小类	具体特征
物质文化	山、水、林、田、村、居	山水田文化	乡村一般都拥有优越的自然生态条件，环境优美，大多具有典型的山、林、田、河、塘、村相互交融的村落自然格局。乡村依山而建、依田傍水、依水而筑、临水而居，整体风貌极具地域特色，孕育了自然生态的山水文化

续表

大类	相关要素	小类	具体特征
物质文化	山、水、林、田、村、居	“风水”文化	“风水”文化对传统村落布局形态的影响深远。在传统村落选址与布局中,“风水”文化成为主导村庄形态的重要因素,以“天人合一”的“风水”观来营造和谐的人地关系，巧妙地利用地形条件和山水环境，进行街巷安排、建筑布局、节点空间布置
		布局肌理	乡村的布局肌理是在自然条件影响下经过历史积累形成的，是文化延续的重要载体，包括空间布局、景观风貌、整体规模、街巷布局等要素。它们既是经济社会发展的空间表现形式，也是受到了山水文化、风水文化的影响
		传统街巷	乡村在几千年建设、成长过程中，依山傍水往往会形成了独具一格的街巷空间，同时街巷空间也成为了整体村落的骨架。传统街巷的形式成就了乡村布局肌理形成，也有效组织了民居的布置安排
		公共节点	村庄内重要的公共节点是被赋予了场所意义的传统空间，如入口、广场、水边、祠前、桥头、码头等公共节点空间，是居民日常聚会、交流的场所，是乡村日常生活形态延续的纽带
		建筑文化	包括了文保点、不可移动文物、历史建筑、传统建筑、一般建筑的建筑群体布局、建筑形式、建筑风貌、庭院组合形式等。建筑的形式、结构、色彩、装饰，是物化了一个时期的思想和技术，是体现地域特色的关系要素
		历史环境要素	主要包括古桥、古道、古墙、古墓、古井、古树等历史环境要素，是乡村历史发展重要的见证，也是乡村历史文化重要载体
非物质文化	生产生活方式	农耕文化	是农民在长期农业生产过程中形成的一种风俗文化，体现了地方农业产品特色、农业生产方式、农民奋斗精神。农耕文化集合了各类宗教文化，与地方风俗相结合，形成了独特的文化内容与特征
		工商文化	包括商贾文化、传统手工艺文化。与农耕文化共同组成了生产文化，展现了乡村地方人文精神，体现了乡村特色农业、特色加工业、特色服务业，是一村一品的本源所在
		生活习俗	是农民在长期农村生活中形成的一些风俗文化，包括了村庄习俗、节庆活动、饮食习惯、传统美食、服饰礼仪传统祭祀活动等。乡村生活习俗与村民的衣食住行、农耕稻作、传统手工、商贾文化等生活习俗密不可分，从而产生了种类繁多、各具特色的风土人情
	精神文化制度	文学艺术	包括民间文学、故事传说、语言文化、耕读文化、口头技艺、名人名事、民间工艺等，是每个乡村可记载的精神文化
		宗教信仰	宗教信仰文化的发展演变受到社会结构、宗教、生活方式、村民的社会行为准则和文化价值观等因素的影响，同时也指导和规范村民的各种行为
		村规制度	乡村关系网络往往稳固有序，大多与村规制度和“血缘”关系有关。村规制度文化有着深厚的社会根源，与一个村的村规民约、宗族制度不可分割。存有村规民约、宗族制度文化的乡村，其布局形态、社会关系、生产生活都有着一定的规律

（三）乡村文化传承的意义

只有尊重乡村文化、加强文化传承，才能真正做到“望得见山、看得见水、记得住乡愁”。乡村文化传承的主要意义在于传承民族文化、保护地方传统、促进乡村经济发展，是引领乡村规划建设工作的核心价值观（毕明岩，2011）。

1. 传承民族文化。乡村文化基因库是中华民族文化基因库的重要组成部分和分支，是民族文化最本质体现。保护传承好乡村文化就是留住了中华民族文化的“根”。

2. 保护地方传统。乡村文化的挖掘、保护与弘扬，对传承乡村特色与传统具有积极作用，也有利于乡村生态文明建设。

3. 促进乡村经济发展。乡村文化可以借助资本市场的力量，以产业化方式进入主流经济中，进而发挥比较优势，推动乡村经济的发展。

4. 引领乡村规划建设工作的核心价值观。传承地域文化应该成为当代乡村规划的核心价值之一，乡村规划不应成为一种规范或标准框架下的模式化产物，而应是一种尊重地域传统文化的土地空间重构工作。

（四）乡村文化传承的规划技术方法

在乡村规划中，乡村文化传承可以针对不同的乡村文化或乡村文化载体采取不同的规划技术方法，如表 4–4–2 所示。

乡村文化传承的规划技术方法列表　　表 4–4–2

小类	具体特征
主体保育	指对控制质量性状、对外在表现特征影响较大文化进行优先保护。如水乡地区，水网系统乡村之间，乡村与集镇之间联系的纽带，依水而居不仅是生活需求，也是水乡肌理和文脉的组成部分。传承乡村文化首先要保护自然物质形态的水，其次是发展并提升水经济，继而保护水乡风貌
文化隔离	隔离的目的在于保存和控制文化的空间载体不被破坏，比较适于包括古建筑群、传统街巷、历史遗迹、河道、文化景观要素等。对于历史建筑物、历史地段、历史空间的保护，传统的方式就是通过划定“三区”的方式，即核心保护区、建设控制区、风貌协调区
文化变异	现代生活方式的改变和现代产业结构的演进，使得乡村地域原有的用地结构和空间布局形态也不断发生着改变。一些不符合时代特征的乡村文化也必然面对变异的过程。变异的直接做法就是拆除，使原有空间留为他用
文化共生	文化基因共生更多的体现在传统文化与现代文化的共生，同时也表现在区域范围内，各类乡村文化的共生。通过共生关系，使乡村文化不断的推陈出新，发生新陈代谢。共生不能简单地理解为共同存在，而是在传承传统的同时，使现代文化和传统文化高度融合和镶嵌
文化植入	在原有乡村文化载体上，植入新的功能，使载体焕发新的活力，使乡村文化得以重生和延续。功能性植入是对乡村文化的传承、展示有效的途径，大到历史性古村落的发展，小到历史性建筑的保护、历史遗迹的功能再造等

续表

小类	具体特征
文化移植	乡村文化移植是为了维修和整治那些衰败的文化载体，其目的是延续和传承乡村文化，保护乡村的固有形态和整体风貌。文化移植手法适合于乡村内部所有的文化物质载体。包括传统民居建筑、祠堂建筑、乡村的宗教信仰性建筑、石板街、古牌坊、门阙、桥梁等物质载体的修复
文化复制	文化复制就是使消逝但具有重要影响的乡村文化通过一定的技术手段，使其获得重生和再现。文化复制并不意味着整体上的复古和重建，是为了突出地段或区域的历史文化环境而进行的某种文化的复制。乡村内部可进行文化复制的内容主要包括村落消逝或被填埋重要的河流水系、重要的历史性建筑物、构筑物、重要的街巷、古道、重要传统手工技艺展示空间等

（资料来源：毕明岩.乡村文化基因传承路径研究——以江南地区村庄为例.2011.）

（五）乡村文化传承模式

根据文化传承的原真性、融合性、可持续性原则，结合主体保育、文化保存、文化变异、文化共生、文化植入、文化移植、文化复制等乡村文化传承的技术方法，总结其主要特征，从保护、融合和发展三个角度，提出文化原真型、文化融合型、文化重塑型三种传承模式，每种模式有其不同的特点与传承方式，并适用于不同类型的村庄或不同文化载体如图 4–4–2 所示。

1. 文化原真型传承模式

该模式是指对生态山水、田园肌理、自然景观、历史地段、历史建筑物、传统建筑、历史环境要素等实体文化载体进行原真性传承，以彰显山水田自然本色和人文环境风貌，并对重要的古建筑群、传统街巷、历史环境要素等历史文化遗产采取“博物馆”式的保存、保护与展示，以传承原真性文化，达到生态环境、乡村肌理、历史建筑、

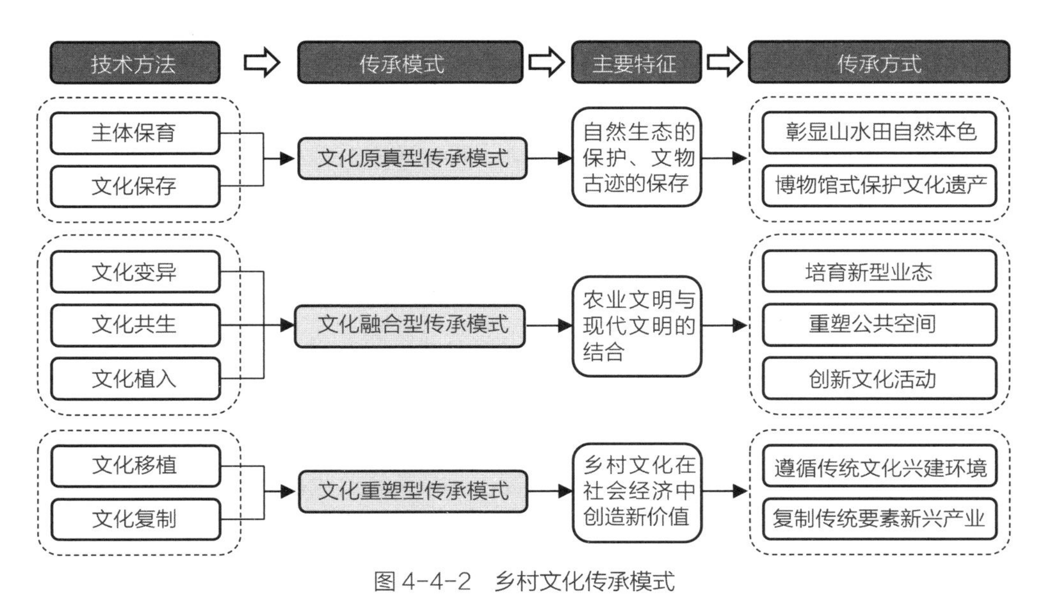

图 4–4–2 乡村文化传承模式

文化氛围整体意境留存的目的。

2. 文化融合型传承模式

尊重现代生活方式的改变和现代产业结构的演进，通过文化变异、文化共生、文化植入等方式重塑乡村文化，融合城市现代文明与乡村文化。基本策略有：①挖掘文化的丰富内涵，增强乡村传统文化的影响力；②注重传统乡村文化与现代生活相结合，从传统文化中汲取养分，通过新的方法与手段重塑公共空间，创新文化活动，丰富传统乡村文化；③在原有乡村文化载体的基础上，通过互联网 +、科技 +、旅游 + 等方式创新内容和展示载体，培育乡村新型文化业态。

3. 文化重塑型传承模式

在吸取传统文化精髓的基础上，对特别有价值、有吸引力、有本土特征的文化载体进行恢复与复制（姜彬，2016）。如遵循传统文化兴建宜居环境，复制传统要素培育新兴产业。一方面，通过采用传统的营建方式、外形特征进行乡村营建，挖掘遗失的优秀传统文化、民俗风情，使其传承与延续；另一方面，通过乡村旅游开发与养老产业开发、传统手工艺基地创建等多种方式与途径，形成“一村一品”。

第五节　产业发展规划

（一）主要任务与内容

1. 乡村产业分类

在乡村产业中，农业一直以来是基础产业，占用农村大量劳动力；非农产业主要包括为农业生产服务的生产资料供应业、农产品运输业、农产品销售业以及为农民生活服务的建筑业、工业和商业服务业。在乡村产业经济发展过程中，乡村产业之间的比例关系和相互关系（产业结构）在不断调整优化。乡村农业从简单再生产时代的单一种植业，逐步进化调整为大农业，再继续上升到产业多元化发展。乡村产业类型由单一到多元，逐步细化的过程，使乡村产业结构日益合理，生态循环愈益平衡，经济效益越来越好。乡村产业的分类方式有以下几种：

（1）按产业性质分为物质生产部门和与此有关的非物质生产部门。

（2）按产业内容分为农业、乡村工业、建筑业、交通运输业、商业和服务业六大产业。

（3）按产业分工特点分为第一产业、第二产业和第三产业。第一产业为农业种植业；第二产业以农产品加工业、建筑业为主；第三产业包括为乡村生产、生活服务的生产资料供应、农产品销售、农产品运输业、生活服务业等服务业，以及对外经营服务的乡村服务业，如乡村休闲、旅游服务业等。

2. 乡村产业发展规划的任务

以乡村产业兴旺为总体要求，以提高农民收入水平、实现农民美好生活为主要目标，明确乡村产业发展规划任务：

（1）积极融入区域产业分工，加快转变农业生产发展方式，提升农作物种植技术水平，增加传统产业产量。

（2）调整乡村经济产业结构，依托现有产业基础，大力发展地方特色产业，推进农业产品加工、观光农业产业开发，实现农业高效化、生态化、品牌化、标准化发展，提高农业综合生产力水平。

（3）构建现代农业产业体系、生产体系、经营体系，完善农业支持保护制度，发展多种形式适度规模经营，培育新型农业经营主体，健全农业社会化服务体系，实现小农户和现代农业发展有机衔接。

（4）促进农村一、二、三产业融合发展，支持和鼓励农民就业创业，增加村民就业机会，实现村民的充分就业，拓宽增收渠道，从根本上提高农民的生活质量。

3. 乡村产业发展规划的内容与思路

（1）产业基础分析：从宏观、中观、微观等角度分析乡村所在地区的产业发展趋势及自身产业发展基础，确立乡村产业发展定位。

（2）产业发展目标：以产业兴旺、生活富裕为总体要求，从产业品牌建设、产业体系构建、产业融合发展等方面，确立乡村产业发展分项目标；根据当前面临的发展需求，可以按时间阶段明确产业发展分步目标。

（3）产业发展策略：基于产业发展目标，从夯实传统农业、挖潜特色产业、促进农村一、二、三产业融合发展等方面深入剖析，具体谋划乡村发展策略，并为后期的产业发展引导与空间布局提供基础支撑。

（4）产业发展引导：在产业基础分析和发展目标明确的基础上，确定乡村主导产业；并针对主导产业特点，进行产业项目策划，并择选具体的产业项目。

（5）产业空间布局：将择选的具体产业项目在村域空间上进行落实，确保各产业空间落地。

（6）特色产业发展：在符合主导产业培育的基础上，针对特色农业、特色加工业、特色服务业与休闲旅游业等产业体系进行周密分析，从品牌建设、产业联动、技术推广、空间分布等方面提出乡村发展的思路与建议。

乡村产业发展规划的内容与思路框架如图 4–5–1 所示。

（二）产业基础分析

产业基础分析是乡村产业发展规划的基本内容。主要包括：城乡要素流动时空格局分析；乡村所处区域产业发展趋势研判；乡村自身产业发展基础分析等。

1. 城乡要素流动时空格局分析

通过对乡村的区位条件、要素供给等方面的空域认知，以及从区域的市场需求、经济水平等方面的时域认知，分析乡村所在地区的城乡要素流动时空格局。例如，可以将大都市外围不同区位条件的乡村划分为多种产业空间属性，包括日常化体验性消费乡村产业空间、主题公园式消费乡村产业空间、半生产半消费型乡村产业空间、季节性都市农业乡村产业空间等，如图 4–5–2 所示。

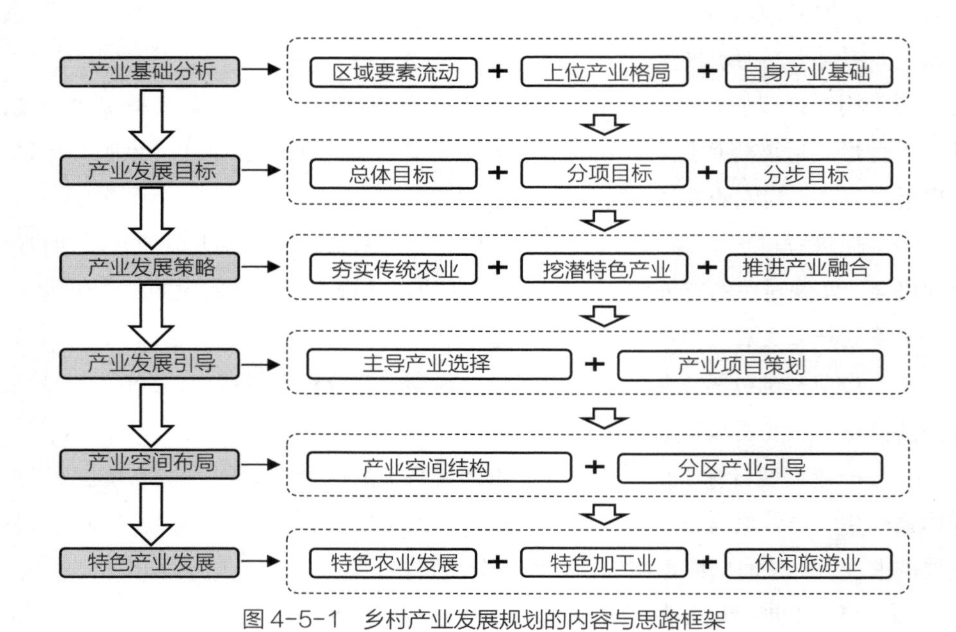

图 4–5–1　乡村产业发展规划的内容与思路框架

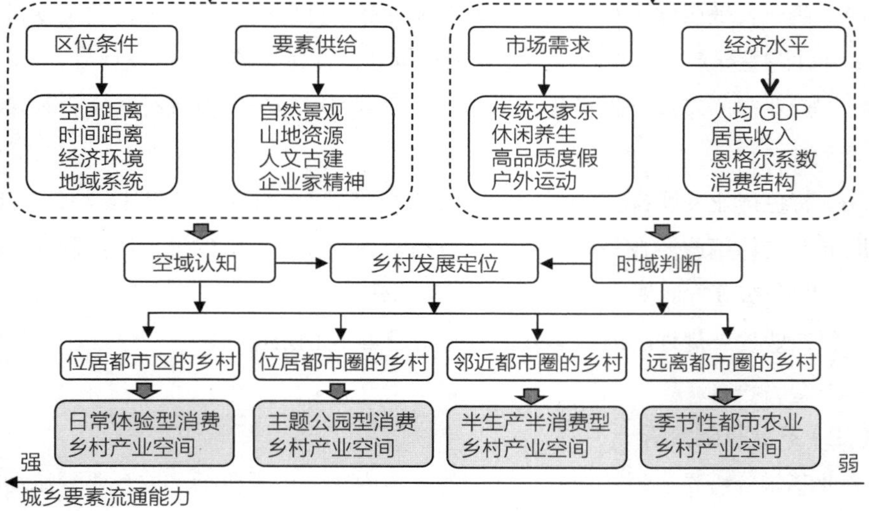

图 4–5–2　城乡要素流动时空格局分析框架图

2. 乡村所处区域产业发展趋势研判

从上位规划分析着手，与地区、市县域、镇乡域等产业发展规划相衔接，判断区域产业发展趋势，剖析乡村在不同区域层面的产业分工与发展依托，为挖掘乡村产业发展潜力，选择乡村主导产业提供区域支撑。

3. 乡村自身产业发展基础分析

主要从乡村自身的产业类型、产业规模、产业分布、产业资源等方面进行分析总结。图 4–5–3 为甘肃省渭源县五竹镇渭河源村的产业发展分析的基本思路。

（三）产业发展目标

1. 总体目标

乡村产业发展的总体目标主要包括以下几方面内容。

（1）培养乡村“造血”机能：建设并发挥乡村作为基层经济单元的生产作用，积极整合并合理利用各种资源优势，因地制宜发展产业，提升乡村经济实力，培养乡村自身经济“造血”机能，实现乡村产业的可持续发展。

（2）增加农民收入：加强现代农业建设，促进乡村一、二、三产业互动发展，

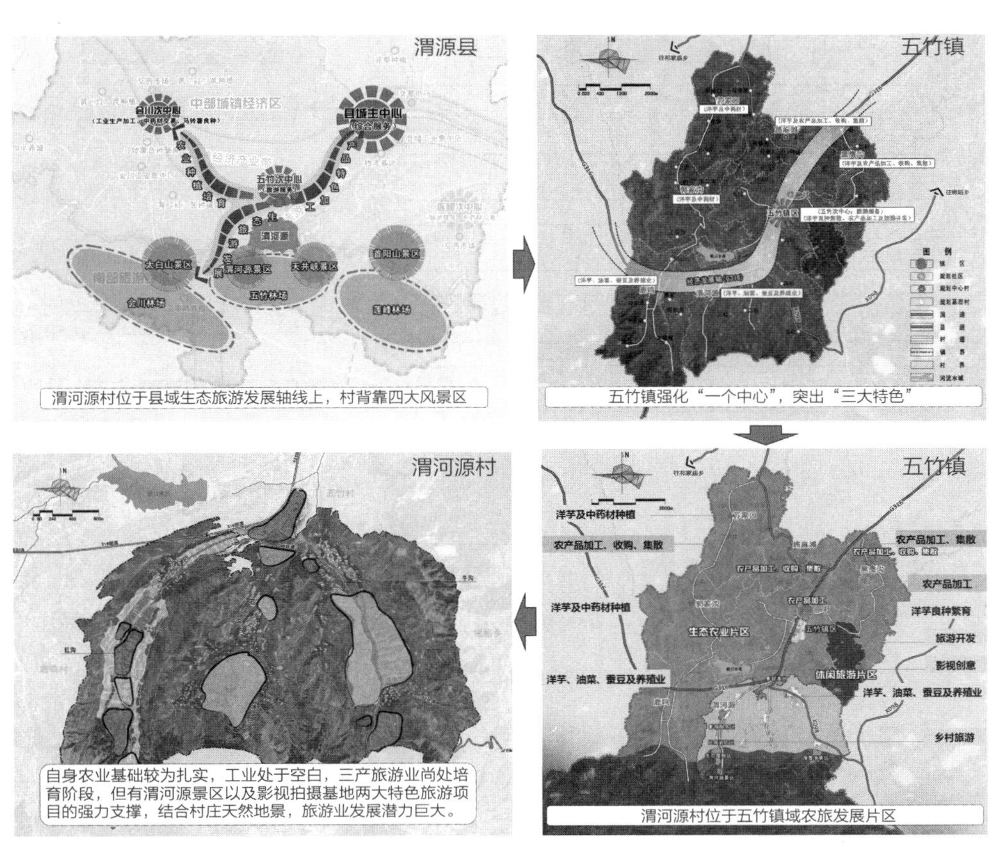

图 4–5–3　甘肃省渭源县五竹镇渭河源村的产业基础分析思路

增加村民就业机会，多渠道提高村民收入，从根本上提高农民的生活质量。

（3）提高农业综合生产力水平：积极融入区域产业分工，加快转变农业生产发展方式。调整乡村产业结构，依托现有产业基础，大力发展地方特色产业，实现农业高效化、生态化、品牌化、标准化发展，提高农业综合生产力水平。

（4）弘扬传统文化：保护和培育以传统手艺、传统美食、历史人文类资源为基础的相关产业，包括特色农产品生产产业、宗教资源型产业、历史文化型产业、革命纪念地型产业，以及其他展现农耕文化型产业，弘扬乡村传统文化。

2. 分项目标

乡村产业发展的分项目标是指与乡村产业培育相关的各种因素所达到的具体目标。乡村产业发展的分项目标以产业要素为导向，与乡村产业发展规划的任务相对应，如图 4–5–4、图 4–5–5 所示。

3. 分步目标

乡村产业发展的分步目标与各阶段的具体产业建设项目相对应。在不同的阶段，主导产业的培育与具体产业项目会有所变化，至规划期末达到产业发展分项目标要求。表 4–5–1 为甘肃省渭源县五竹镇渭河源村的产业发展分步目标。

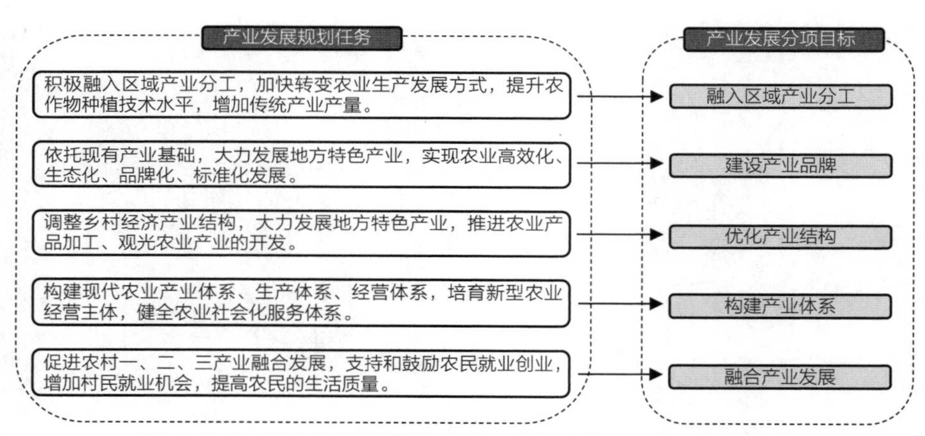

图 4–5–4　以产业发展规划任务为导向的乡村产业发展分项目标

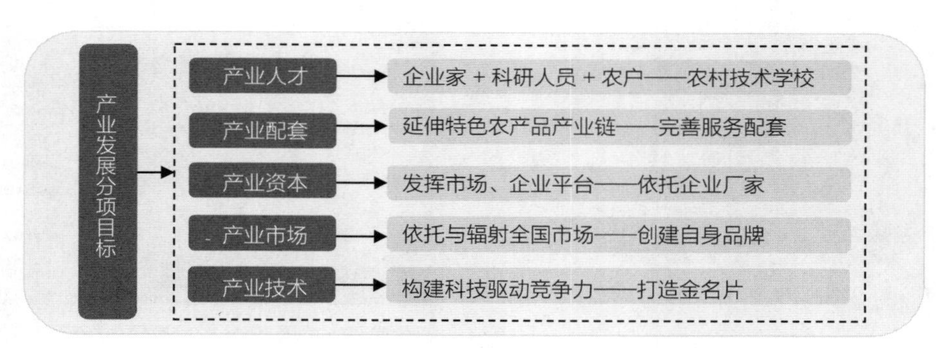

图 4–5–5　以产业要素为导向的乡村产业发展分项目标

甘肃省渭源县五竹镇渭河源村产业发展"两步走"目标 表 4-5-1

阶段	目标	建设内容
第一步：2014~2016 年	以种养殖业及初加工业为主	1. 种植 850 亩无公害当归种植基地
		2. 建设 35 亩中药材科技示范园
		3. 发展 500 亩高山隔离区原种生产田
		4. 建设 500 亩南山鸡养殖示范片
		5. 建设 460 亩种鹿养殖基地
		6. 建设 600 亩百合种植基地，发展 200 亩百合种植田
		7. 种植 400 亩优质畜草
		8. 建设 500 亩云杉种木繁育基地
		9. 建设中药材加工厂
		10. 建设优质畜草加工生产线一条
		11. 打造元古堆品牌
第二步：2017~2020 年	以科研、深加工及旅游为主	1. 建设当归种质资源圃
		2. 进一步扩大无公害当归种植规模，种植无公害当归达 2500 亩
		3. 进一步扩大中药材加工厂的规模，朝精深加工方向发展
		4. 建设脱毒种薯基地
		5. 积极发展肉鸡产品深加工企业
		6. 发展 200 亩野生菌养殖基地
		7. 发展 20 户农家乐，农业科普观光游，乡村休闲游
远景展望		现代农业建设取得突破性进展，基本形成技术装备先进、组织方式优化、产业体系完善、供给保障有力，土地产出率、劳动生产率、资源利用率大幅提高，基本实现农业现代化

（四）产业发展基本策略

1. 夯实传统农业基础

农业生产是乡村的基本职能，各乡村依托自身的自然资源，发展了包括农业种植、林业、畜牧业、副业（饲料等）、水产养殖业等为主的传统产业。在乡村产业发展引导过程中，应有效利用现有的传统产业基础，转变农业生产方式、扩大农业种植规模、创新农业组织方式，进一步夯实乡村的传统农业基础。如在江苏省的海永美丽乡村规划中提出，由于乡村毗邻上海大都市，土地开阔平坦，可以通过引进与成立农业开发公司，推进农业规模种植，转变农民身份的方式，转变传统农业生产方式，提高农业产量。图 4-5-6 为江苏省南通市海门市海永美丽乡村传统农业发展策略。

2. 挖潜特色产业经济

乡村特色产业一般属于乡村的主导产业，是实施一村一品、推进乡村经济发展的关键内容。针对乡村产业基础、发展条件、人力资源和就业水平等因素，整合乡村各类资源，从区域城乡统筹和乡村错位分工角度，明确乡村特色产业。在特色产业发展引导中，通过专业化生产、前后向延伸、规模化建设等措施，挖潜特色产业经济。图 4-5-7 为江苏省南通市海门市海永美丽乡村特色产业发展策略，围绕花卉种植业，打造政府、企业、群众三方驱动的模式，实现花卉规模化种植壮大产业基础、花卉产品创新拓宽产业链、花卉品牌建设延伸产业发展路径；图 4-5-8 为浙江省浦江县檀溪镇潘周家村特色产业发展策略，提出围绕着“一根面”传统特色农产业，通过品牌建设、扩大规模、工序展示、旅游服务等策略拉长产业链。

3. 推进产业融合发展

乡村产业融合发展就是以农业为基本依托，通过产业集聚、产业联动、技术渗透、体制创新等方式，将资本、技术以及资源要素进行集约化配置，使农业生产、农产品加工和销售、休闲旅游以及其他服务业有机地整合在一起，使得农村一、二、三产业之间紧密相连、协同发展，最终实现农业产业链延伸、产业范围扩展和农民收入增加的发展目标。如江苏省的海永美丽乡村规划主要围绕花卉产业，依据农业微笑曲线，培育创新服务产业和休闲旅游产业，形成海永美丽乡村产业体系。

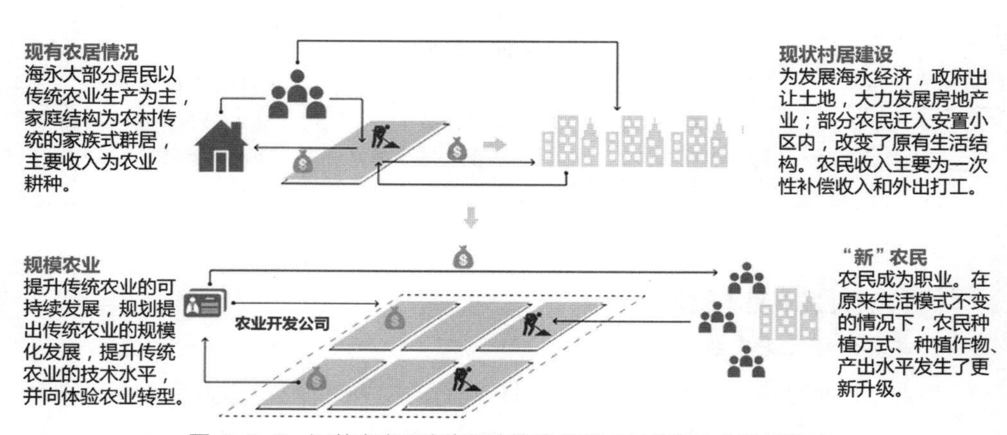

图 4-5-6 江苏省南通市海门市海永美丽乡村传统农业发展策略

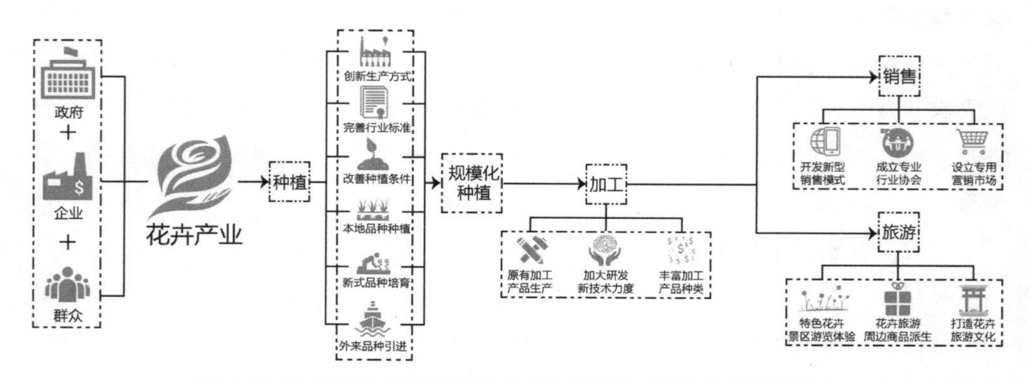

图 4-5-7 江苏省南通市海门市海永美丽乡村特色产业发展策略

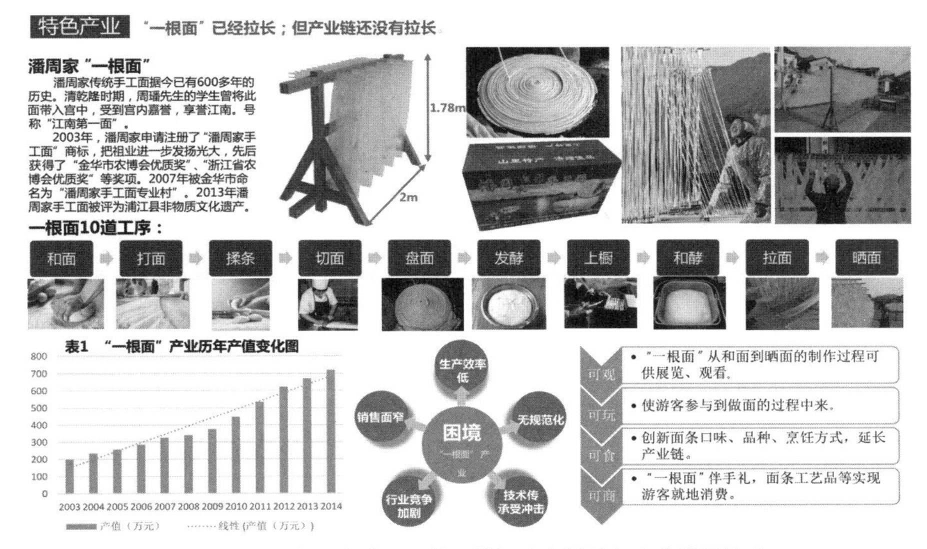

图 4-5-8 浙江省浦江县檀溪镇潘周家村特色产业发展策略

（五）产业发展引导

产业发展引导是乡村产业发展规划的主要内容，包括乡村主导产业选择和产业项目策划两个方面。

1. 主导产业确定

依据产业现状基础和产业发展目标，确定乡村主导产业。结合现状的地形地貌、资源条件、产业产品，以及发展目标、服务群体、经营方式等内容，一般可以把乡村主导产业划分为农业主导型、加工主导型、商旅主导型、混合发展型等四种类型，如图 4–5–9 所示。

2. 产业项目策划

乡村产业项目策划是指基于乡村现有产业基础或产业发展预期，对适宜、可行的项目进行发掘、论证、包装、推介，并对未来的发展起到指导和控制作用。乡村产业项目策划是一种建设性的逻辑思维过程，也是产业空间落地与土地利用布局的关键；策划的项目应遵循适宜性、可行性、创新性、价值性、可持续性等原则，并形成乡村建设的项目清单。

（六）产业空间布局

在明确乡村产业发展策略和产业项目策划之后，就要进行乡村空间统筹，将产业发展需求进行空间落定。村域规划将统筹第一、第二、第三产业发展和空间布局，合理确定农业生产区、农副产品加工区、旅游发展区等产业集中区的布局和用地规模，并进行产业项目布局。图 4–5–10 为浙江省德清县二都、沿河村产业空间布局图。

地貌：平原丘陵、山地型、田园水乡
条件：农业资源 + 山林资源 + 养殖业基础
产品：绿色农副产品
客群：村民 + 外部消费市场
行为：集体合作型 + 企业主导型
目标：增加农业产量 + 提高村民收入 + 带动旅游业

地貌：山地丘陵、田园水乡
条件：人文资源 + 乡村企业
产品：文化饰品、手工艺品、农产品加工
客群：村民 + 外部消费市场
行为：企业主导型 + 村民自主型
目标：增加村民收入 + 提供就业机会 + 弘扬文化 + 带动旅游业

地貌：平原丘陵、山地型、田园水乡
条件：景观资源 + 交通便利 + 人文资源 + 物流交易
产品：度假 + 餐饮 + 观光 + 购物 + 美丽宜居
客群：游客 + 企业白领 + 村民
行为：村民自主型 + 集体合作型 + 开发主导型 + 政府引导型
目标：增加村民就业机会 + 提高村民收入 + 带动旅游业发展 + 弘扬文化

地貌：平原丘陵、山地型、田园水乡
条件：经济基础 + 资源价值 + 区位条件 + 人文资源 + 依附景区
产品：度假 + 餐饮 + 观光 + 购物 + 体验 + 美丽宜居
客群：游客 + 村民 + 外部消费市场
行为：村民自主型 + 集体合作型 + 开发主导型 + 政府引导型
目标：增加村民就业 + 提高村民收入 + 带动旅游业发展 + 弘扬文化 + 增加农产

图 4-5-9　四种主导产业确定思路

（资料来源：陈安华 . 让乡村“回家”——重建可持续发展的乡村之路 . 2015.）

村域产业空间布局应遵循以下要求：

1. 区域协作：村域产业空间布局要贯彻区域产业布局一盘棋的原则。遵循上位产业布局规划，可以更好地发挥各乡村的资源优势，避免重复建设和盲目生产；也可以更好地处理与周边乡村产业协作关系，实现乡村地区产业布局的合理分工。

2. 全域覆盖：村域产业空间布局应明确村域各个片区的产业发展导向，合理确定农、林、牧、副、渔业，以及农副产品加工、旅游发展等产业发展分区，实现空间布局全域化。

3. 集中与分散相结合：农、林、牧、副、渔等农业产业，由于涉及的农田、林地规模较大，空间分布相对分散，在村域产业空间布局中主要采取整片划定的方式。农副产品加工业、旅游服务业、研发型产业（如良种研发）、其他服务业等二、三产业，在区位上相对集中分布，往往形成村域内的生产中心、服务中心等。

4. 保护生态环境：避免乡村产业经济发展对环境的污染和生态环境的破坏，在村域产业空间布局中，特别是在划定大面积产业空间时，应与生态环境保育和自然资源保护相结合。

产业发展策略、产业项目策划和产业空间布局三者之间存在着相互关联、相辅相成的关系。产业发展策略决定了产业项目的选择，好的产业项目在一定的情况下又会影响甚至改变乡村的产业发展策略；产业发展策略、产业项目策划决定了产业空间布局，但受地形地貌、资源分布等情况影响，产业空间布局又会引导产业定位和产业项目策划的调整。

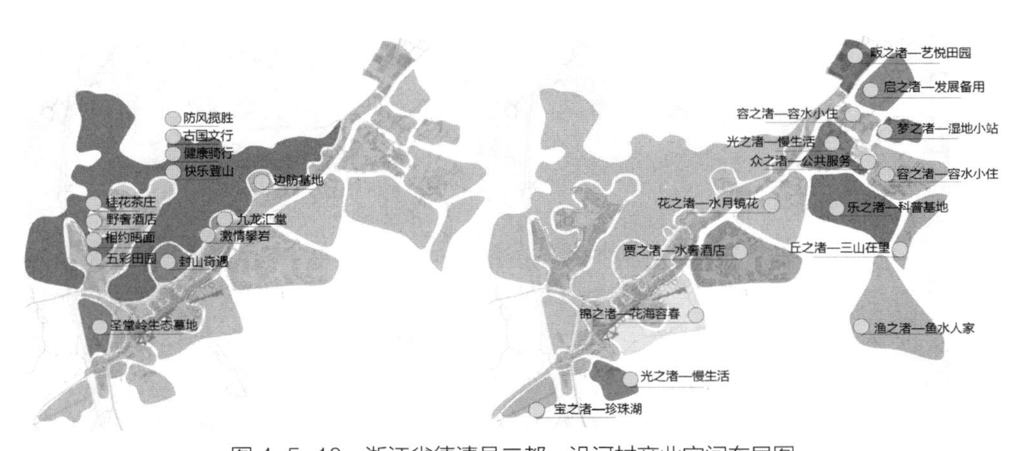

图 4-5-10　浙江省德清县二都、沿河村产业空间布局图

第六节　村域空间管制

（一）目的与意义

作为调控城乡空间资源、维护社会公平、保障公共安全和公众利益的重要公共政策，乡村空间管制通过明确乡村区域空间开发管制范围，制定严格的生态环境资源保护措施，从定位、定性、定量三方面制定相应空间利用引导对策和限制策略，为各类开发建设行为规定必须遵守的行动纲领和行为准则，引导域内各类空间资源的持续开发。

（二）主要内容与方法

基于生态环境保护、土地资源利用和城乡发展建设对乡村村域进行空间管制，划定生态底线、耕地保护底线、建设管控底线，将整个村域划定“禁建、限建、适建”三类空间区域和“绿线、蓝线、紫线、黄线”四类控制线，并明确相应的管控要求和措施。

1. 三区

（1）禁建区

该区为村域内依据生态敏感区、基本农田保护红线划定的生态保护红线范围，主要包括：永久性基本农田、行洪河道、水源地一级保护区、风景名胜区核心区、自然保护区核心区和缓冲区、森林湿地公园生态保育区和恢复重建区、地质公园核心区、生态公益林、区域性基础设施走廊用地范围、地质灾害易发区、矿产采空区、文物保护单位保护范围等。

该类区域的规划管控要求：原则上禁止村庄建设开发活动。采取严格的空间准入制度，以生态保育和维持原生态为主要策略，以保护耕地和基本农田为基本原则，严格控制永久性基本农业田红线，禁止任何城乡建设行为，任何单位和个人不得改变或者占用。任何不符合资源环境保护要求的建设项目要进行搬迁，对现状已存在的建筑、设施和人类活动积极引导外迁。村域规划中应根据不同的生态保护空间类型，分别划定空间范围，共同组成禁建区，并明确管控要求（图 4–6–1）。

（2）限建区

该区主要包括：水源地二级保护区、地下水防护区、风景名胜区非核心区、自然保护区非核心区和缓冲区、森林公园非生态保育区、湿地公园非保育区和恢复重建区、地质公园非核心区、海陆交界生态敏感区和灾害易发区、文化保护单位建设控制地带、文物地下埋藏区、机场噪声控制区、区域性基础设施走廊预留控制区、矿产采空区外围、地质灾害低易发区、蓄洪涝区、行洪河道外围一定范围等。

该类区域的规划管制要求：限建区指生态重点保护地区，根据生态、安全、资源环境等需要控制的地区，限制村庄建设开发活动。如果因特殊情况需要占用，应做出相应的生态评价，提出补偿措施；或做出可行性、必要性研究，在不影响安全、破坏功能的前提下，可以占用，但是实施程序要严格执行。在一般农田、山地中，在不改变农业生产基本功能的基础上，可以对农林生态管控区在农作物选择、农业景观塑造等方面进行适当引导。

（3）适建区

该区为村域内允许建设区域。在已经划定为村庄建设用地的区域，合理安排生产用地、生活用地和生态用地，合理确定开发时序和开发要求。

该类区域规划管制要求：在已经划定为村庄建设用地的区域，应根据确定的村大联村域空间管制划分为适建区、限建区、禁建区三类，并分解为若干二、三级空间单元，由此对各区域的开发建设活动进行差别化导控，实现资源保护、集约紧凑、环境友好的可持续发展模式。

序号	管制分区	二级空间分区	三级空间分区	管制措施
1	适建区	城镇集镇建设区	集镇区已建设区和建设新区	严格按总体规划建设，应首先利用非耕地，逐步向外扩展，符合土地利用总体规划与年度计划指标，耕地在批准转变为集镇建设用地前，应加强保护，有效利用，严禁抛荒。
		乡村集中建设区	村庄已建设区和建设新区	规划设计合理、基础设施配套、居住条件和环境良好的新农村严格按照土地利用总体规划和村庄建设规划安排宅基地，鼓励零散分布的村庄通过土地整理搬迁、撤并，向新农村地区集中。
2	限建区	基础设施廊道	千汾公路走廊	交通廊道根据《浙江省公路路政管理条例》的要求控制各级道路与建筑的最小距离。高压走廊按照相关专业规范的要求控制。
		生态安全涵养区	主要山林及周边控制性的生态保护区	生态涵养区内鼓励进行生态建设和农林业生产活动，但禁止大面积开荒造田，保留原有自然地貌形态。未经批准，生态涵养区内禁止建造一切人工建（构）筑物。
		一般农田	基本农田外的普通农田	指土地利用规划确定的基本农田外的普通农田，应按照国土部分要求严加保护，列入各类适建区的应根据发展需要依法、按计划分步征用，并实行占补平衡政策。
		一般林地、园地	一般林地、园地	指一般林地、园地，应按照国土、林业、农业部分要求实施保护措施，严禁非法征占用和毁林、园开垦等破坏行为。
3	禁建区	耕地保护区	土地利用规划确定的基本农田保护区	农田保护区严格按照土地利用总体规划的要求进行保护。农田保护区管制的总体要求一是总量不能减少；二是用途不能改变；三是质量不能下降。严格按制度调整基本农田。严格遵守基本农田保护、管理制度。
		水域保护区	全朴溪、池塘等水体	严格保护该区域内水域原则上不得改变其原有的水域形态，不得减少水域面积。结合防洪、农业、水利等要求确定河道蓝线，蓝线范围内禁止与水功能保护和利用无关的建设活动。

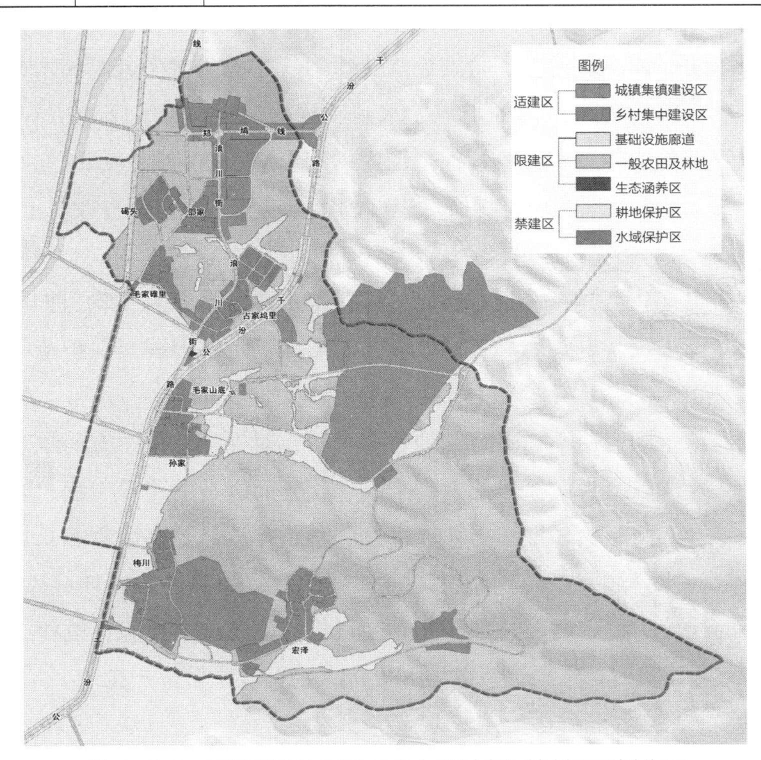

图 4-6-1 浙江省淳安县浪川乡大联村空间管制三区划分图

庄建设用地规模，结合国土的土地利用规划，进行“两规合一”审核。绝大多数的乡村，现状村庄建设用地规模较大，远远超出人均建用地指标标准。所以，在适建区划定过程中，应明确现状已建区、新增用地区、退宅复垦区等区域，加大建设用地土地整理，优先利用现有建设用地、闲置地和废弃地，集约节约用地。

图 4–6–1 为浙江省淳安县浪川乡大联村空间管制三区划分的过程与结论。

2. 四线

（1）绿线

主要指村域内各类绿地范围的控制线，包括村庄公共场地小绿地、河道防护绿地、道路绿地、附属绿地、风景林地等。

绿线范围内的用地，不得改作他用，不得违反法律法规、强制性标准以及批准的规划进行开发建设。因建设或者其他特殊情况，需要临时占用绿线内用地的，必须依法办理相关审批手续。在绿线范围内，不符合规划要求的建筑物、构筑物及其他设施应当限期迁出。任何单位和个人不得在绿线范围内进行拦河截溪、取土采石、设置垃圾堆场、排放污水以及其他对生态环境构成破坏的活动。

（2）蓝线

主要指在村庄规划中确定的江、河、湖、库、渠和湿地等村域地表水体保护和控制的地域界线。

乡村蓝线是需要长期保留的乡村河道规划线，沿河道新建的建筑物均应按规定退让蓝线，以便保证河道运输、防洪抢险及水利规划的正常实施。相据有关法律法规规定，水利工程管理范围内的土地是水利工程的组成部分，土地所有权属国有，由水利工程管理单位使用。蓝线管理范围内的用土应严格控制，总的原则是不得减少水域、陆域，不得对现有构筑物擅自进行改建、扩建，不得擅自改变土地用途。

（3）紫线

主要指历史文化名村、传统村落等的保护范围界线，以及文物保护单位、历史建筑、传统风貌建筑、重要地下文物埋藏区等的保护范围界线。保护范围界线一般可以分为保护范围和建设控制地带。

在紫线保护范围内，不得进行其他建设工程，对保护范围内有碍景观的非文物建筑的拆除、改建以及为文保单位本身复原、配套而进行的建设工程，必须经文物和规划行政主管部门审核、批准后才能进行。禁止存放易燃易爆物品，禁止设置垃圾堆场、排放污水、违章搭建、私设广告和其他有碍观瞻、破坏环境风貌的活动。不得进行新的建设工程。确因特殊需要必须兴建其他工程、拆除、改建或迁建原有古建筑及其附属建筑时，需经同级政府和上级文物行政主管部门批准。

（4）黄线

主要指村域内必须控制的重大基础设施用地的控制界线，包括铁路、高速公路、过境公路等交通设施用地控制线，以及区域供电、供水、供气、供热等公用设施用地控制线。

在控制线范围内禁止进行以下活动：违反城乡规划要求，进行建筑物、构筑物及其他设施的建设；违反国家有关技术标准和规范进行建设；未经批准，改装、迁移或拆毁原有城乡基础设施；其他损坏城乡基础设施或影响城乡基础设施安全和正常运转的行为。此处再补充如下管制要求：

（1）在控制线内进行建设活动，应当贯彻安全、高效、经济的方针，处理好近远期关系，根据村庄发展的实际需要，分期有序实施。

（2）控制线内新建、改建、扩建各类建筑物、构筑物、道路、管线和其他工程设施，应当依法向规划行政主管部门申请办理城市规划许可，并依据有关法律、法规办理相关手续。在控制线内进行建设，应当符合经批准的城市规划。迁移、拆除控制线内基础设施的，应当依据有关法律、法规的规定办理相关手续。

（3）规划控制线的基础设施建设占用生态控制用地的应首先进行技术经济论证、环境影响评价，再按法定程序办理。

（4）在控制线规划实施前，在控制线范围内已签订土地使用权出让合同但尚未开工的建设项目，由土地主管部门依法收回用地并给予补偿。控制线范围内已建合法建筑物、构筑物，不得擅自改建和扩建，根据基础设施建设时序，由土地主管部门适时依法收回用地并给予补偿。

（5）由土地行政主管部门统一设立各未建基础设施的控制线范围标志。标志上应说明该用地的用途、面积及建设要求，任何单位和个人不得毁坏或擅自改变控制线范围标志。

图 4-6-2 为浙江省桐乡市屠甸镇汇丰村空间管制的四线划分。图 4-6-3 为浙江省淳安县金峰乡锦溪村空间管制综合分析。

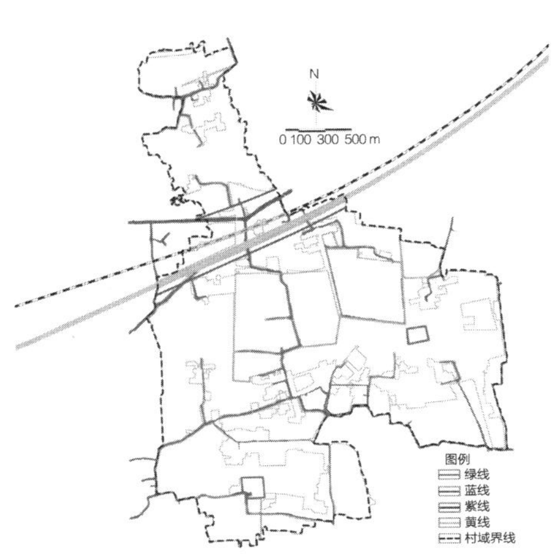

图 4-6-2 浙江省桐乡市屠甸镇汇丰村空间管制四线划分图

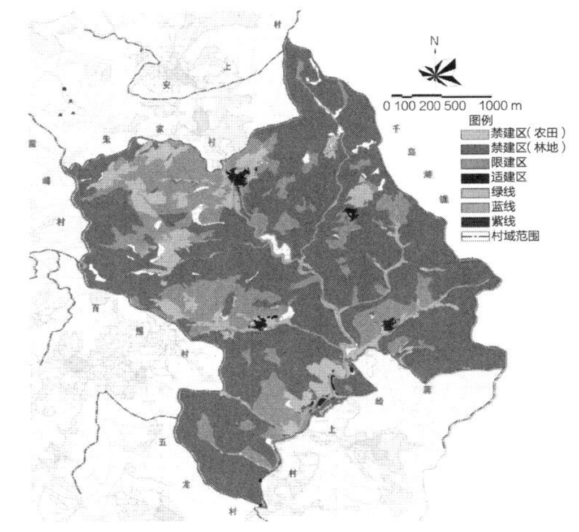

图 4-6-3 浙江省淳安县金峰乡锦溪村空间管制图

第七节　村域总体布局

村域总体布局是指在资源环境价值评估、村域空间管制等基础上，依据生态保护、文化传承、生产发展、生活集聚等要求，明确“生态、生产、生活”三生融合的村域空间格局，明确生态、文化、产业、居民点、服务设施等功能用地布局，明确村域主要建设项目的空间分布。村域总体布局应完整地反映村域的生态保护空间、文化传承空间、产业发展空间、村庄可建空间，并在较长一段时间内对乡村保护与发展起到引导作用，以期达到村域“一张图”总体布局目标。在村域“一张图”制定过程中，应统筹考虑各种影响因素，通过功能分区、用地布局、村域设计等方式进行落实，如图 4-7-1 所示。

（一）影响因素

村域总体布局的影响因素包括资源环境价值评估、目标定位、村域空间管制、产业发展规划、村域交通等基础设施与公共服务设施，以及村庄居民点人口分布现状等。

1. 资源环境条件

主要包括自然环境、历史文化、社会经济、民居建筑、景观元素、历史环境要素、非物质文化遗产等。资源环境的性质、规模、质量、分布范围、保护要求、可利用的难易程度，对保护自然、维护生态、体现乡村特质等都有很大影响。

2. 目标定位

主要包括发展目标、规划定位、形象主题、发展策略等。乡村目标定位是乡村

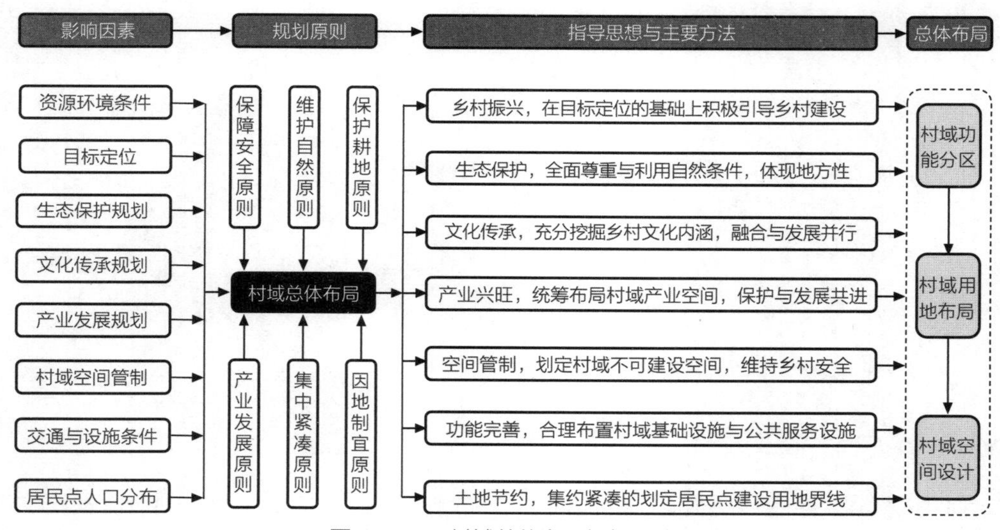

图 4-7-1　村域总体布局框架思路

在一定时期内所选择的发展方向和所担负的主要职能，是乡村规划建设发展的总纲，也是村域总体布局的主要目标。

3. 村域空间管制

主要是指在村域范围内划定的“禁建、限建、适建”三区和“绿线、蓝线、紫线、黄线”四线。村域空间管制从保护生态自然、维护社会公平、保障乡村安全等方面，制定了严格的生态环境资源保护措施，明确了可建设和不可建设空间，成为村域总体布局的重要依据。

4. 产业发展规划

主要指村域产业基础条件、产业发展目标、产业发展策略、主导产业选择、产业项目策划、产业空间布局等内容。产业决定空间，空间诱导产业。特别是乡村的产业空间布局，将成为村域总体布局的关键影响因素。

5. 交通与服务设施条件

主要是指以村域道路交通为主的基础设施与公共服务设施的现状条件与建设要求。道路交通是村域建设空间的组织框架，也是影响居民点形成与发展的主要因素之一。村域道路交通的发达程度对居民点的经济繁荣有直接影响，它反映了乡村经济联系的范围,以及与周边地区经济联系的密切程度。服务设施服务于乡村各居民点，并有服务半径要求，需要在村域总体布局中进行统筹考虑。

6. 居民点人口分布

居民点人口分布对乡村的形成及发展有举足轻重的作用，是村域建设用地分布的基础。人口数量较多的居民点，往往人口分布稠密、建筑分布密度大、公共服务设施齐全、基础设施配建成本较低，成为村域总体布局中保留或发展的主要建设空间。人口稀少的居民点，建筑分布密度低、公共服务设施缺乏、基础设施难以涉及，一般以萎缩发展为主。

（二）规划原则

1. 保障乡村安全

要把乡村安全放在第一位，把生态安全、生产安全、生活安全落实到村域总体布局的各个方面。在村域总体布局中应维持或修复生态格局，从防灾减灾角度综合考量生态安全；确保乡村地区农业生产空间，保障乡村生产安全。不断完善乡村治理与服务，为乡村宜居生活提供保障。

2. 维护自然

加强保护现有的自然资源、生态环境、历史文化、民俗风情等资源条件，坚持生态环境保护与生态环境建设并举。村域总体布局应从保护生态自然、维护社会公平、保障乡村安全等方面出发，正确处理资源开发与环境保护的关系，统筹兼顾、综合决策、合理开发，合理安排乡村建设与发展空间。

3. 保护耕地

耕地保护是指运用法律、行政、经济、技术等手段和措施，对耕地的数量和质量进行的保护，是关系我国经济和社会可持续发展的全局性战略问题。在乡域总体布局中应遵循“十分珍惜、合理利用土地和切实保护耕地”的基本原则，乡村建设用地不得占用基本农田，特别永久性基本农田。

4. 产业发展

要坚持农业农村优先发展，按照“产业兴旺、生态宜居、乡风文明、治理有效、生活富裕”的总要求，建立健全城乡融合的体制机制和政策体系，加快推进农业农村现代化，改善农村落后面貌，缩小城乡差距。

5. 集中紧凑

村域总体布局是统筹村域发展、协调乡村用地的重要依据，是调控用地总量、结构和布局的重要手段，是乡村统筹建设的基础工作。切实按照乡村振兴的战略部署和总体要求，以严格维护生态、保护耕地为前提，以控制建设用地为重点，以节约集约用地为核心，合理统筹安排村域各项用地。

6. 因地制宜

根据乡村自然条件、经济社会发展水平、产业特点，结合当前及未来一定时期内乡村生产、生活方式的变化，提出村域总体布局。同时还要充分考虑交通、水源、电源、地质、地形、地震等建设条件，增强村域规划的适用性。

（三）指导思想与主要方法

1. 乡村振兴，在目标定位的基础上积极引导乡村发展

乡村发展目标定位，制定了一定时期内环境、社会、经济发展所应达到的状态，明确了乡村在一定区域的主要职能和地位。无论是增长型乡村、稳定型乡村，还是萎缩型乡村，都需要谋划其发展路径。

（1）增长型乡村是具有一定规模和较好的发展基础和条件的村庄，应全面考虑人口集聚、空间拓展、服务设施增设、绿化景观提升、产业兴旺发展等各方面内容。大力推进一、二、三产业整合发展，提高发展质量；严格控制扩张总量，实施集约发展，重点进行环境整治和市政、公共服务等配套设施建设；集约利用土地，整合现有资源，优化调整布局；接受搬迁农民，建设社会主义农村新型社区，实现共同富裕。

（2）稳定型乡村一般是指可以保留但需要控制的村庄，或发展条件好可以保留并扩展的村庄。在保护生态环境的前提下，提高发展质量，严格控制扩张，重点进行环境整治和市政、公共服务等配套设施建设，集约利用土地，调整优化布局，处理好“控制和引导”的关系。

（3）萎缩型乡村是指逐步被迁建的村庄，应考虑如何实施精明收缩。在逐步减少乡村建设用地、梳理退宅还耕空间的同时，积极谋划山水田的农业产业发展出路。一方面，这可以为其他乡村让出更多的用地指标和发展空间；另一方面，这也是生态保育、耕地保护、推进农业现代化发展的要求，从更大的区域层面来看，也属于乡村发展的一种形式。

总体而言，村域规划应积极推进乡村振兴，坚持农业农村优先发展，按照“产业兴旺、生态宜居、乡风文明、治理有效、生活富裕”的总要求，建立健全城乡融合发展的体制机制和政策体系，加快推进农业农村现代化。

2. 生态保护，尊重与利用自然条件，体现地方性

基于资源环境条件评估，充分尊重村域的山林、水体、丘陵、耕地等自然资源的现有格局，注重保护生态环境、历史文化、民俗风情等资源条件，坚持生态环境保护与生态环境建设并举，维护现有乡村山、水、田、村的自然肌理，体现乡村的乡土地气息与地域特征。一般来说，自然资源、生态环境、历史文化、民俗风情等内容的性质、规模、质量、分布范围、保护要求、可利用的难易程度等，对村域总体布局都有较大的影响。在村域总体布局过程中，一般可以将这些资源条件进行统筹与融合，明确生态保育与发展利用的分类引导，局部可通过道路联接、抱团发展、大地景观重塑等方式，进行自然资源空间布局。图 4–7–2 为福建省明溪县夏阳乡紫云闽学文化村在充分保护自然资源的基础上进行的村域总体布局。

3. 文化传承，充分挖掘乡村文化内涵，融合与发展并行

在村域总体布局过程中，应加强对乡村文化传承的全面认识和全域引导。一方面，应充分挖掘乡村生态环境、历史遗迹、乡土建筑、传统街巷、文化渊源、生活生产方式、精神文化制度等文化资源，全面认知乡村传统特色和文化内涵。另一方面，针对不同的文化载体，通过不同的文化传承模式，采取多样化的传承方式，明确实施项目与内容，最终全域引导乡村文化建设。但在乡村的规划建设中，应防止过度套用城市景观营造方式，或是模仿传统村落的建设模式。表 4–7–1、图 4–7–3 为紫云闽学文化村的文化传承规划，分析了闽学文化、养生文化、生态文化、生态文化的文化载体、传承方式、实施项目和内容，在全域空间引导的基础上，策划出紫云文化十八景。

4. 产业兴旺，统筹布局村域产业空间，保护与发展共进

产业发展规划在产业发展目标的指引下，明确了产业发展策略、主导产业选择和产业项目策划，并进行了产业空间布局。在村域总体布局过程中，应处理好产业空间布局与村域空间管制的关系，在空间管制划分的生态保育、生态修复、山林景观、特色种植、文化保护、乡村建设等各类片区的基础上，合理布置一、二、三产业，确定山林经济区、农业生产区、农副产品加工区、旅游发展区等功能片区。图 4–7–4 为紫云闽学文化村针对整个村域进行产业引导。

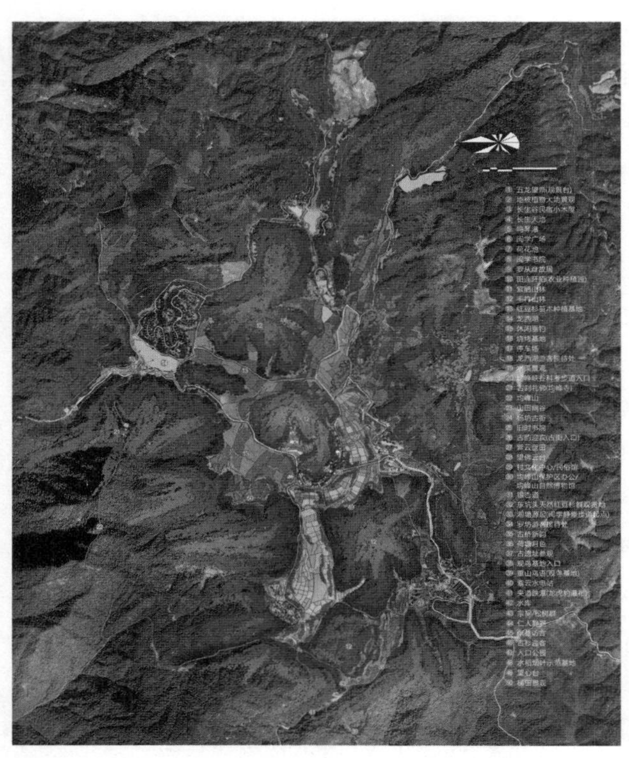

图 4-7-2　福建省明溪县夏阳乡紫云闽学文化村基于自然资源的村域规划图

紫云闽学文化村文化传承主要内容　　表 4-7-1

文化构成	文化载体	传承方式	具体方式	实施项目和内容
闽学文化	闽学书院	遵循传统文化兴建环境	场馆展示	通过书院内四贤像等景观设计、物品展览等方式展现闽学文化
			节庆活动	可打造闽学相关文化节，每年特定时节邀请专业人士进行文化表演，形成具有文化特色的节庆活动，扩大影响力
			书籍出版	梳理闽学文化的历史以及相关诗词，整理成册进行书籍出版，发扬闽学文化
			静修学习	开展闽学文化静修等活动，学习并传承闽学文化
	十里闽学静修步道	重塑公共空间	情景再现	通过步道设计，由起点至终点以闽学文化历史演变时间轴为主题，使游客深切体会闽学传承及演变发扬
			人文标识	在步道时间轴上融入闽学圣贤雕塑小品及重要思想学说展示
养生文化	龙西湖养生	复制传统要素新兴产业	养生休闲	利用良好的自然山水风光，开发养生养老公寓及相关配套服务，吸引养生度假游客
农耕文化	三坊	创新文化活动	参与体验	游客可参与农耕体验活动，开发农家乐、乡村民宿等休闲产品
	田园阡陌		田园观光	保持村庄周边的田园风光，将农耕文化与生态特色相融合，营造“世外桃源”的乡村生活意境
生态文化	自然山林	彰显山水田自然本色	山水观光	开发山地和水域生态型旅游产品，使旅游者返璞归真，享受大自然，在清新、开阔的环境中修养身心

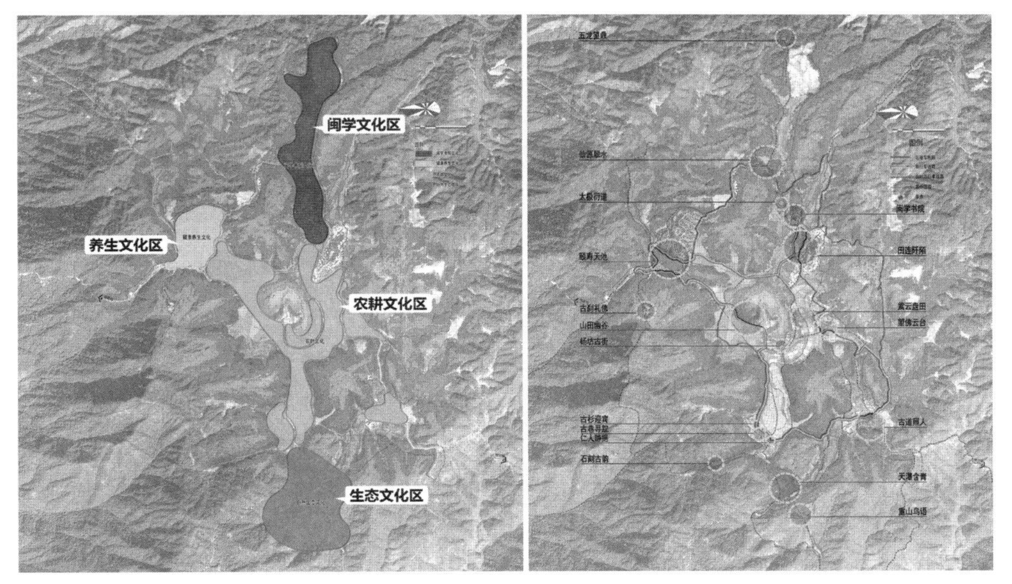

图 4-7-3　紫云闽学文化村文化传承空间引导

5. 空间管制，划定村域不可建设空间，维护乡村安全

村域空间管制从保护生态自然、维护社会公平、保障乡村安全等方面，划定了“禁建、限建、适建”三区和“绿线、蓝线、紫线、黄线”四线。在村域总体布局过程中，应遵循空间管制要求，通过优先考虑乡村的自然、生态和人文过程，优先进行不建设区域（生态敏感区域、基本农田保护区域、历史文化遗产区域、区域性基础设施建设区域）的规划布局，充分维护乡村生产、生活、生态的安全格局，从而采用先确定不可建设区域，再进行乡村建设布局的逆向思维。其中，自然过程主要指乡村的山林景观、水域景观、地文景观、气候的演变；生态过程包括生态保育、生态修复、动物栖息和迁徙过程、植物的成长过程；人文过程则可以从乡村的风土民俗、宗教祭祀、乡村文化和产业（农耕、渔业、畜牧业、林业等）、乡村聚落的演变过程、历史文化遗产保护、村民的生产和生活过程等方面进行综合考虑。

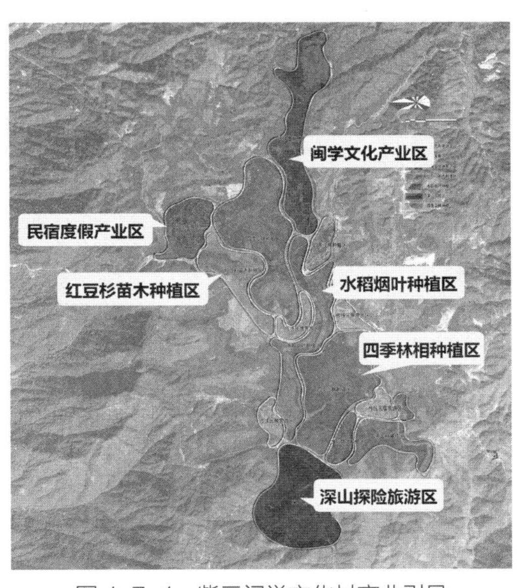

图 4-7-4　紫云闽学文化村产业引导

在优先划定村域不可建设范围的同时，村域总体布局应进一步加强生态基础设施建设，包括保护和恢复湿地系统、建立绿色文化遗产廊道、建设乡村植物苗圃基地、布

置各类特色种植区、完善乡村的绿地系统、促进乡村景观系统和山水田体系等，从而建立村域安全格局。图 4–7–5 为紫云闽学文化村在空间管制的基础上进行村域空间引导。

6. 功能完善，合理布置村域基础设施与公共服务设施

村域总体布局要保证乡村具有良好的生活、生产、生态、文化等功能，以及完善的服务设施。在村域总体布局过程中，一方面，需要统筹自然环境、空间管制、产业布局等内容，将生活、生产、生态、文化等内容组成一个完整的整体，使之相互密切联系；另一方面，也要看到这些内容以及为之服务的各要素都具有相对独立性，能够自成体系，并满足各自的功能要求。总体来看，村域总体布局需要综合考虑生活、生产、生态、文化等功能的综合布局，形成整体的功能结构系统，并配建完善的基础设施与公共服务设施，成为若干个子系统。这些子系统一般包括生活服务中心系统、道路系统、绿化景观系统、市政工程系统等。图 4–7–6 为紫云闽学文化村的基础设施与公共服务设施布局。

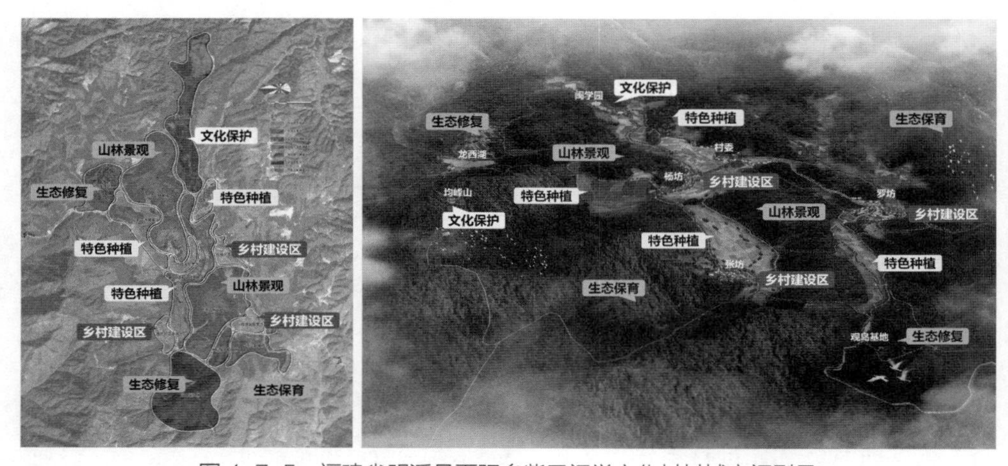

图 4-7-5　福建省明溪县夏阳乡紫云闽学文化村村域空间引导

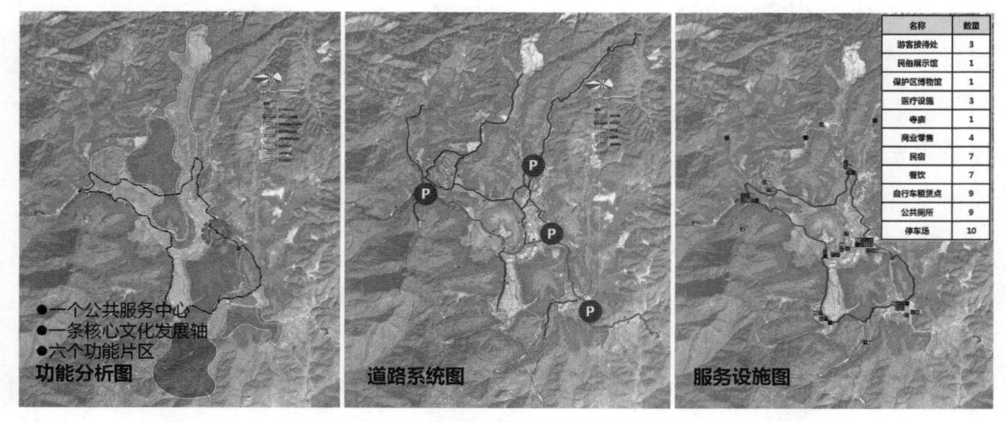

名称	数量
游客接待处	3
民俗展示馆	1
保护区博物馆	1
医疗设施	3
寺庙	1
商业零售	4
民宿	7
餐饮	7
自行车租赁点	9
公共厕所	9
停车场	10

图 4-7-6　福建省明溪县夏阳乡紫云闽学文化村村域功能与设施引导

7. 土地节约，集约紧凑地划定居民点建设用地界线

综合以上分析后，村域总体布局最终将明确乡村建设用地规模与边界。村域总体布局应以总量控制为出发点，按人均建设用地标准，明确总用地规模；积极推进耕地保护和集约节约用地，提升乡村居民点的集聚水平;结合居民点迁建、集聚措施，合理选择乡村建设用地空间分布；合理分配村庄人口与用地数量，初步划定各个居民点建设用地边界，为后期的居民点规划提供依据。图 4–7–7 为紫云闽学文化村的居民点建设用地边界。

图 4–7–7　福建省明溪县夏阳乡紫云闽学文化村居民点边界引导

（四）总体布局

村域总体布局是乡村的社会、经济、自然以及工程技术、环境艺术、规划引导的综合反映，是村域规划的空间落实，也是村域规划的最终目的。乡村资源环境条件评估、目标定位研究、生态保护规划、文化传承规划、产业发展规划、空间管制划定、服务设施配置、人口分布引导等，都会涉及村域总体布局；其中每一个方面的分析、研究、演绎，最终都落实于村域总体布局中。村域总体布局的直观表现形式包括以下三方面内容：

1. 村域功能分区

明确村域的生态保护区、农业生产区、农副产品加工区、旅游发展区、居民生活区、公共服务区等分区的功能组成及位置分布，并绘制村域功能结构图。

2. 村域用地布局

以山、水、林、田、村为背景，以村域路网为框架，明确村域内居住、生产、公共服务等建设用地规模与范围，绘制村域用地布局图。村域用地布局图对整个村

域的生态空间、生产空间和生活空间进行统筹布局，是实施村域“一张图”规划、建设、管理的主要平台。

3. 村域空间设计

村域空间设计是村域各类建设用地和建设项目的总体空间设计，是村域用地布局的深化性内容或辅加性说明。村域空间设计图应清晰地表达各类用地的建设引导，并标注主要建设项目的空间分布。图 4-7-8 为江苏省南通市海门市海永美丽乡村村域总体布局，包括村域功能分区、村域用地布局和村域空间设计。

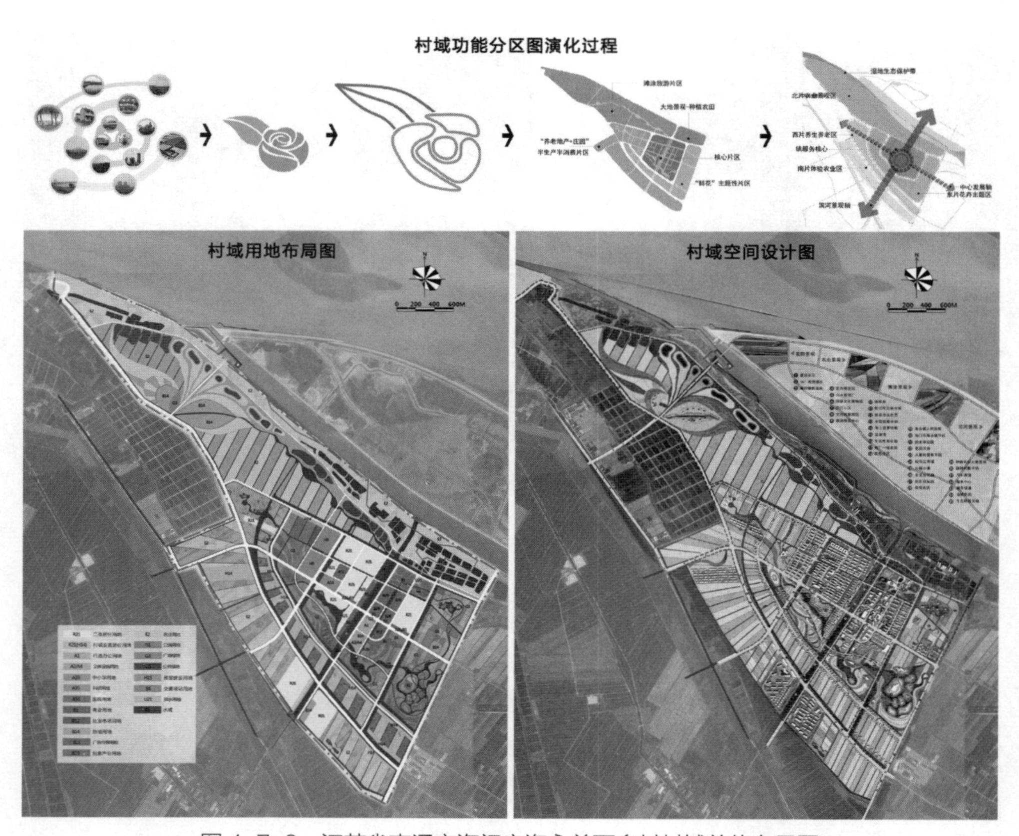

图 4-7-8　江苏省南通市海门市海永美丽乡村村域总体布局图

复习思考题：

1. 村域规划的主要内容有哪些？
2. 乡村发展策略可以从哪几方面进行制定？
3. 谈谈生态保护规划、文化传承规划、产业发展规划三者关注的重点。
4. 村域空间管制的主要作用是什么？
5. 村域总体布局的思想和方法有哪些？

第五章

居民点规划

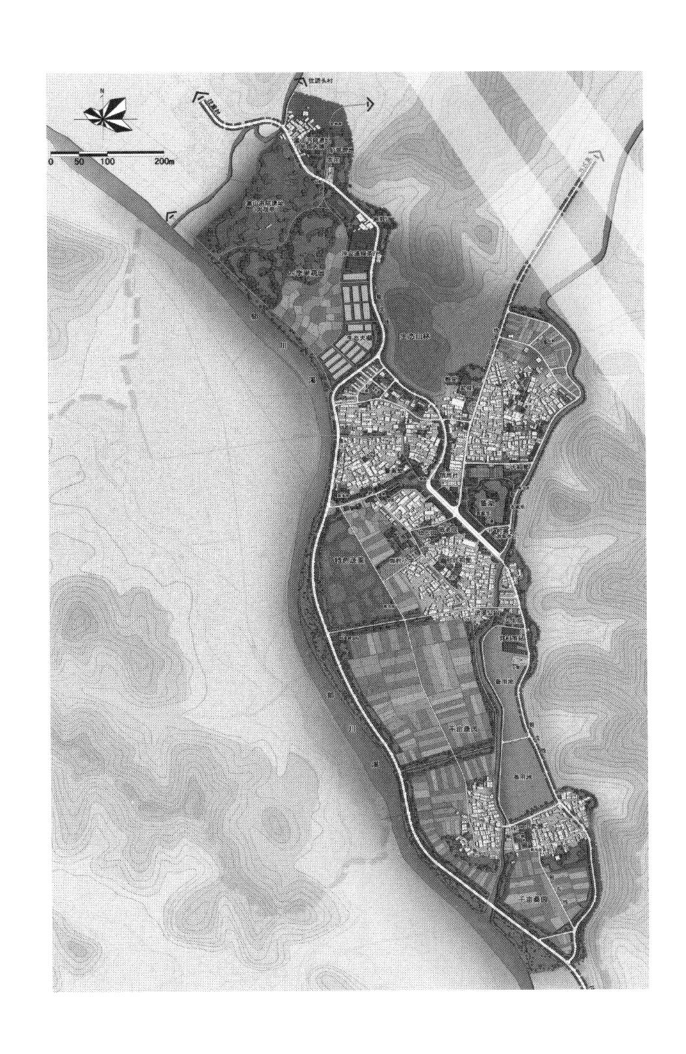

居民点规划主要针对“村庄建设用地”进行功能引导、结构完善、用地组织、设施配套与建设布局。一方面，该规划可以承接村域规划制定的目标定位、空间管制、产业布局、人口用地规模、村域总体布局等内容，并在村庄建设用地范围内进行深化或具体化；另一方面，也为下一阶段的村庄设计提供指引，具有承上启下的作用。

居民点规划将更为关注现有村落内存在的问题以及村民发展建设的诉求，以新时代乡村振兴战略思想为指导，促进乡村居民点可持续利用；充分剖析乡村居民点存在的现状问题，推进“补短板”的策略措施；充分尊重民声民意，切实保障农民权益；加强居民点各类用地布局，促进乡村公共服务设施与基础设施建设。

第一节 居民点规划主要任务与主要原则

（一）主要任务

乡村居民点规划将进一步对乡村建设用地进行适宜性评价，综合考虑各类影响因素，校核并确定建设用地范围；分析居民点空间形态布局的影响因素、构成要素、形态类型，从中观层面把握居民点空间形态布局模式；研究村民住宅用地、村庄公共服务设施用地、村庄公共场地、村庄道路与交通设施用地、村庄公用设施用地等，明确各类建设用地界线与用地性质。最终通过住宅用地布局、产业用地布局、公共服务用地布局、基础设施用地布局，完善居民点总体布局方案，并为村庄设计作好铺垫。居民点规划主要任务框架如图 5-1-1 所示。

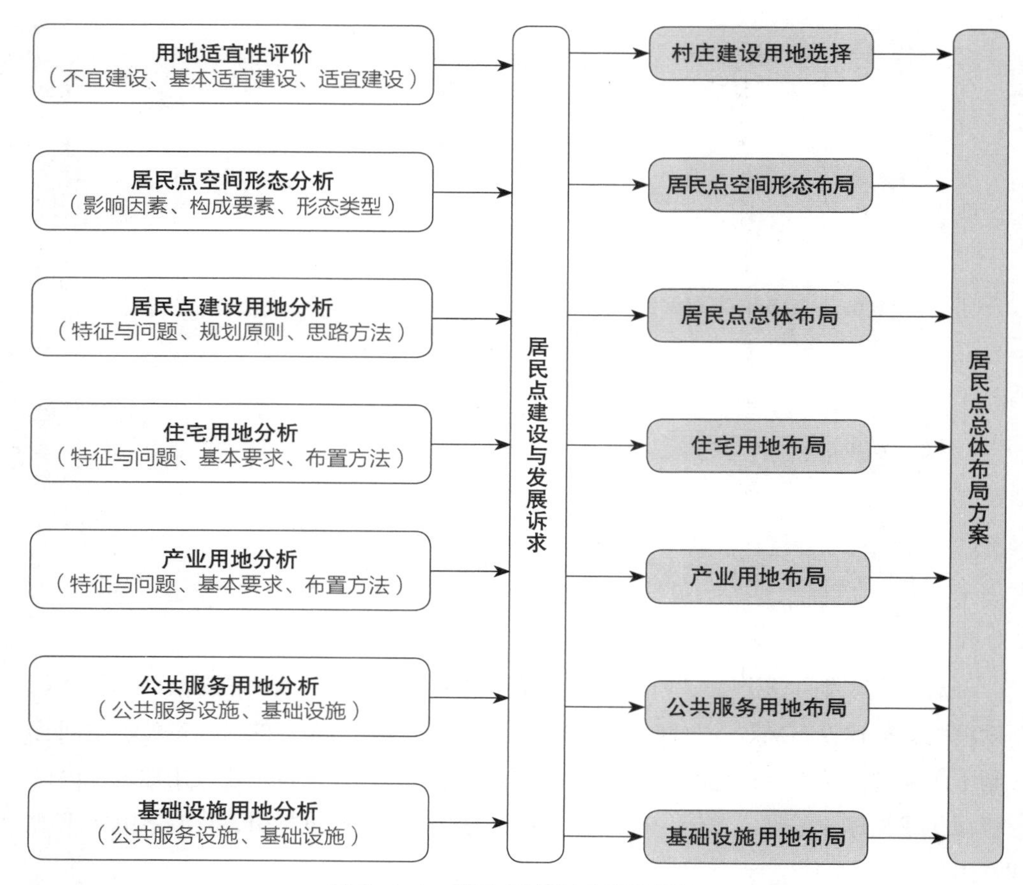

图 5-1-1　居民点规划主要任务框架

（二）基本原则

1. 以人为本：尊重乡村的历史、文化遗存，满足人们对生产、生活的物质需求与精神需求，为乡村发展与建设创造有利的物质环境和功能场所。

2. 尊重原有格局：重视乡村原始风貌，维护乡村周边山水田格局，延续乡村原有肌理，慎砍树、不填湖、少拆房，尽可能在原有村落形态上改善居民生活条件，延续传统乡村的社会组织模式和空间结构体系。

3. 保护乡村特色：保护乡村历史文化资源，延续乡村传统特色，结合山、水、林、田等自然生态环境，塑造富有乡土气息的特色景观风貌，充分体现乡村的地方性特征。

4. 组织合理：统筹考虑乡村居民点各类用地，集中紧凑布局乡村居民点用地，合理组织生活、生产、旅游、服务等功能，避免盲目兴建、拉大框架、布局分散，协调好乡村建设的保护与开发、整治与新建的关系。

5. 突出重点：依托山水田、街道巷、片区、界面、村口和节点等乡村意象要素，分析各要素存在的主要问题，突出居民点总体布局的规划重点。

第二节 建设用地选择

（一）用地适宜性评价

1. 评价方法

用地适宜性分析以村域规划划定的居民点界线及其周边一定区域作为用地评价范围。一般以数字地形为数据源，选择 ArcGIS 的空间分析模块为评价手段，建立 DEM（Digital Elevation Model）地形，通过 DEM 提取海拔、坡度和坡向等自然因子，结合土地利用类型因子、地质灾害因子及经济建设因子等信息作为评价因子，根据专家打分确定权重，进行叠加分析，得到评价的量化结果。

区域的用地适宜性采用特尔菲法和专家打分法确定评价因子的权重，并构建建设用地适宜性综合评价模型：

$S=\sum W_i \times S_i$，

式中：S 为土地建设适宜性评价指数；W_i 为第 i 个评价因子的相对权重；S_i 为第 i 个评价因子的建设适宜度。

评价中可以采用李克特（Likert）5 级量表法评定指数，0 分为不适宜用地，1 分为较不适宜用地，3 分较适宜用地，5 分为适宜用地，7 分为最适宜用地。

2. 评价因子

用地适宜性分析的评价因子一般包括地形地貌因子、自然生态因子、地质水文因子、土地利用类型因子以及经济建设因子，如表 5-2-1 所示。各因子分析过程中，一般细分为多因素、多要素，并通过叠加分析的方法评价其对乡村规划与建设的影响。

用地适宜性评价因子与主要内容 表 5-2-1

评价因子	分析因素	对规划与建设的影响
地形地貌	形态、标高、坡度、坡向、地貌、景观等	规划布局结构、用地选择、环境保护、管线路网、排水工程、用地标高、水土保持、村镇景观
自然生态	植被密集度、生物多样性、特色农业种植、土壤质量	规划布局、用地选择、环境保护、水土保持、村镇景观、产业发展
地质水文	土质、风化层、冲沟、滑坡、岩溶、地基承载力、地震、崩塌、矿藏、地下水、洪水、涝水等（依据村域空间管制内容）	规划布局、建筑层数、工程地基、工程防震、设计标准、工程造价、用地指标、乡村规模、产业发展
土地利用类型	水域、自然保留地、基本农田、一般农田、山林地、交通道路、村庄建成区、生产建设用地、其他未利用地等	规划布局、用地选择、环境保护、用地指标、乡村规模、产业发展、增减土地指标
经济建设	城镇辐射、交通区位、土地权属、土地价格、基础设施条件等	居民点布点、规划布局、用地选择、建筑布局、乡村规模、产业发展

（1）地形地貌评价

大多数乡村拥有复杂多变的地形地貌。包括地形高层、坡度坡向、岩性土质、水文条件、地基承载力等地形地貌特征，成为影响居民点布局的主要因素。在地形地貌评价中，一般结合山、水、林、田等要素，选取与居民点生态环境密切相关的海拔高度、坡度、坡向等要素进行综合评价。图 5-2-1 为某乡村居民点的地形地貌评价，通过高程、坡度、坡向三因子叠加分析进行评价。

●高程因子分析

不同高程的地区可承受开发的强度不同：高程高的地区多为山地区域，敏感度高、可达性弱，开发后环境很难加以恢复，并且开发会给周边地区造成影响。高程较低区域开发对环境影响则相对较弱，可达性高，容易开发建设。

●坡度因子分析

地形坡度直接关系到乡村地区开发的适宜性。在坡度较大的地区，开发建设会造成水土流失、山地滑坡或泥石流等自然灾害，植被不易恢复。根据国家建设用地竖向标准，坡度大于 25% 的地区不适宜进行开发，而通常作为森林保育用地或景观用地。

●坡向因子分析

在乡村建筑布局中，争取良好自然通风是选择建筑朝向的主要因素之一。江南地区最佳建筑朝向为南、东南向，适宜朝向东、西、东南向，低适宜东北、西北向，不适宜北向。

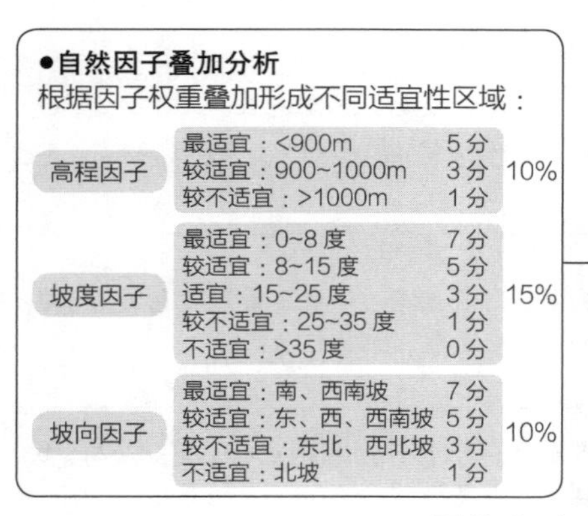

●自然因子叠加分析

根据因子权重叠加形成不同适宜性区域：

因子	适宜性	分值	权重
高程因子	最适宜：<900m	5 分	10%
	较适宜：900~1000m	3 分	
	较不适宜：>1000m	1 分	
坡度因子	最适宜：0~8 度	7 分	15%
	较适宜：8~15 度	5 分	
	适宜：15~25 度	3 分	
	较不适宜：25~35 度	1 分	
	不适宜：>35 度	0 分	
坡向因子	最适宜：南、西南坡	7 分	10%
	较适宜：东、西、西南坡	5 分	
	较不适宜：东北、西北坡	3 分	
	不适宜：北坡	1 分	

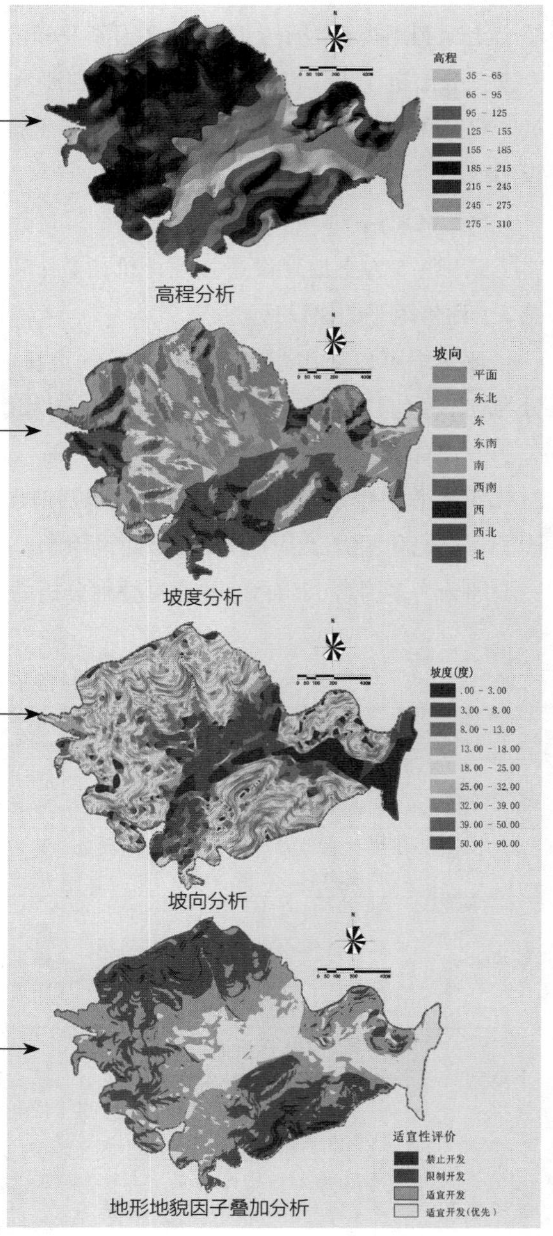

图 5-2-1　居民点地形地貌评价

（2）自然生态评价

自然生态评价是指结合居民点及周边区域内的自然地理条件和资源分布情况，从环境综合敏感度角度进行用地适宜性评价。环境敏感度为评价区域环境的综合指标，由多项与环境相关的因素构成。在乡村自然生态评价中，通常选取山水、林地、田园、历史古迹、特色景观点等因子，通过多因子叠加综合判断环境敏感度。图 5-2-2 为浙江省奉化市鸣雁村自然生态评价，选取山水、田园、历史古迹、特色景观点等因子加以叠加分析。

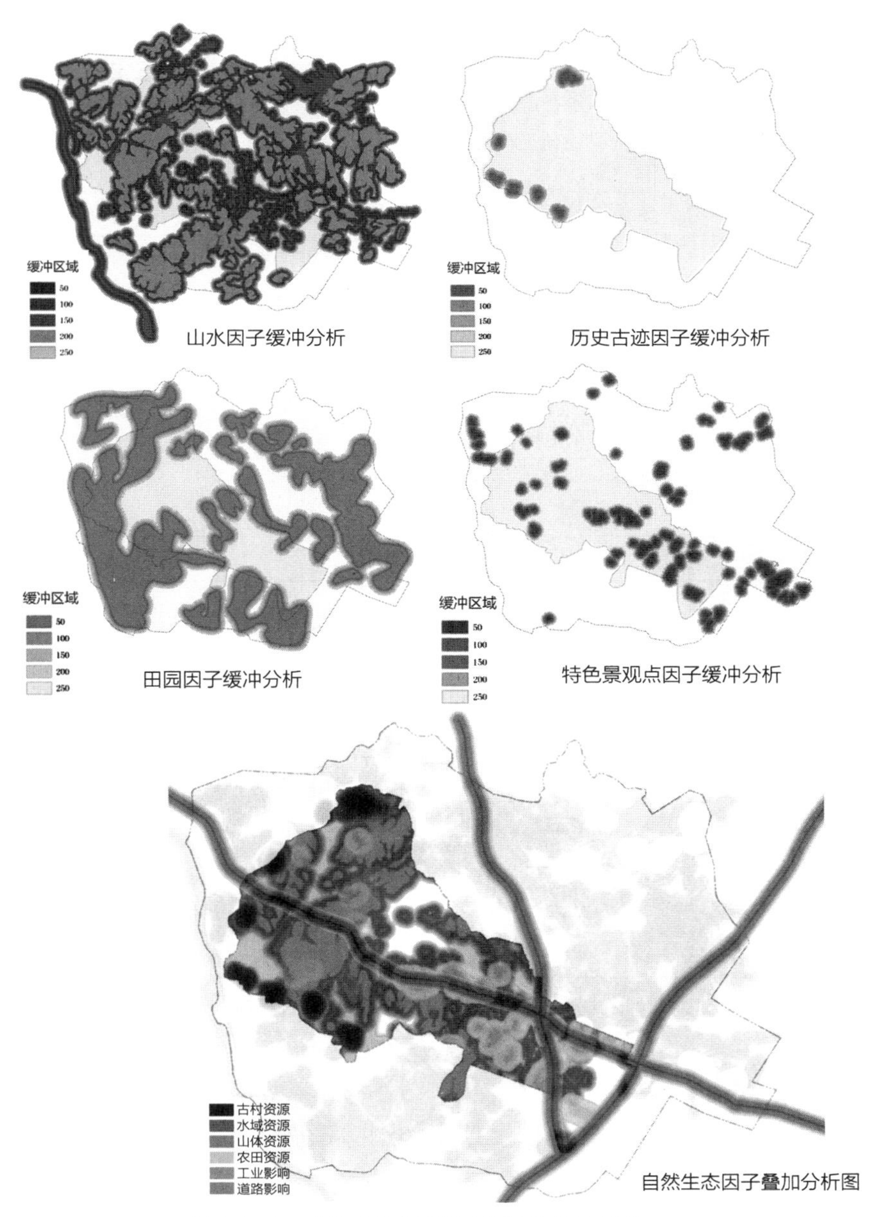

图 5-2-2 浙江省奉化市鸣雁村自然生态评价

（3）土地利用类型因子评价

不同土地利用类型拥有不同的生态价值，对区域开发的敏感程度也不同，表现出不同的用地适宜性。自然特性较强的土地，如山林、水域等，具有较高的景观价值，开发后造成整体环境损失较大，应注重保护；而对于环境影响较小的未利用地，应该成为居民点布局的首选用地。如表 5-2-2、图 5-2-3 所示。

土地利用类型感性分级表　　表 5-2-2

土地利用类型	敏感度特点	分值（参考）
水域	对保障河流水质有重要意义	0
自然保留地	对自然保护有重要意义	0
永久性基本农田	农业产业的主要空间，有一定的观赏、游览价值，但需要严格保护	0
基本农田	具有观赏、游览价值，是区域内的主要特色资源	1
一般农田	具有观赏、游览价值，是区域内的塑造大地景观的主要特色资源	3
山林地	具有观赏、游览价值，是区域内的主要特色资源	3
建成区	与区域内居民生产生活关系密切	5
其他未利用地	开发对环境影响较小，同时有些区域处于待开发利用状态，能够用于开发	7

评价因子	敏感度特点	细分因子	分值（参考）	适宜性评价
土地利用类型因子	最适宜	未利用地	7	
	适宜	建制镇	5	
		村庄	5	
		道路	5	
		生产建设用地	5	
	较适宜	一般农田	3	
		山林地	3	
	较不适宜	基本农田	1	
	不适宜	水域	0	

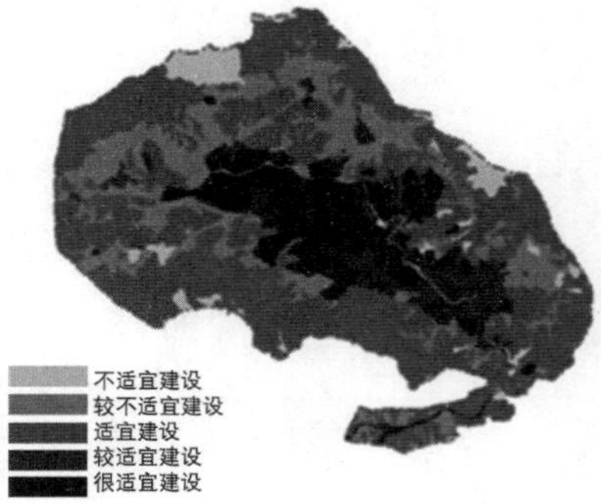

图 5-2-3　土地利用类型因子评价过程图

（4）建设经济性因子评价

建设经济性因子评价主要是通过距离缓冲方法进行分析，选取交通区位的便利程度、土地价格的便宜程度、权属变迁的难易程度等因子，划分适宜性等级，如表 5-2-3 所示。

建设经济性因子分级表 表 5-2-3

适宜性级别	距离交通道路的缓冲范围	土地价格	权属变迁
不适宜(0)	>3000m	高	难
较不适宜(1)	2000~3000m	中	较难
较适宜(3)	1000~2000m	较低	一般
适宜(5)	500~1000m	低	较容易
最适宜(7)	500m以内	很低	容易

3. 用地分级

（1）评价模型

用地适宜性评价宜采用定性分析与定量计算相结合的评价模型。以多因子评价为基础，综合考虑特殊因子指标（如基本农田、水域、坡度 35 度以上等）的综合影响，采用多因子赋值加权和特殊因子“一票否决制”的综合影响系数法，建立评价模型。

——当评价用地受到一个或一个以上的特殊因子指标影响时，该用地的建设用地适宜性分值为 0，绝对不适宜建设。

——当评价用地没有受到特殊因子指标影响时，该用地适宜性分值为多因子的加权值。分值越低越不适宜建设，分值越高越适宜建设。

——根据用地适宜性分值的分布特征，梯级划分、归档分值，确立分级标准。

（2）多因子加权叠加

经过地形地貌因子、自然因素因子、地质水文因子、土地利用类型因子及建设经济性等单因子评价，根据评价指标的权重排序划分赋值，对空间数据进行综合量化分析，最后运用 GIS 进行多因子指标加权叠加分析得到总分，形成用地适宜性分析图（李和平等，2015），如图 5-2-4 所示。加权叠加分析是 GIS 中一项非常重要的空间分析功能，是在建好空间数据库的基础上，通过对多个数据进行的一系列集合运算，产生出新的数据信息，为村庄建设用地适宜性分析结果提供直观的数据和图像结果。

（3）用地适宜性分级

适宜性分级是用地适宜性评价的主要结论，具有空间性与可操作性特点。分级标准一般如下：①特殊因子 0 分值，或叠加总分很低的建设用地，应判定为禁止建设用地；②叠加总分较低或中档的建设用地，一般为限制建设用地；③叠加总分高或很高的建设用地，一般为适宜建设用地，如表 5-2-4 所示。

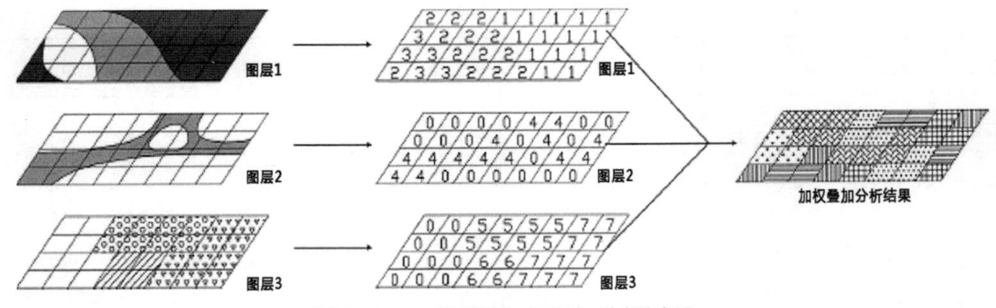

图 5-2-4　多因子加权叠加分析过程

用地适宜性分级表　　表 5-2-4

类别等级	类别名称	建设用地的主要特征				
		场地稳定性	场地工程建设适宜性	工程措施程度	自然生态	人为影响
Ⅰ	适宜建设用地	稳定	适宜	无需处理或稍微处理	生态价值良好区	影响较小，可忽略不计
Ⅱ	限制建设用地	稳定性较差	较适宜	需处理	生态价值敏感区	影响较大
Ⅲ	禁止建设用地	不稳定	不适宜	无法处理	特殊价值生态区	影响严重

（二）村庄建设用地选择

1. 基本思路

用地适宜性评价作为用地选择的主要依据，为村庄建设用地的新增、更新、缩减提供了选择与发展的策略导向，如表 5–2–5 所示。村庄建设用地选择，作为居民点布局和各项服务设施布置的前提，还需要结合村庄建设用地所涉及的其他方面，如社会政治关系（权属关系、宗教关系、家族关系、民族关系）、文化历史关系（历史文化遗迹、革命圣地、风景旅游、保护区）、建筑用地现状（现状建筑整治措施分析、现状土地利用分析）、技术经济条件（技术改造难度与成本、乡村建设经济基础）、政策规范基础（政府扶持措施、乡村发展政策、乡村管理规定）等方面的进行综合评价。在用地综合评价的基础上合理选择村庄建设用地。

同时，村庄建设用地的选择还应满足延续现状、合理布局、安全卫生、节约耕地和村庄发展等要求，在符合人均建设用地控制标准的基础上，适当进行建设用地增减，合理确定村庄建设用地规模与范围。村庄建设用地选择基本思路如图 5–2–5 所示。

基于用地适应性评价的村庄建设用地选择策略　　表 5-2-5

用地适宜性分级	村庄建设用地选择策略		
	村庄扩建区	村庄建成区	
		加权总分高	加权总分低
适宜建设用地	集中新建	集中更新	整治改造
限制建设用地	适当新建	适当更新	保留不建
禁止建设用地	禁止新建	保护禁建	撤并到其他居民点

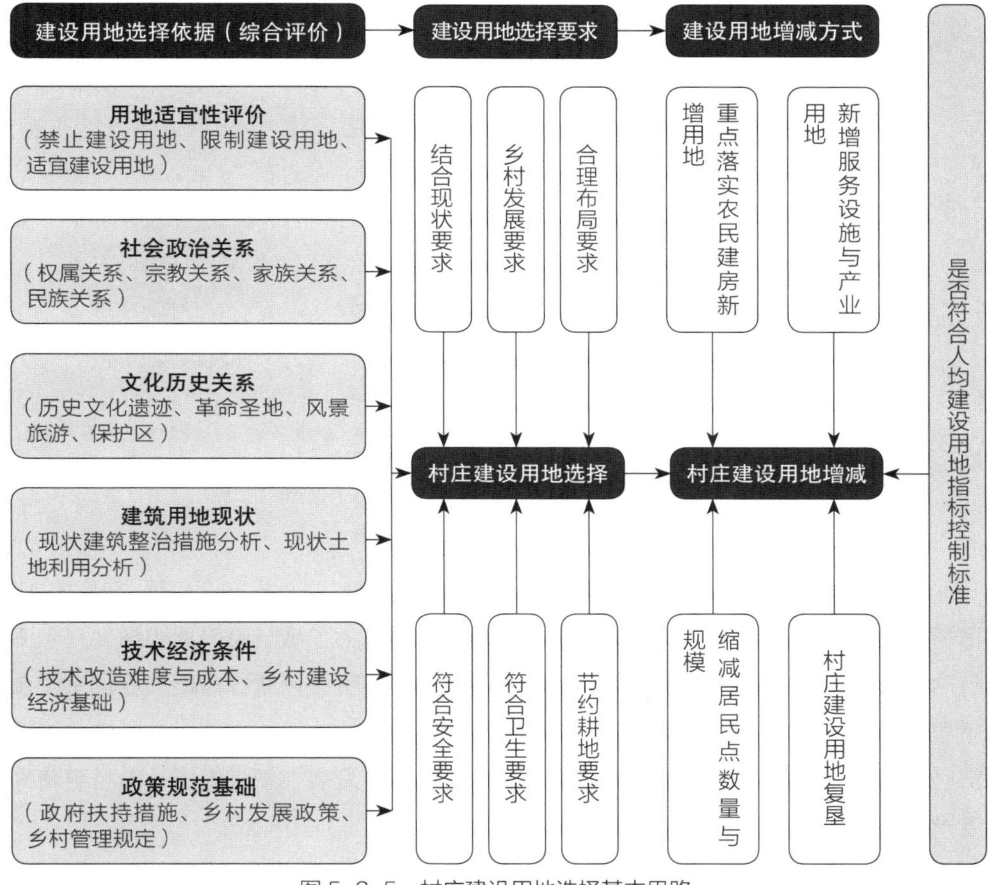

图 5-2-5　村庄建设用地选择基本思路

2. 相关要求

（1）尊重现状。村庄建设用地选择，应与用地现状相结合，注重保护历史文化遗迹，保留原有村落格局，遵循原有街巷肌理，利用原有服务设施，延续特色民居院落，使居民点布局保持完整统一。图 5-2-6 为浙江省常山县白石镇草坪村建设用地选择策略，保留原有村落组团状分布的格局，结合村民诉求，明确了拆旧建新区、新增建设区、保留改造区、保留控制区、拆迁复垦区等 5 类片区。

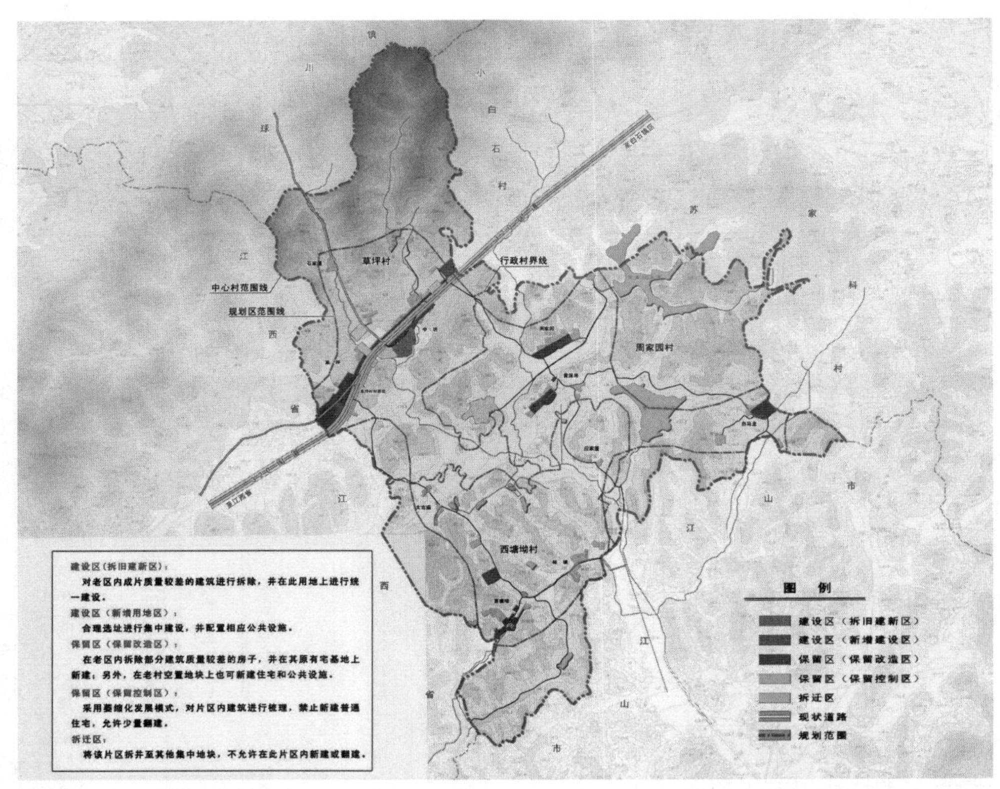

该村在建设用地选择过程中，保留原有村落组团状分布的格局，结合各村落村民诉求，明确了拆旧建新区、新增建设区、保留改造区、保留控制区、拆迁复垦区等5类片区。

图 5-2-6　浙江省常山县白石镇草坪村建设用地选择策略

（2）促进发展。建设用地选择需要为乡村发展服务，为乡村产业发展、新村安置、旧村更新等提供拓展空间。特别是重点发展的乡村，为了满足吸引周边撤并村落人口的聚集、发展农村特色产业、综合整治旧村、完善服务设施等需要，应通过少量新增、有机更新、逐步复垦的方式，进行村庄建设用地选择。图 5-2-7 为珠海市斗门区白蕉镇南环村建设用地选择策略，根据村庄产业发展、新村安置、旧村更新等要求，明确了现状建设用地和新增建设用地。

（3）合理布局。建设用地选择要为合理布局创造条件。乡村是一个有机整体，各类用地有相互依赖、制约、矛盾等复杂的关系，用地选择时需要考虑居民点的整体性和完整性。在满足各项建设用地对自然条件、建设条件和其他条件的要求以外，还应考虑各类村庄建设用地之间的相互关系，进而开展居民点的合理布局。

（4）符合安全。一是不被洪水淹没，居民点选址一般依山傍水，建设用地选择时应有足够的防洪标准，或有可靠的防洪工程措施；二是注意地质灾害，对滑坡、冲沟、石灰岩溶洞和地下矿藏要尽可能的避开；三是避开高压线走廊，与危险品仓库、工业企业要保持安全距离。

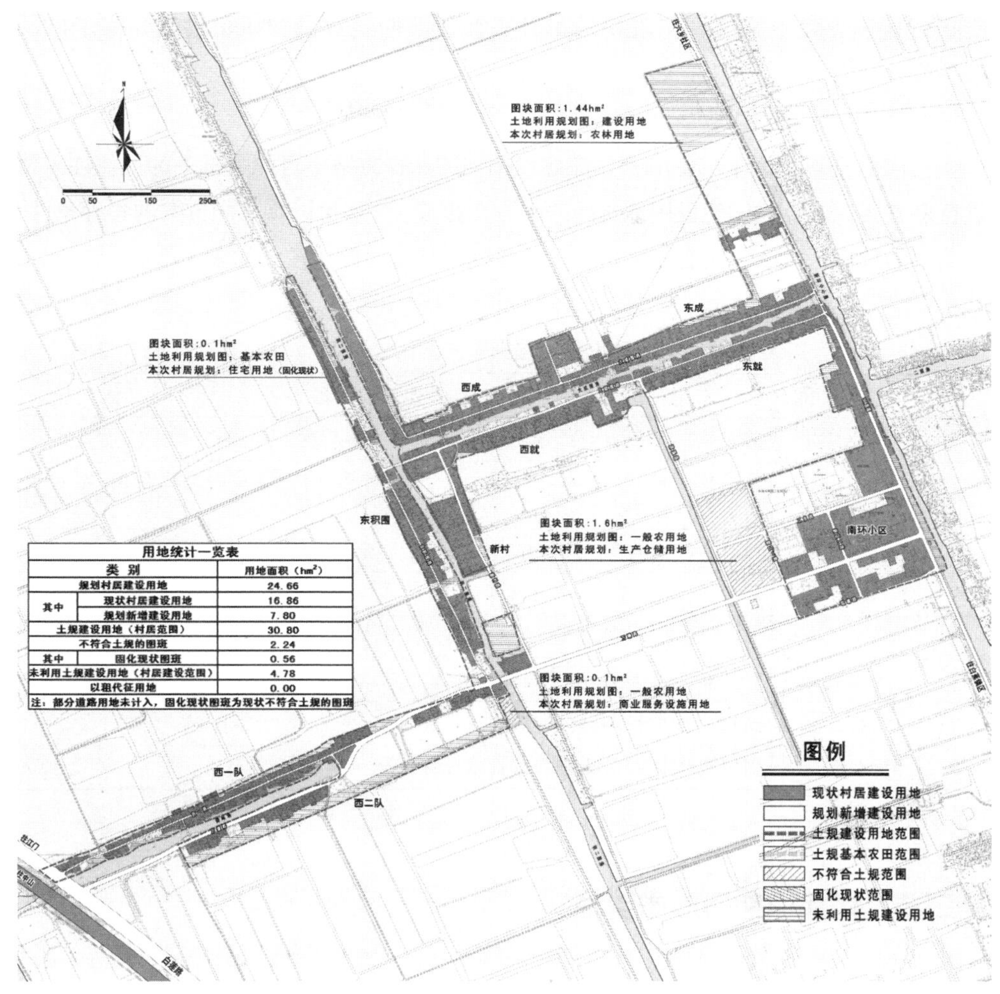

用地统计一览表

类别		用地面积（hm²）
规划村居建设用地		24.66
其中	现状村居建设用地	16.86
	规划新增建设用地	7.80
土规建设用地（村居范围）		30.80
不符合土规的图斑		2.24
其中	固化现状图斑	0.56
未利用土规建设用地（村居建设范围）		4.78
以租代征用地		0.00

注：部分道路用地未计入，固化现状图斑为现状不符合土规的图斑

该村在建设用地选择过程中，根据村庄产业发展、新村安置、旧村更新等要求，明确了现状建设用地和新增建设用地两类用地。并与国土的土地利用规划相协调，指明了需要调整国土规划的用地范围，推进两规合一。

图 5-2-7　珠海市斗门区白蕉镇南环村建设用地选择策略

（5）符合卫生。建设用地选择应有利于居民点的环境卫生整治、污水雨水治理、生活环境卫生。首先，要有质量好、数量充沛的水源，保证乡村生活用水卫生要求；其次，村庄用地不能选在洼地、沼泽等有碍卫生防治、污水排放的地段。当选坡地时，尽可能选在阳坡面，有利于日照通风。在已建有污染环境的工厂附近选地时，要避开工厂的下游与下风向。

（6）节约耕地。建设用地选择应遵循节约用地原则，尽可能不占耕地和良田，对于永久性基础农业绝不占用。耕地是农村、农业的发展基础，应积极推进耕地占用补偿制度、基本农田保护制度、高标准基本农田建设等管制方式。新增村庄建设用地宜选择低丘缓坡、一般林地、未利用地等，确实需要占用部分耕地时，应通过居民点复垦措施，实现耕地占补平衡，即耕地数量和质量供给与需求的动态平衡。

3. 多方案比较

由于受到多种因素的影响，村庄建设用地的选择方案不可能是唯一的，往往需要进行多方案比较。村庄建设用地选择的多方案比较，一般可以将不同方案的各种条件，用简要的数据、文字说明制成表格，以便条理清楚地对照比较，如表 5-2-6 所示。

村庄建设用地选择多方案比较内容　　表 5-2-6

序号	比较方面	比较的主要内容
1	占地情况	对耕地、园地、林地、荒地等占用的数量和质量
2	复垦情况	需要搬迁的村庄户数、人口数，拆迁的建筑面积，复垦的土地面积，补偿费用和人口安置的要求
3	利用现状	保留的用地数量，可利用的服务设施规模
4	水源条件	水的质量、数量、水源距离等
5	环境卫生	日照、通风、污水处理、垃圾收集、绿化环境
6	道路交通	对外交通是否便捷，内部道路组织是否合理
7	工程设施	新增市政工程走向、长度、投资
8	资金投入	因用地选择而需要增加建设项目的造价

第三节　居民点空间形态引导

（一）基本内涵

1. 居民点空间形态的定义

空间形态是人类的空间理念及其各种活动所形成的空间结构的外在体现，是各种空间发展要素共同作用下的外在表象，是在特定地理环境和社会经济发展阶段中，各种要素综合作用的结果。居民点空间形态一般包括居民点外在表现形式和居民点内部结构形态。其中，居民点外在表现形式主要指居民点总体布局形态；居民点内部结构形态包括街巷空间形态、建筑形态、绿化景观等。本节论述的居民点空间形态主要是指居民点外在表现形式，即居民点总体布局形态，强调对居民点建设空间的总体引导。

2. 居民点空间形态布局的目的

对居民点空间形态的分析与研究，有利于从总体上把握居民点空间布局的变化规律，从而正确引导居民点建设布局。乡村的形成与发展，受政治、经济、文化、社会及自然制约，有其自身的、内在的客观规律。在形成与发展过程中，由于居民点内部结构的不断变化，逐步导致其外部形态的差异，形成一定的空间结构形态。结构通过形态来表现，形态则由结构而产生，结构和形态相互联系、相互影响（金兆森等，2001）。研究居民点空间形态的目的，就是希望根据居民点形成和发展的客观规律，找出内部各组成部分之间的组织关系，使得村庄建设用地具有合理的、协调的、动态的关系，以构成居民点的良好空间环境，有利于乡村合理布局。

3. 居民点空间形态布局的主要任务

（1）居民点空间形态影响因素分析。从自然因素、经济因素、社会因素、公共政策等方面，分析形成居民点空间形态的主要原因。

（2）居民点空间形态布局模式特征分析。总结居民点空间形态的布局模式，归纳为集中团块型、分散组团型、带状线型三种主要类型，并根据山地丘陵、平原水乡、湖海岛屿等不同的地理环境，分析各种模式的主要特征。

（3）居民点空间形态构成要素分析。理清居民点空间形态的构成要素，分析各要素主要作用、物质构成和营建方式。

（4）居民点空间形态布局思想方法分析。针对居民点空间形态构成要素的主要特征，采取边界适宜性、中心导向性、方向性、群级化等思路方法，引导居民点空间形态布局。居民点空间形态布局任务框架如图 5-3-1 所示。

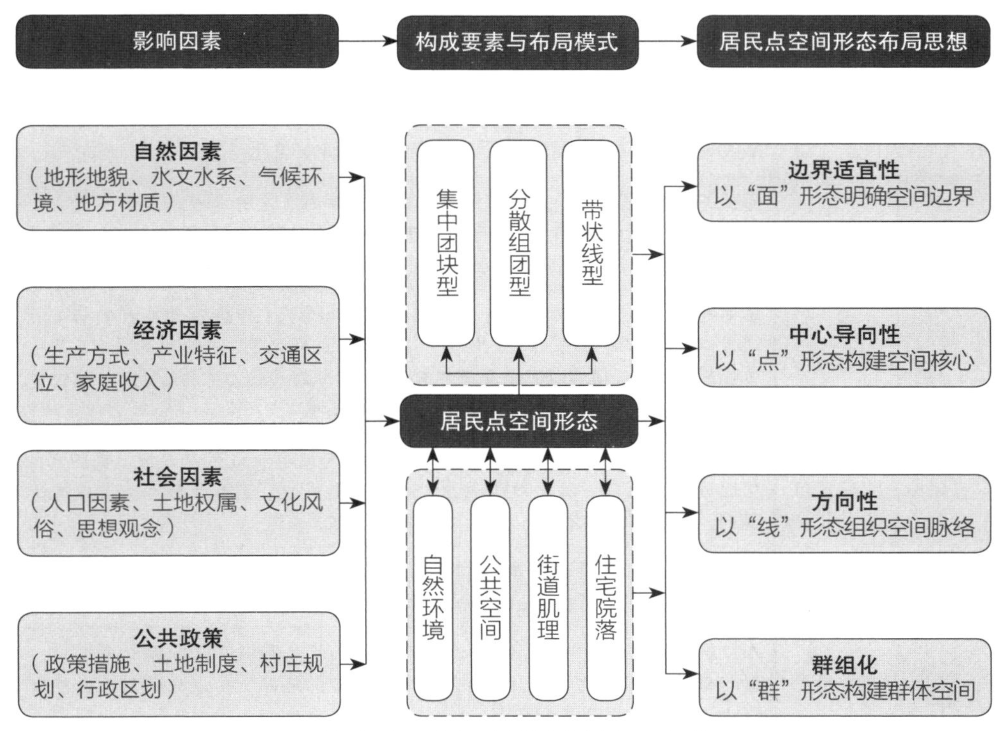

图 5-3-1　居民点空间形态布局任务框架

（二）居民点空间形态的影响因素

由于地理位置、地形地貌、水文环境、生产方式、历史文化、区域社会经济状况、地域村民生活习俗等诸多因素的综合作用，居民点常常会形成不同的空间形态。如浙江省拥有山地丘陵、平原水乡、湖海岛屿等多种的地形地貌，从而形成了多样的居民点空间形态；居民点分布格局呈现"跟着山走、跟着水走、跟着田走"的特征，"使得总体布局显示出某些'曲'、'折'、'弯'、'藏'的特色，往往在不一定很阔朗的空间中，道路安插得曲折悠长"，形成具有诗意的乡村生活空间（王晓，2015）。总体来看，居民点空间形态的影响因素一般可以分为自然因素、经济因素、社会因素和公共政策因素，如表 5–3–1 所示。

居民点空间形态影响因素分析　　表 5–3–1

影响因素	比较方面	比较的主要内容
自然因素	地形地貌	地形地貌对居民点空间形态影响较大。平原盆地易具备集中团块型发展的条件；沿江地区地形主要由圩区、高平地和江滩类型组成，受地形所限，居民点多呈带型和分散型的空间形态；沿湖、沿海地区，民居多为近水而建，方便渔业生产，居民点空间形态类型也多为带状线型和分散组团型等
	水文水系	沿江、沿湖地区居民点空间形态也多为带型和分散型。水网密集的平原地区，通常路堤结合、临塘而行、路塘平行，民居沿路而建、依塘而建，居民点空间形态多以带型为主
	气候环境	气候的冷暖干湿、风向的季节变化、太阳高度角的大小，都会对居民点空间形态的紧凑程度产生影响
	地方材质	材质利用实质上也构成了居民点空间形态垂直方向上天际线形态的变化，从而导致了建筑风格、形式、体量等的时代特征变化
经济因素	生产方式	传统农业地区，居民点分布一般考虑耕作半径，这时建设用地面积的大小将决定居民点空间形态；面积较小时，一般集中紧凑；面积较大时，通常分散布局。而在农业产业化发展过程中，居民点的集中布局将越来越明显
	产业特征	不同的主导产业特征带来了不同的居民点空间形态；传统农业生产的居民点通常以分散布局为主，农业产业化引导居民点有序的、分阶段的集中；发展工业的居民点，通常以完全集中为主；以乡村旅游产业为主的居民点，往往保持分散的空间形态，有利于形成优美的乡村环境
	交通区位	交通区位的不同，导致与城市距离的不同。与城市较远的居民点，受当地自然因素影响较强，以分散型为主；城郊型居民点，空间形态容易形成统一排列、小区化的组群布局方式，集中团块型较多
	家庭收入	随着家庭收入水平的提高，村民对城市文明的向往，对环境质量和基础设施的要求也在不断提高，对居民点的建设与改造诉求也越来越高
社会因素	人口因素	人口与户数的迅速增加，带来居民点规模的扩大和内部功能结构的变化，引起建设用地变更和居民点集中建设；人口的缩减，容易造成居民点空心化，分散化也会越来越明显

续表

影响因素	比较方面	比较的主要内容
社会因素	土地权属	土地权属对土地的利用产生较大的影响，居民点复杂的用地权属造成建设用地调整难度较大，居民点分散建设在所难免
	文化风俗	相似的文化风俗、相同的家族渊源，容易聚集乡村人口，形成集中团块的居民点空间形态；多样的文化风俗、家族体系，容易造成居民点分散建设
	思想观念	“风水”和禁忌的观念影响着居民点的布局和空间形态特征。大多数居民点在选址和空间布局上，受“风水”理念影响较大，要求人与自然和谐共生，容易产生自由的布局形态；而禁忌的观念使得村民对民居格局极为讲究，容易形成规则单调的空间形态
公共政策	政策措施	政策措施可以通过直接的形制机制作用与空间结构要素，影响居民点空间形态，如加强基础设施建设、引导乡村人口集聚等
	土地制度	土地的小型化和分散化，包括家庭联产承包责任制，容易导致分散布局；土地的规模经营可能摆脱择田而居传统模式，推进集中布局
	村庄规划	政府主导的规划逐渐成为居民点空间形态演化的主要动因，由于长期以来乡村地区规划缺位，常常沿用城市居住小区规划模式，住宅排列整齐，前后间距按照日照要求确定，功能分区规则清晰，对居民点空间形态产生了较大的影响
	行政区划	在行政区划调整中，乡村的地位和职能将出现分化，从而打破了原来乡村发展的空间结构，居民点空间形态趋向组团型和团块型发展

（三）居民点空间形态布局模式

在居民点空间形态影响因素分析的基础上，提取山地丘陵、田间平原、水乡人家、湖海岛屿等不同地形地貌的居民点空间形态，结合常见的聚落布局形态，将居民点空间形态布局模式归纳为集中团块型、分散组团型、带状线型三种基本类型。

1. 集中团块型

以一个或多个核心体（宅院群或公共活动空间）为中心，民居围绕中心层层展开，集中布局、成团成块地形成内向性群体空间。集中团块型的居民点中心明确，团块分区明显，用地紧凑节约；居民点街巷多呈网络状发展，主街和次巷脉络清晰，形态肌理内聚性强，随着居民点扩大逐步沿路拓展延伸。集中团块型的居民点中心规模较大，成为村民沟通以及联系整个乡村的公共空间；各团块片区通常拥有各自的小型交流场地，有一定的组群围合空间；街巷在居民点中承担着交通联系和组织村民生活的作用，成为交通联系通道和公共半公共的线性交往空间。

集中团块型居民点通常出现在山地丘陵盆地、田间平原地区，当水乡、湖海岛屿地区拥有集中足够的建设用地时，也会出现此类居民点。集中团块型布局是在自然条件允许的情况下，各类建设用地集中连片布置，其优点是用地紧凑，便于集中设置完整的公共服务设施，方便居民生活，节省各种工程管线和基础设施投资。由于集中团块布局具有较多的优点，从而成为居民点最常见的空间形态布局模式。图5-3-2为浙江省不同地形地貌采取集中团块型布局模式的居民点。

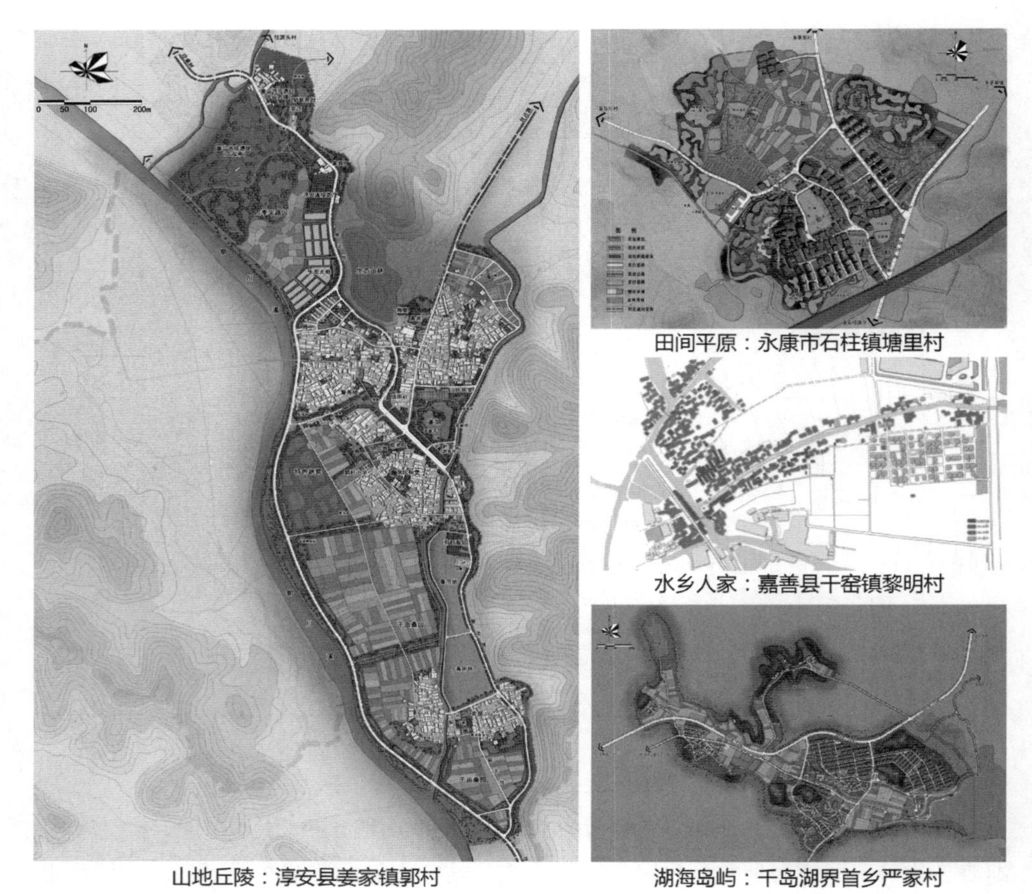
田间平原：永康市石柱镇塘里村
水乡人家：嘉善县干窑镇黎明村
山地丘陵：淳安县姜家镇郭村
湖海岛屿：千岛湖界首乡严家村

图 5-3-2　集中团块型居民点

2. 分散组团型

由多个相对独立的居民点，随地形变化或道路、水系相互连接，形成群体组合的乡村空间形态，一般有散点组团与块状组团两种形式。散点组团的居民点在空间形态上较为分散，由若干小型居民点组成组团，再由道路连接各组团形成村庄整体。块状组团的居民点常见于规模较大的乡村，每个组团有一定的规模，受自然地形影响，地势变化比较大，河、湖、塘等水系穿插其中，块状受到地形高差、河网水系分割，形成若干个彼此相对独立、规模相当的组团，其间由道路、水系、植被等连接，各组团既相对独立又密切联系。图 5–3–3 为浙江省不同地形地貌采取分散组团型布局模式的居民点。

分散组团型村庄通常出现在山地丘陵盆地、湖海岛屿地区；在水乡、田间平原地区，受到河、湖、塘等水系分割，也会出现组团型居民点。该种布局模式的居民点，较为理想的形式是生活、生产、服务配套成组成团，各组团的服务配套较为完善。但由于乡村人口规模较小，分散布局会出现许多问题，如彼此联系

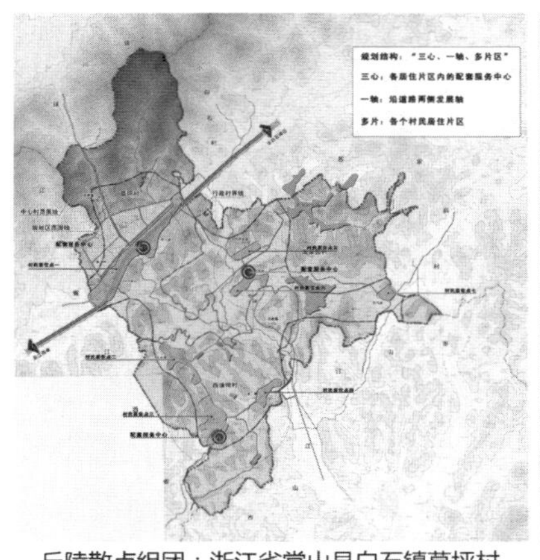

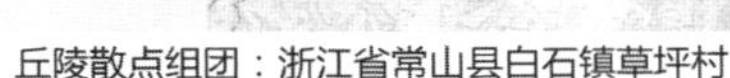
丘陵散点组团：浙江省常山县白石镇草坪村

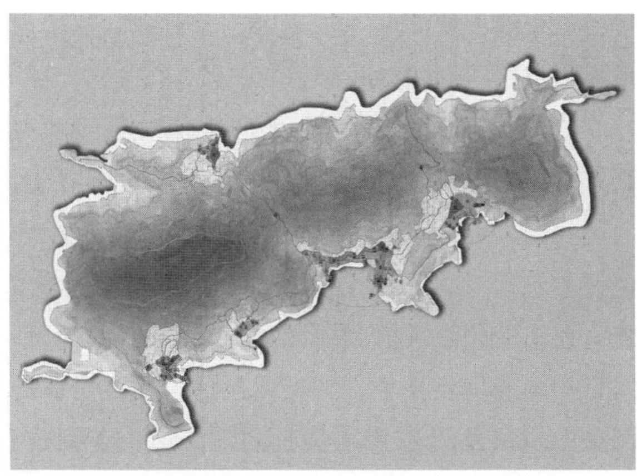
湖海岛屿块状组团：舟山市普陀区东极镇黄兴村

山地块状组团：浙江省景宁畲族自治县东坑镇深垟村

图 5-3-3 分散组团型居民点

不方便，也不易集中设置服务设施，基础设施投入较高。居民点在采用分散组团型的布局模式时，应该注意解决以下问题：①各组团的生活与生产用地应保持合适的比例；②各组团要拥有相对独立、服务于自身的公共服务设施；③解决好各组团之间的交通联系；④解决好乡村规划与建设的整体性问题，克服因用地零散而带来的困难；⑤各组团可以有各自的发展特色，并有利于整个居民点的抱团发展。

3. 带状线型

主要是指随地势、道路或河道走向顺势延伸或环绕成线的布局模式。在水网密集的地区，河道走向和街巷走向往往成为居民点伸展的边界，民居依河或夹河修建；水道和街巷作为基本骨架，起到组织人们日常生活和交通联系的作用；街巷多与河道平行或顺向布局，民居面河或背河布置，水道、建筑、街巷融为一体。在平原地区，居民点往往以一条主要道路为骨架展开；民居选址的交通导向性明显，多沿路而建、平行布置，形式相似、出入方便。在山地丘陵地区，由于没有相对较为平坦的开阔地，居民点只能线状伸展；由于受到地形限制，居民点依山就势沿路建设，形式比较自由，呈现为带状线型的空间形态。

带状线型居民点受到生产生活交通要素的吸引、地形水文对纵深发展的限制、长轴舒展阻力较小等原因，主要出现在沿路径、沿河湖岸线、沿山体沟壑等地区。“滨水而居”是最为原始的生产生活要素吸引的体现，水源从根本上保证了农业生产和生活；“沿路而建”使得每幢建筑的交通更加便捷，经济好处更加优胜，致使沿路地段成为村民竞相争取的地段。带状线型居民点的优点是每幢建筑都拥有相同的发展要素，如交通条件，并有足够的、相比较均等的临路界面，使得居民点的发展建设较为容易。同时，该类布局也存在较多的问题，包括基础设施投入较高，不易集中设置服务设施，村民联系不便等。在采用带状线型的布局模式时，应该注意以下几个问题：①梳理交通，有效组织对内、对外交通职能；②适当集中，集约利用建设用地；③引导远端建设向中段迁移，缩短线型长度；④保护特色，传承特有历史文化元素。图 5-3-4 为不同地形地貌采取带状线型布局模式的居民点。

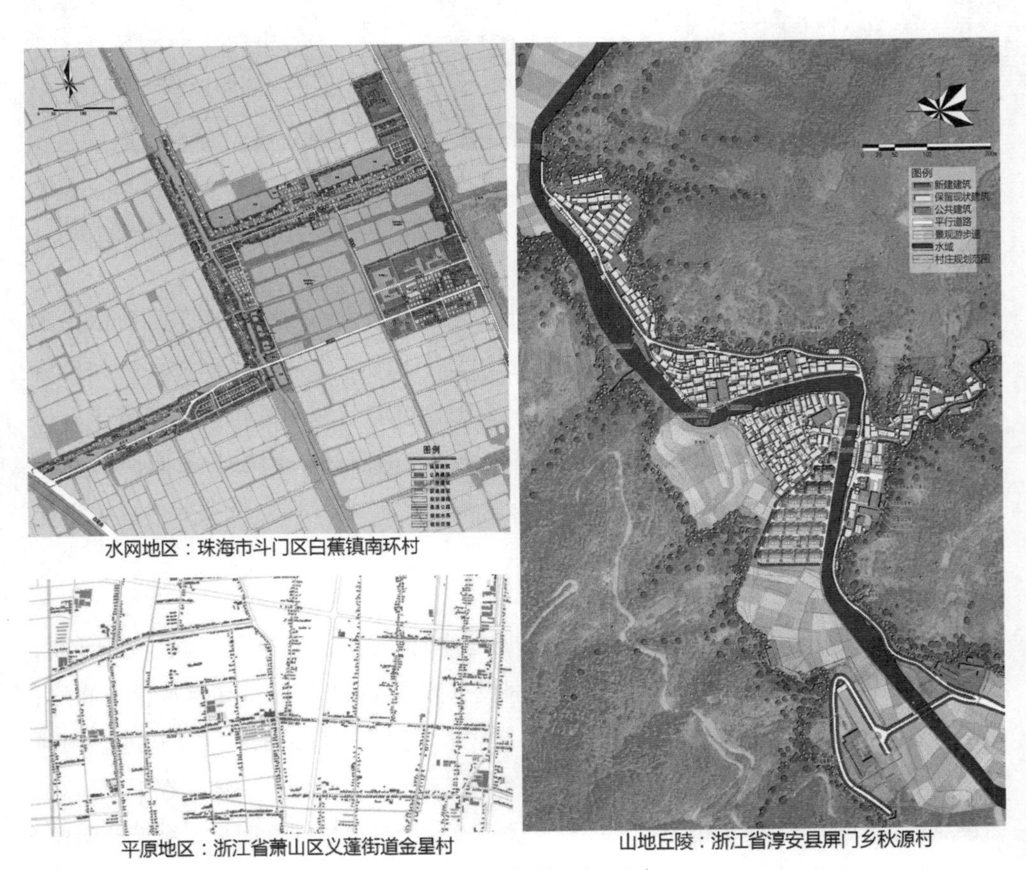

水网地区：珠海市斗门区白蕉镇南环村

平原地区：浙江省萧山区义蓬街道金星村

山地丘陵：浙江省淳安县屏门乡秋源村

图 5-3-4　带状线型居民点

（四）居民点空间形态的构成要素

1. 基本分类

居民点空间形态由地貌水系、建构筑物、道路街巷、广场绿化等众多要素融合构成（李欣，2011）。对村庄构成要素的研究，有利于深入把握居民点空间形态的内在组织关系，并为开展居民点布局提供基础条件。根据上述居民点空间形态的影响因素与布局模式，将居民点空间形态构成要素划分为自然环境、公共空间、街道空间和住宅院落。

2. 表现特征

自然环境是乡村赖以生存和发展的物质基础，是居民点空间形态的边界与外围领域。公共空间是居民点各项活动的公共中心，也是街道系统的枢纽和民居院落布局的中心。街道空间具有方向性和连接性，能够将其他三要素相互连接，使居民点成为相互协调、有生命力的有机整体。住宅院落是具有围合关系的内向群体空间，属于村民最基本的生活活动空间，也是居民点空间布局的基础要素。上述四种构成要素相互依存，共同组织成居民点的空间形态。表 5-3-2 为居民点空间形态构成要素的主要特征。

居民点空间形态构成要素的主要特征　　表 5-3-2

构成要素	主要作用	包含的主要物质元素	影响居民点空间形态的营造方式
自然环境	是村庄赖以生存和发展的物质基础，是居民点空间形态的边界与外围领域	主要包括村庄居民点以外的山、水、田	主要体现在自然环境对村庄的选址、立意规划布局、民居建筑布局等方面的影响，如注重山水村格局、强调人与自然环境和谐、呈现山水田村的相互交融等。同时，村庄的不断演进可以更好地与特定的自然环境相适应，形成具有地域特色的居民点空间形态
公共空间	是村庄各项公共活动的中心，作为街道系统的枢纽，也是村庄住宅院落布局的起始点	广场、公园、古树、码头、池塘、谷场、晒场，以及公共服务设施、祠堂等公共建筑	公共空间在居民点空间形态中应占据中心位置，位于村庄的中心或交通比较便利的位置，在空间形态布局中起到中心节点的作用。一般通过公共服务设施、住宅、绿化、水体、山体等建筑物、自然地形地物围合形成各具特色的场地，有强烈的中心性和可识别性
街道空间	有方向性与连接性，将其他三要素进行相互连接，使村庄成为一个相互协调、有生命力的有机整体	包括交通性道路与生活性街巷网	交通性道路是整个村庄居民点的骨架，承担过境交通、划分片区、公共服务、连接村庄各片区等功能；交通性道路一般位于村庄外侧，路幅较宽，多为过境公路及等级较高的乡村道路 生活性街道网位于组团、片区内，是村民主要的公共活动空间，居住分布两侧，起到组织两侧建筑、构建片区的功能

续表

构成要素	主要作用	包含的主要物质元素	影响居民点空间形态的营造方式
住宅院落	是具有围合关系的内向群体空间，作为村民最基本的生活活动空间，也是村庄空间布局的最终目的	住宅片区、住宅组群、住宅院落	一般通过形式相似、空间围合等方式组织群体空间，形成有一定规模，并在功能、形态、作用、要求等方面具有共同特征的住宅区域，有较强的可识别性。在空间形式上，住宅组群的排列方式可结合自然地形地貌，形成灵活的布局形态；围绕片区公共中心，形成围合的空间关系；也可以住宅之间进行排列组合，形成院落围合空间

（五）居民点空间形态的布局思想

居民点空间形态是乡村自然、经济、社会和公共政策等因素的外在体现，也是自然环境、公共空间、街道空间、住宅院落等要素共同作用的外在表象。居民点空间形态布局，就是从总体上分析居民点空间形态的影响因素和构成要素，把握空间形态变化规律，处理好延续与发展的关系，正确引导居民点选择适宜的空间形态布局模式，合理推进村庄的总体布局。

针对集中团块型、分散组团型、带状线型三种不同空间形态的居民点，应采取相适应的规划策略，构建与地域特征相契合的布局模式，进而引导村庄延续发展。居民点空间形态布局思想将从自然环境、公共空间、街道空间、住宅院落四大构成要素出发，建立“边界适宜性、中心导向性、方向性、群组化”四大指导思想，形成以“面、点、线、群”为导向的空间策略（张振，2005），引导居民点空间形态有序布局，如图 5-3-5 所示。

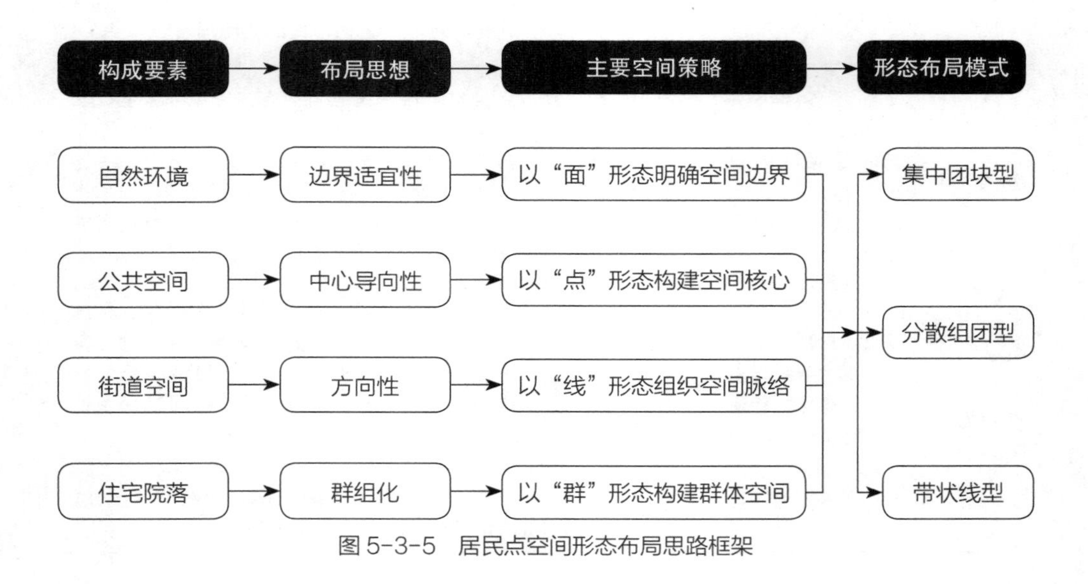

图 5-3-5　居民点空间形态布局思路框架

1. 边界适宜性——以“面”形态明确空间边界

分析居民点外围自然环境，以“面”形态构建具有明显边界的外围空间，使居民点形态与边界形态相适应。居民点自然边界的界面大至山川河流树林，小至竹篱草木，均按不同的功能需求构建自然环境围合空间。传统聚落空间注重风水理论的山水田村格局，常将村庄选址于群山环抱、河水绕流的领域之中，构建出山环水绕的村居环境。在水网湖海地区，居民点往往以水系作为物质空间形态的重要载体，形成了独特的水乡风貌；在山地丘陵地区，山水林田生态绿化空间又成为居民点的绿色屏障，居民点背山面水、负阴抱阳，山水林田村相互交融；在平原地区，居民点灵活布局，呈现出田园、水系、村庄交融一体的空间环境特色。图 5-3-6 为浙江省黄岩区上郑乡垟头村，以“面”形态明确居民点空间边界。

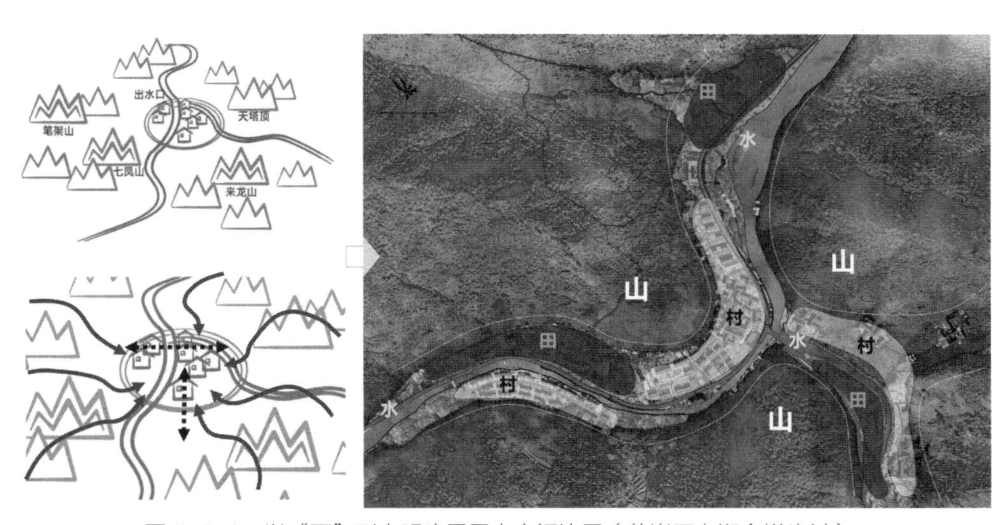

图 5-3-6　以“面”形态明确居民点空间边界（黄岩区上郑乡垟头村）

2. 中心导向性——以“点”形态构建空间核心

梳理公共空间作为居民点各级中心点，建立公共中心体系，以“点”形态构建居民点中心导向的结构形式。一方面，居民点公共中心是居民活动的主要场所，有利于促进居民邻里的交往；另一方面，居民点公共中心通过中心广场、活动中心、社区中心、组团中心、片区中心、院落中心等形式，构建出整个居民点的中心体系。集中团块型居民点一般拥有主次中心，主中心结合公共服务设施集中布局于居民点几何中心，次中心分布在各团块内。分散组团型居民点的公共中心一般占据各组团的中心场地，或位于交通比较便利的位置，方便各组团的共享使用。带状线型居民点公共中心的布局应考虑服务半径与服务频率，一般分段布局在人流比较集中的位置，通过公共服务设施与山水田自然环境结合形成公共中心。图 5-3-7 为不同布局模式的居民点，通过“点”形态构建空间核心体系。

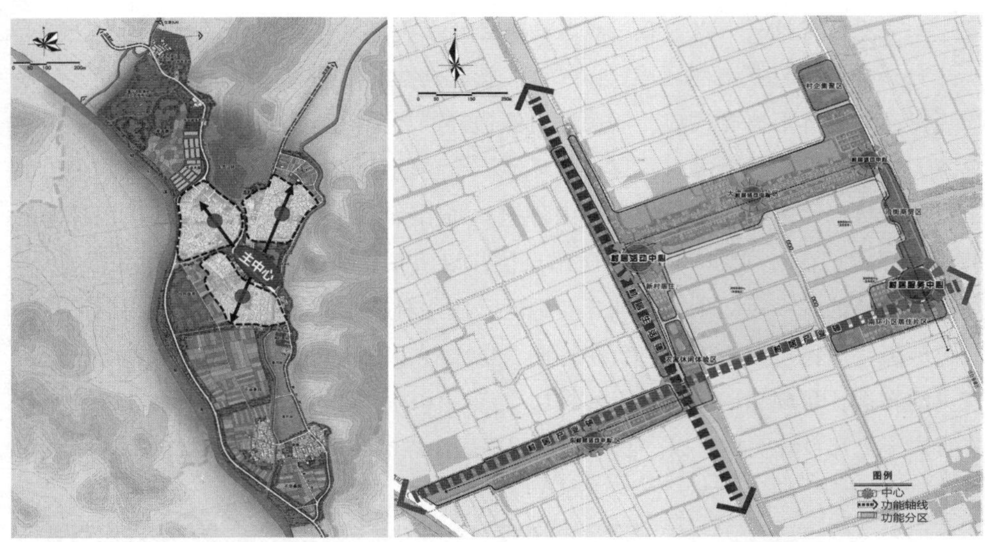

集中团块型：淳安县姜家镇郭村　　　　带状线型：珠海市斗门区白蕉镇南环村

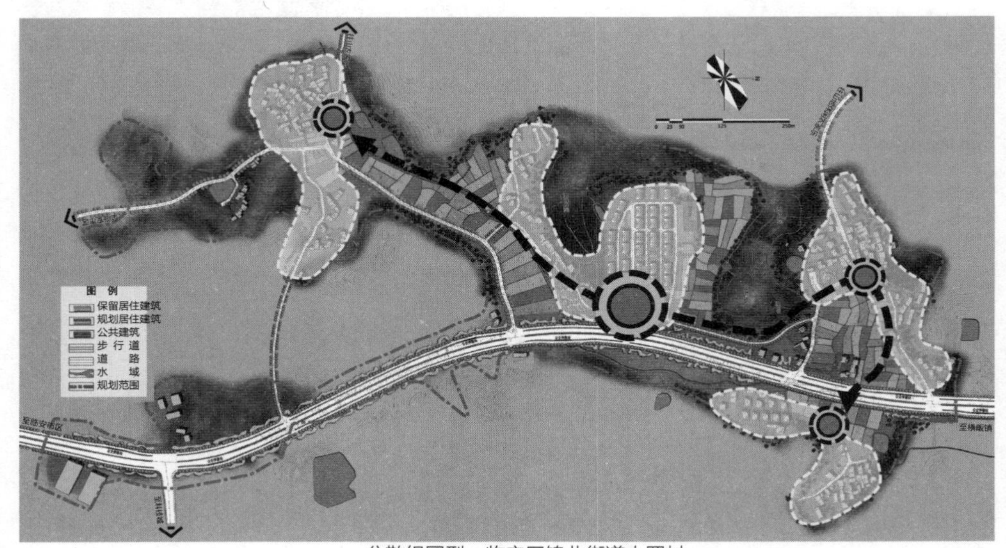

分散组团型：临安区锦北街道大罗村

图 5-3-7　以“点”形态构建空间核心体系

3. 方向性——以“线”形态组织空间脉络

合理构建村庄交通性道路与生活性街道网络，以“线”形态组织空间结构和脉络走向。道路是居民点空间形态的“骨架”，发挥着联系各个片区、组团的作用；道路系统不但影响村民的出行方式，而且也反映了居民点的整体形象，具有形成居民点结构、提供生活空间、体现乡村风貌、布置基础设施等多方面功能。在居民点空间形态的形成过程中，交通性道路延伸控制居民点空间的生长方向，并发展成为整个乡村的骨架，承担着对外交通功能；而肌理统一的生活性街巷网络，逐步从交通性道路向两侧伸展，构建了居民点内部空间的生长脉络，承担着便捷入户的功能，如图 5-3-8 所示。

4. 群组化——以“群”形态构建群体空间

梳理各片区、组团的住宅建筑排列方式，以“群”形态构建具有围合关系的群体空间。对于集中团块型居民点形成的规则式群体空间、分散组团型居民点形成的自由灵活布局形式、带状线型居民点形成的住宅院落空间，都应该积极塑造围合的内向群体空间。产生的围合空间具有较强的公共功能，多以景观绿地、活动场地、公共设施为主，强化了群组空间的可识别性，如图 5-3-8 所示。

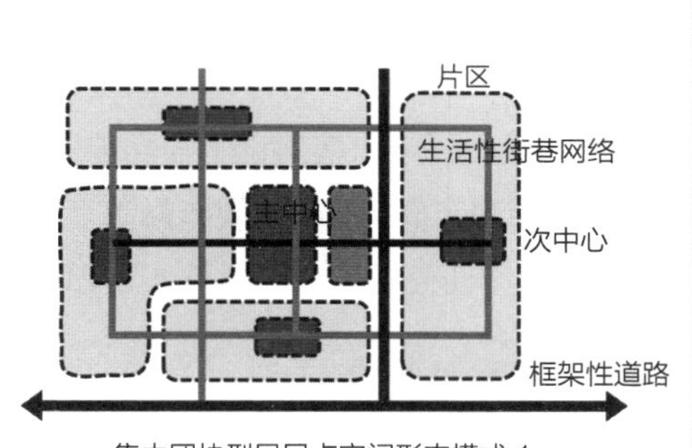

集中团块型居民点空间形态模式 1

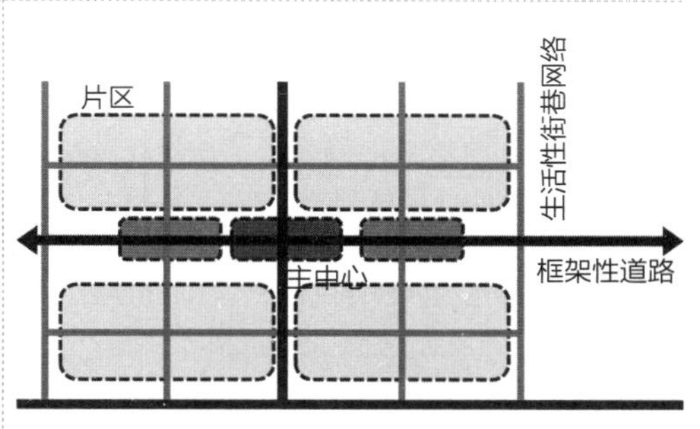

集中团块型居民点空间形态模式 2

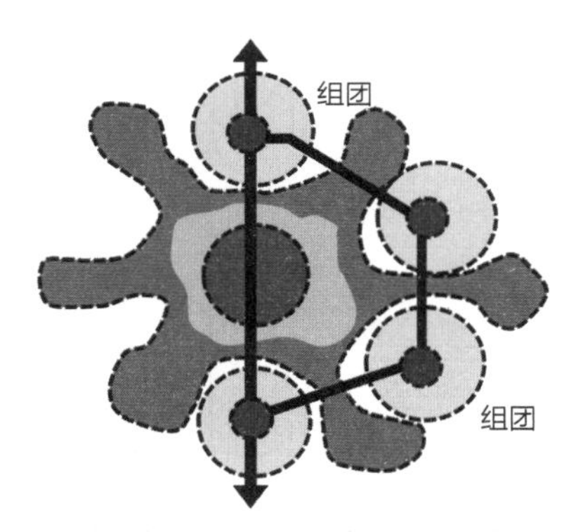

分散块状组团型居民点空间形态模式

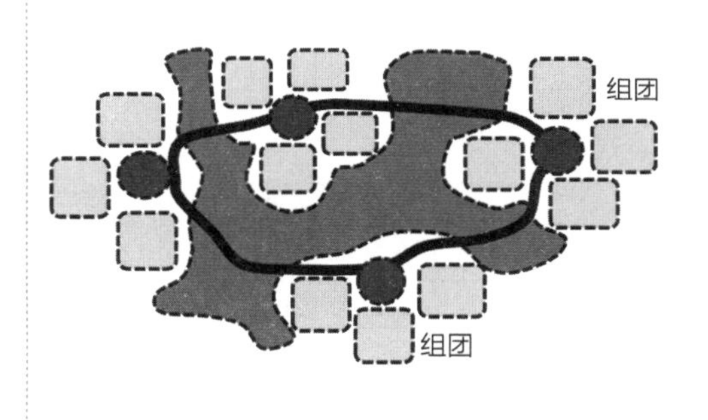

分散散点组团型居民点空间形态模式

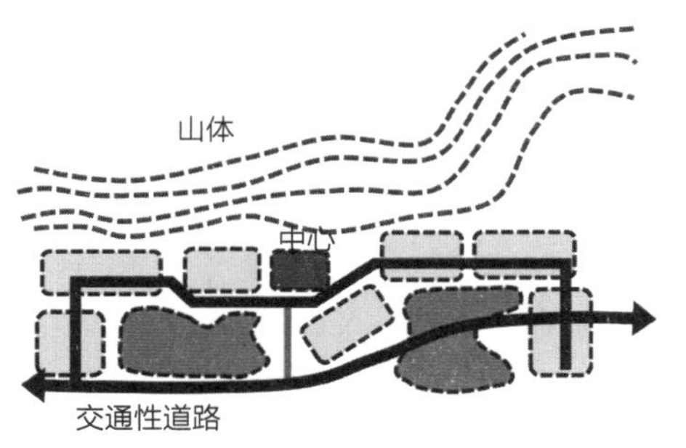

线状带型居民点空间形态模式（山区）

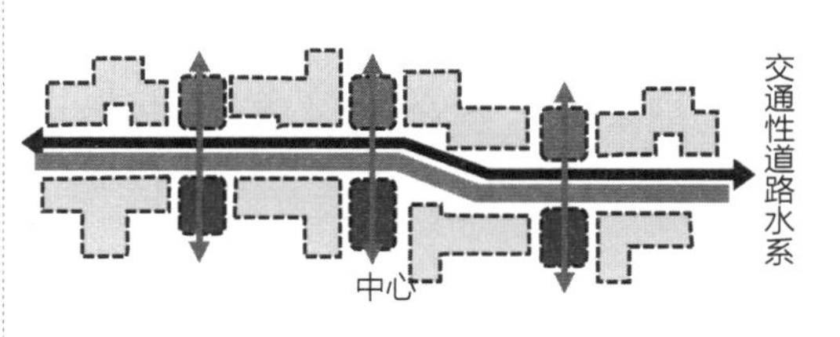

线状带型居民点空间形态模式（滨水）

图 5-3-8 以“线”形态组织空间脉络，以“群”形态构建群体空间

第四节　居民点总体布局

（一）主要任务

结合村域规划完成的资源环境价值评估、乡村目标定位、人口规模计算、村域空间管制、生态保护规划、文化传承规划、产业发展规划等内容，在村庄建设用地选择、居民点空间形态布局的基础上，分析居民点布局现状问题与特点，开展居民点总体布局，统一安排居民点各项功能，合理布置村庄建设用地，以期达到环境优美、生活舒适、生产方便的规划目标。居民点总体布局应遵循全面、系统、有序的基本原则，既要经济合理地安排近期建设，又要考虑远期发展；既要有序组织新建村民住宅，又要进行旧村整治；既要统筹生活、生产、公共服务和基础设施等功能，又要满足人均建设用地要求；通过功能结构布局、土地利用布局、详细规划布局等形式，对居民点各项建设项目进行全面布局。居民点总体布局任务框架如图 5-4-1 所示。

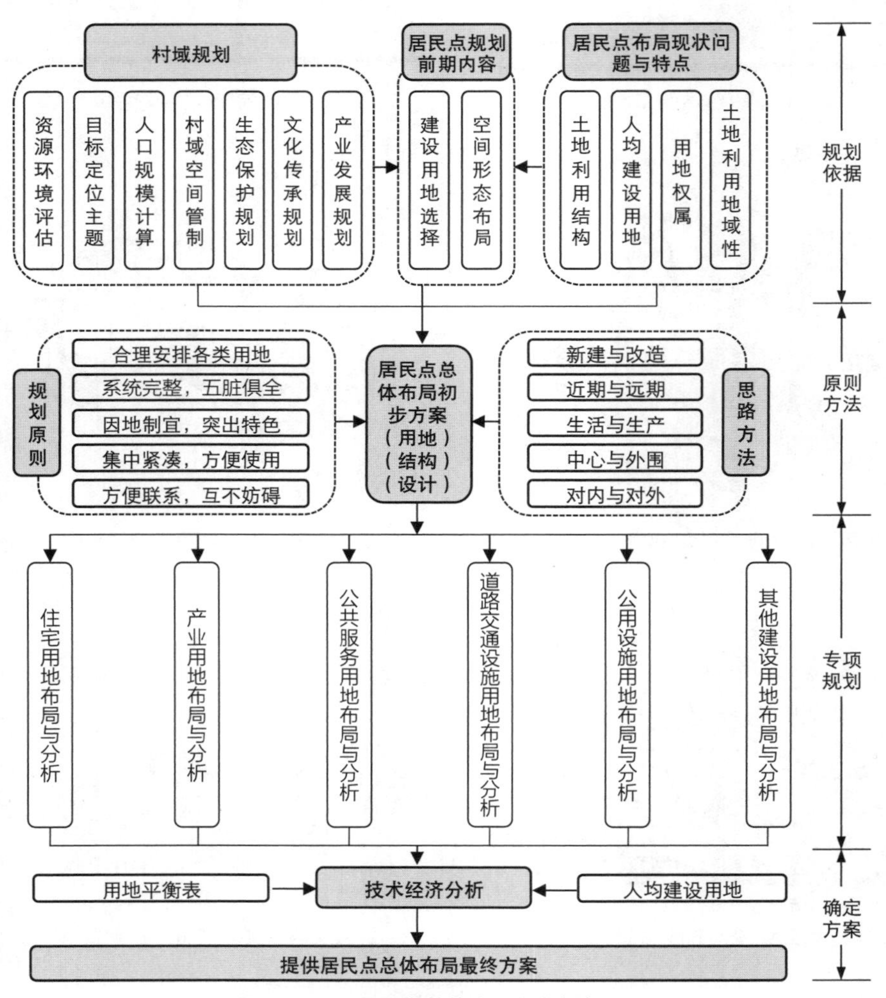

图 5-4-1　居民点总体布局任务框架

（二）现状特点与问题

居民点布局现状特点与问题是居民点总体布局的基本依据。在居民点总体布局的前期阶段，应以建设用地为主要调查对象，充分分析居民点布局现状条件，总结其表现特征与面临问题，为深化布局提供依据。总体来看，居民点布局现状基本特点与主要问题如下：

1. 居民点布局的基本特点

（1）居民点分布具有明显的地域性

从地域分布来看，居民点的分布与自然条件、社会经济发展状况密切相关。在平川地区，由于地势平坦，自然条件较好，交通便利，经济发达，居民点分布密度高，单个村庄占地规模大；在丘陵区和山区，一般地形起伏较大，地貌类型复杂，自然条件较差，交通不便，经济较为落后，农村居民点分布的密度较低，单个村庄占地规模小。

（2）人均用地规模普遍偏大

全国人均居民点面积一般均超过国家规定的人均用地 150 平方米的高限标准，特别是受到一户多宅的影响，人均占地规模普遍相对偏大。

（3）住宅用地是居民点布局的主体

住宅用地是居民点用地的主体，一般占 70% 以上。住宅用地的主导用地特征在居民点用地结构中极为明显，其次是道路用地，公共服务设施用地与产业用地面积较小。

2. 居民点布局的主要问题

（1）缺少系统规划，功能结构不尽合理

从总体看，居民点总体布局较为分散，尤其是山区，道路不连网，房屋不成排，缺少系统的规划，缺乏公共服务设施与基础设施，功能不完善。

（2）用地发展不平衡，宜居条件不佳

住宅用地与产业用地、公共服务设施用地、基础设施用地发展不平衡，使得居民点宜居条件不佳。居民点的环境卫生、乡村次序、村容村貌普遍存在脏乱差的问题。

（3）功能不清，用地穿插

在居民点的发展建设过程中，各种用地功能不清，相互穿插，路网不畅，住宅乱建，既不方便生产，也不方便生活。道路、公建、绿地布局不成系统，功能缺项情况普遍存在。

（4）居民点内部闲置土地比重高，占地面积大

有关数据表明，现有乡村居民点内部一般约有 10% 的土地处于闲置状态，在居民点内部土地尚未得到充分利用的情况下，仍在居民点外围划出一定数量的农田作为建设预留地，致使居民点规模不断扩大。

（5）居民点容积率和利用率较低，人均建设用地较高

由于居民点内普遍存在独门独院、一户多宅等现象，人均建设用地较高，使得居民点容积率比较低，从而使得其土地利用率也相对较低。

（6）居民点用地权属复杂，布局调整难度较大

在居民点长期建设过程中，各家各户拥有的宅基地、菜园地、耕地等情况一直都在发生变化。如住宅除了主房、院落以外，还有各种附属建筑物，并且随着分家析产和自由买卖，产权关系变得尤其复杂。居民点布局牵涉复杂的权属关系、邻里关系，调解任务繁重，工作难度往往很大。

（三）基本原则

1. 合理安排各类用地

全面综合地安排居民点各类用地，统筹布局各类建设用地。首先，安排好占比最大的住宅用地，处理好新建与整治的关系，满足农民建房诉求。其次，根据住宅布局特点，合理安排好公共服务设施用地、公共场地、道路用地、公用设施用地。再次，处理好居民点生产与生活、建设用地与非建设用地的关系，合理布局产业用地。

2. 系统完整，功能俱全

“麻雀虽小，五脏俱全”。居民点虽小也必须保持用地规划、组织结构的完整性。更为重要的是，要保持不同发展阶段组织结构的完整性，以适应居民点发展的延续性。系统完整不只是达到某一规划期限时是合理的、完整的，而是应该在发展的过程中都是合理的、完整的。

3. 因地制宜，突出特色

充分利用自然条件，挖掘乡土特色，体现地方性。如河湖、丘陵、田园等优势资源，宜有效地组织到居民点布局中来，为村民创造清洁、舒适、安宁的生活环境。充分尊重当地生活习俗及传统布局模式，结合山形水势、气候植被等自然地理环境，形成地域性的乡村风貌。对于地形地貌比较复杂的居民点，更应仔细分析地形特点，只有这样才能做出与周围环境协调、富有地方特色的布局方案。

4. 集中紧凑，方便使用

集中紧凑，达到既方便生产生活使用，又符合环保、卫生、安全等要求，同时又能使建设造价经济节约。应避免盲目新建、拉大框架、布局分散的不合理情况。居民点总体布局宜紧凑集中，体现居民点“小而美”的特点。不宜套用城市规划布局的模式，以免造成浪费和破坏。

5. 方便联系，互不妨碍

居民点总布局应强调各功能区之间方便联系，避免相互妨碍。结合居民点布局现状，在加快旧村更新与改造的同时，逐步推进新村建设，互不妨碍。各主要功能部分既要满足近期修建的要求，又要预见远期发展的可能性，有序推进各片区的建设。

（四）指导思想与工作方法

1. 处理好改造与新建的关系

居民点总体布局应遵循建成环境、现状格局以及各类建设用地布局现状，在充分尊重当地生活习俗及传统布局模式的基础上，进行改造与新建。在居民点总体布局过程中，应结合现状，对旧村加以合理利用，对有历史文化基础的历史街区、历史地段、历史建筑、传统建筑等加以保护，为逐步改造提升创造条件。当产业发展、人口聚集、住房改善、公共服务设施及基础设施建设等，带来居民点新增建设用地需求时，就需要考虑适当新增建设空间。

充分处理好新村与旧村的关系，两者分而不离。一方面，新村的建设应该同居民点现状有机地组合在一起，充分利用原有的公共服务设施和基础设施，减少村庄建设的投资。另一方面，新村的建设不能破坏原有居民点的肌理、风貌和格局，应充分遵循传统布局模式。对旧村的充分利用，可以支援新区的建设，而新村的建设又可以带动旧区的保护与利用，两者互相结合就可以有效提升居民点建设水平。当然，强调旧村利用和新村建设，还要以发展的眼光对待存量改造与增量提升，以满足村民日益增长的现代生活的需求为出发点，以推进乡村产业发展为目标，否则就不可能从总体发展的高度出发，做出好的居民点布局方案。

2. 处理好近期与远期的关系

近期与远期是对立统一、相互依存的。居民点总体布局应同时关注居民点近期建设项目的可实施性和远期发展目标的可预见性。合理的近期规划可以为居民点理清建设重点，指导居民点近期建设，为远期发展建设奠定良好的基础；合理的远景规划反映居民点的发展趋势，为近期建设指明方向（金兆森等，2001）。

当前居民点建设中存在重视近期成效、忽视远期规划等问题，近期建设短平快、远期规划流于形式。例如，各地的美丽乡村建设、幸福村居工程、环境宜居工程、村庄项目实施等工程，大部分是以近期项目实施为重点，重物质环境建设，轻经济社会研究，容易造成一窝蜂的盲目开发，浪费公共财政资源，同时也对水土资源造成了建设性破坏。不少工程刚刚建成就又成为改造对象，刚刚完工就成为反面教材，给乡村建设人为地造成许多被动局面，所以必须重视远期规划的重要性及其对近期建设的指导作用。根据村域规划内容，已经对村庄的目标、定位、主题作出了部署，乡村建设有了明确的方向，在此基础上应力求近期建设合理，并使近期建设纳入远期规划的轨道。采取由近及远的建设步骤，分年度、分阶段、有计划地实施居民点发展与建设项目。

3. 处理好生产与生活的关系

居民点总体布局应处理好生产与生活功能的空间关系，通过融合、联系与隔离等方式进行合理布局。片面强调某一功能的总体布局都会带来问题，给村民的生产、生活或乡村景观带来不利后果。至于对某一具体问题的处理，要根据不同情况和条件区别对待。居民点产业用地主要包括了村庄商业服务业设施用地和村庄生产仓储用地。一般而言，不宜安排有污染生产仓储用地，将工业生产与仓储用地逐步向城镇工业区集中。对于需要在居民点内保留、安排生产仓储功能的，一般应选择无污染、与农业生产相配套、带动地方劳动力就业的产业类型。生产空间与生活空间分而不离，生产上有相对独立的布局空间，保证基础设施的综合供给；同时不宜过分强调建立独立生产区，而应保证生产与生活联系的便捷性，促进产村一体、紧凑发展。而当产业用地以商业服务业设施用地（包括旅游服务设施）为主时，应强调生产与生活的融合，通过商业、服务业、旅游业的发展带动居民点的整体提升，促进服务化、经营化、景区化建设，提高居民点建设用地多元化发展。

4. 处理好中心与外围的关系

居民点总体布局应处理好中心与外围的关系，突出中心、统筹外围。居民点是乡村社会、经济、人口的集聚地。在居民点规划设计过程中，应合理布局公共中心建设用地，积极营建功能多元、形态开放、富有活力的居民点中心，精细打造村民的聚集场所。在空间布局表达上，居民点公共中心也是建设用地布局最为细致、形态最为优美、服务功能最为集中的场所，一般处于居民点中心或交通条件较好的位置。居民点外围则是以生活、生产区块为主，在总体布局过程中，从整体性与协调性出发，与自然环境、地形地貌相适应，与居民点原有肌理、布局模式相协调，突出总体布局的整体性。

中心与外围两者之间既有相互联系、相互依存的关系，又有局部与整体、重点与基础的关系。在居民点总体布局时，既要牢固树立全局观念，又要明确中心、突出亮点，处理好整体与局部的关系。

5. 处理好对内与对外的关系

居民点总体布局在推进乡村内部活力建设的同时，还要关注对外输出乡村价值，真正实现乡村复兴。一方面，村庄建设用地布局通过引导居民点内部要素的重组和整合，促进土地利用合理配置，重塑乡村活力；另一方面，对外应形成自己独特的产品或影响力，在乡村文化、生态环境、特色农产品等方面实现输出，并在建设用地布局上加强支撑。外部要素的流入为乡村在社会、经济、文化等方面注入了新鲜血液，成为居民点内部功能与要素重组的直接动力。

居民点总体布局应激发乡村内部结构的有机调整，使用土地利用得到重新优化组合。如在居民点内部用地功能的引导上，应积极提升土地利用的综合效用，挖掘每块用地的经济价值、民生价值和生态价值，并促进土地利用的优化组织。同时，通过居民点总体布局，积极吸引各种要素的回流与集聚，包括人口、资本、技术等，预留好服务和承接的空间。如以历史保护、生态旅游为特色的乡村，在合理划分保护区、安置区、社区服务区等内部用地功能以外，还应提供合理的对外服务空间，包括旅游集散、休闲街区、停车广场、景区入口等设施；对内服务功能与对外吸引设施两者之间相互融合、合理组织、共建共享。

图 5-4-2 为居民点总体布局的思想方法在武义县陶村村庄规划中的运用。

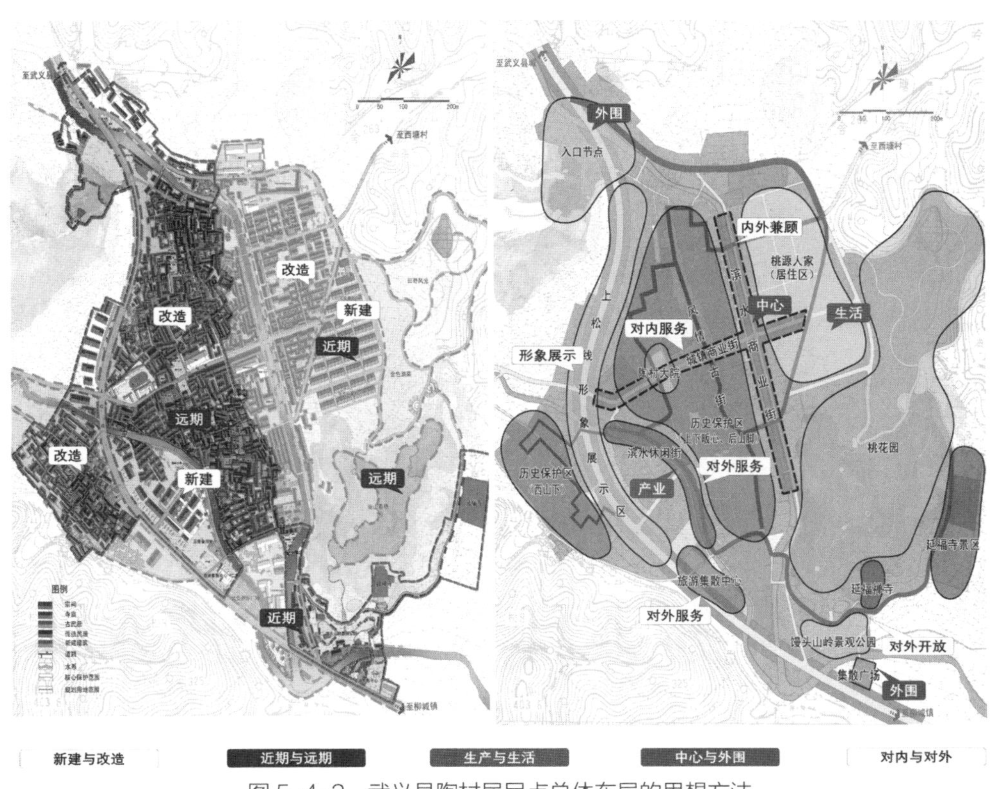

图 5-4-2　武义县陶村居民点总体布局的思想方法

（五）布局方案

在上述规划原则、思想方法的基础上，居民点总体布局最终形成“居民点功能结构布局方案、居民点土地利用布局方案、居民点详细规划布局方案”等三阶段成果。其中，功能结构布局是土地利用布局的总体框架，是建设用地布局的战略纲领；土地利用布局是功能结构布局的深化，是居民点建设实施的法定依据；详细规划布局是在土地利用布局的基础上进一步细化，成为居民点建设实施的引导性图件。

（1）居民点功能结构布局方案

居民点功能结构布局是在充分结合乡村现状与发展基础上，对居民点的生产、生活、休憩、交通等功能进行空间组织。各种功能对应于不同的建设用地，彼此之间有联系有依赖、有干扰有矛盾。因此，必须按照各类功能的布局要求和相互关系加以组织，使居民点成为一个有机整体。居民点功能结构布局方案应综合考虑公共服务设施布局结构、道路交通体系和居民点分布特征，以“中心、轴线、片区”分析居民点总体结构，并进一步构建空间景观体系，最终形成居民点功能结构图（图5-4-3为某乡村的居民点功能结构布局图）。

（2）居民点土地利用布局方案

在满足功能结构布局方案与人均建设用地指标要求的基础上，对村民住宅用地、公共服务用地、产业用地、基础设施用地和其他建设用地等进行合理布局，形成居民点土地利用布局方案。具体而言是基于居民点用地现状评价，综合考虑各类影响因素确定建设用地范围，充分结合居民点生产、生活、休憩、交通等功能，结合乡村服务设施布置标准，明确各类建设用地界线与用地性质，并提出居民点

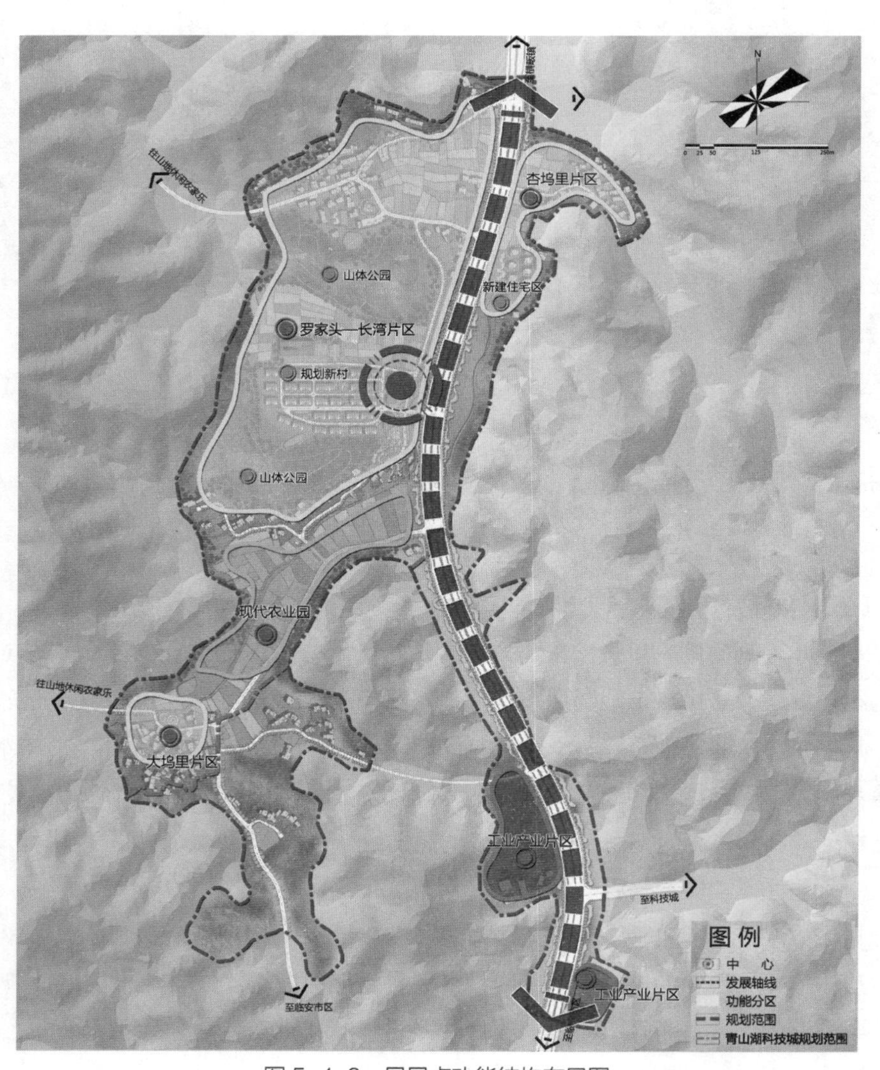

图 5-4-3　居民点功能结构布局图

集中建设方案，形成居民点土地利用布局图（图 5-4-4 为某乡村的居民点土地利用布局图）。

（3）居民点详细规划布局方案

依据居民点功能结构布局方案和居民点土地利用布局方案，结合生产、生活、环境建设需求，详细布置村民住宅、公共服务建筑、基础设施和生产仓储用房。在居民点详细规划布局时，应从村民的实际需求出发，尊重居民点传统布局模式，结合现代化农业生产和乡村生活习俗，形成有地方特色的建筑空间组合，构建有地域文化气息的公共空间场所，引导建筑院落、公共环境节点等方面详细设计，最终形成居民点详细规划总平面图（图 5-4-5 为某乡村的居民点详细规划布局图）。

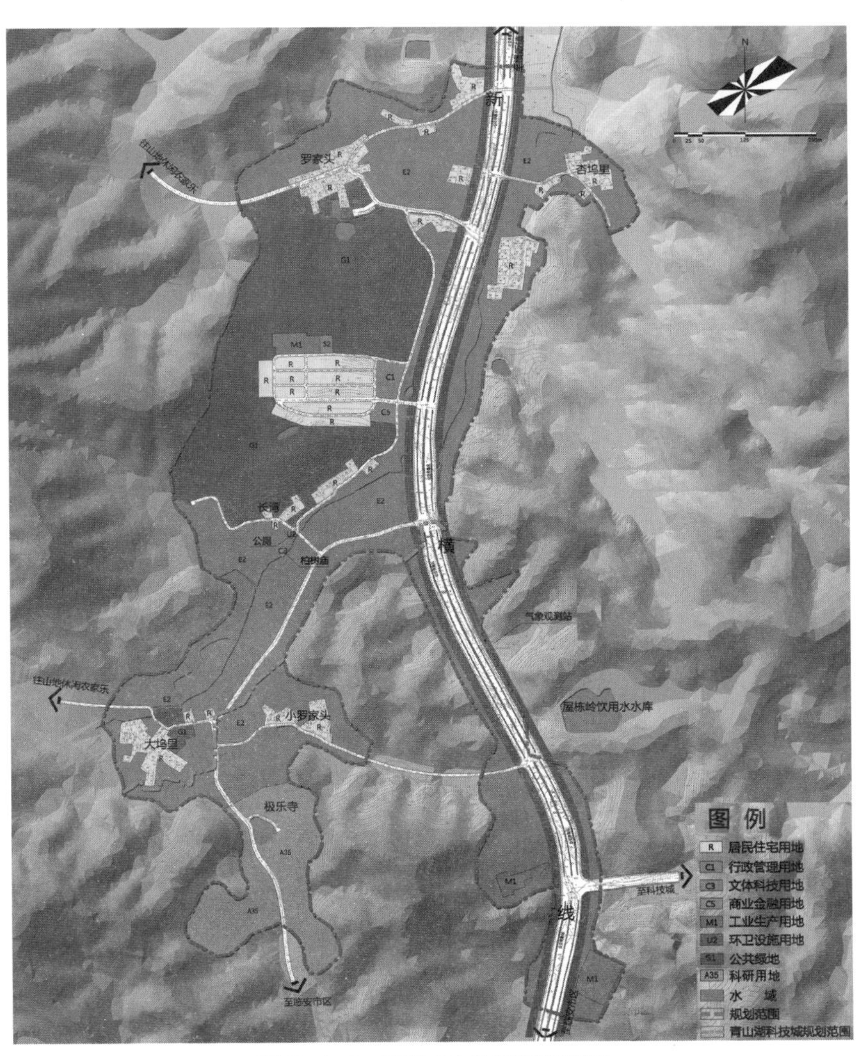

图 5-4-4 居民点土地利用布局图

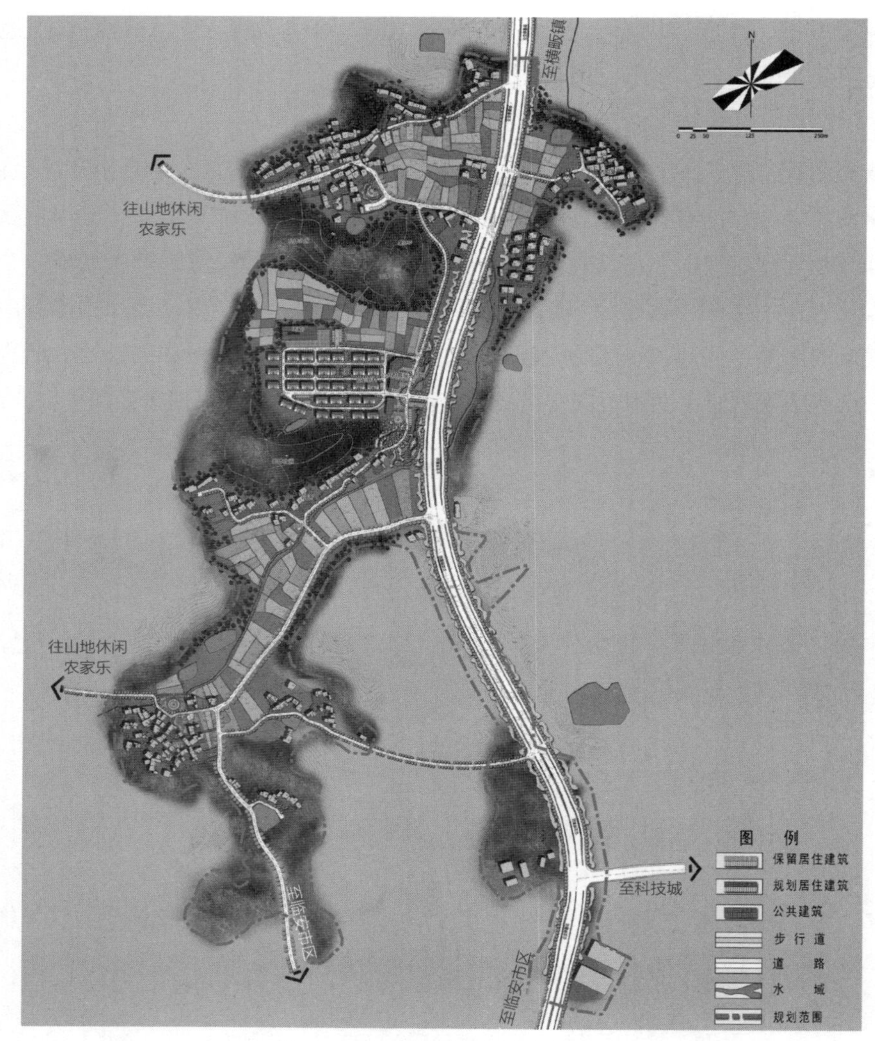

图 5-4-5　居民点详细规划布局图

第五节　住宅用地布局

(一)住宅用地布局的主要任务

住宅用地布局的主要任务是经济合理地创建一个舒适、方便、卫生、安宁和优美的居住环境,满足村民日益增长的物质、文化和生活需求。住宅用地不仅量大面广、占比较高(一般情况下,住宅建筑面积约占整个居民点总建筑面积的 80%,用地约占居民点总用地的 50%),而且在体现居民点总体形象方面起着重要的作用。住宅用地布局须根据居民点总体布局方案要求,对住宅用地各项建设进行全面综合的安排。当地的气候环境、地形地貌、交通条件、宗教习俗、物质技术、建筑单体形式及村民的经济生活水平等,对住宅用地布局影响较大。居民点住宅用地布局的内容如下:

（1）根据居民点总体布局方案，确定住宅用地的空间位置及范围；

（2）根据村民建房需求，确定增减户数规模，明确住宅用地规模；

（3）根据空间位置及用地条件，结合新建与更新等不同方式，确定住宅用地布局形式，处理好与开敞空间、公共服务设施、街道巷等设施的关系，合理布局住宅用地；

（4）确定住宅用地内民居建筑类型，包括层数、数量、布置方式，进行民居户型的设计；

（5）根据具体地形地貌，并与居民点传统布局模式相结合，确定民居建筑组合方式。住宅用地布局的基本任务如图 5–5–1 所示。

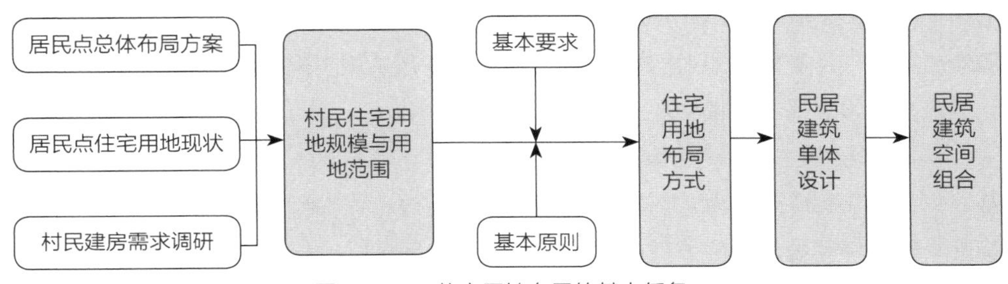

图 5–5–1　住宅用地布局的基本任务

（二）住宅用地布局的基本要求

1. 安全要求：住宅用地布局除了给村民提供一个正常的居住环境以外，还要为村民创造一个安全的居住环境。在进行住宅用地布局的过程中，应按照防灾减灾有关规定，尽可能最大限度地降低和减少其危害程度（金兆森等，2001）。

2. 经济要求：合理地确定民居建设的标准，以及公共建筑的数量、标准，降低居民点建设的造价。衡量一个居民点空间布局的经济合理性，除了一定的经济技术指标控制外，还必须善于运用多种规划布局相结合的手法，为居民点建设的经济性创造条件。

3. 实用要求：符合村民日常生活的使用需求是住宅用地布局的基本要求。村民的使用需求是多方位的，不同的家庭人口组成其使用需求也不相同，对住宅、环境的要求也不尽相同。为了满足不同村民的多种需要，在提供实用性民居户型外，还要合理地组织室外活动、休息场地。

4. 环境要求：给村民提供一个卫生、安静的居住环境。民居要求有良好的日照、通风条件，同时要防止噪声的干扰和空气污染等。

5. 美观要求：居民点规划要为村民提供一个优美宜居的居住环境。住宅用地是居民点总体形象的重要组成部分，也是环境宜居建设的主要抓手。住宅用地布局应根据当地历史文化、气候条件、地形地貌等特征，构建优美、怡人的布局环境。

（三）住宅用地布局方式

乡村居民点散而多，民居建筑质量也良莠不齐，在规划的时候，不可能完全拆除重建。规划时要针对区位条件较好、现状聚集程度比较高、建筑质量比较好的民居，采取保留和改建的方式，而对于新建的居民点，则根据村民意愿和实际需要，选择合理的位置并合理布局其内部空间。总结起来有以下几种布局方式：

1. 填充补缺法（旧区更新）

填充补缺指的是在现状住宅用地上进行相关要素的补充，增加土地集约度，提高人口承载力（蔡准等，2008）。综合评价现有民居，对建筑质量较差的采取拆除的方式，质量较好的则进行修整和保留；挖掘居民点内部未利用地，将新建民居填充到现状住宅用地内部，如图 5-5-2 所示。填充补缺时，要注重分析现状建筑肌理，在遵循原有肌理的基础上，布置新的民居建筑。填充补缺法一般适用于现有住宅用地的改造。

2. 中心围合法（新区拓展）

中心围合法，是将民居建筑围绕着某一个中心来布置，这个中心可以是一个院落、一块晒谷坪、一组公共建筑，也可是一座小山包、一个水塘等，如图 5-5-3 所示。院落、晒谷坪等可以作为公共交往的空间，是满足村民的日常活动的公共空间；传统住宅有围绕晒谷坪或院落而建的习惯，这种模式在规划时可以作为借鉴。水塘本身虽然不能作为交往空间，但由于其景观作用以及作为乘凉和闲坐的功能场所，故而水塘也可以成为建筑布局的中心。民居建筑围绕着中心形成了组团，组团之间相互接合又组成丰富的空间序列。

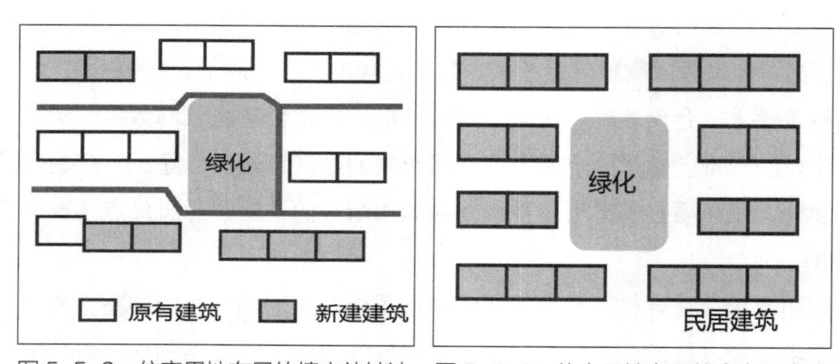

图 5-5-2　住宅用地布局的填充补缺法　图 5-5-3　住宅用地布局的中心围合法

3. 交通依托法（旧区更新、新区拓展）

受交通条件的影响，住宅用地通常选址在乡村主要道路的附近，有时一条穿越乡村的主要道路可以串联起多个居民点，形成了“葫芦串”、“葡萄串”的布局形式，这是交通导向法在村域层面的表现。在居民点内部空间的组织上，同样有交通依托的情况存在，如通过主要道路组织民居建筑，建筑沿路而居、对门而建、带状伸展，以道路建设引导居民点住宅用地布局，如图 5-5-4 所示。

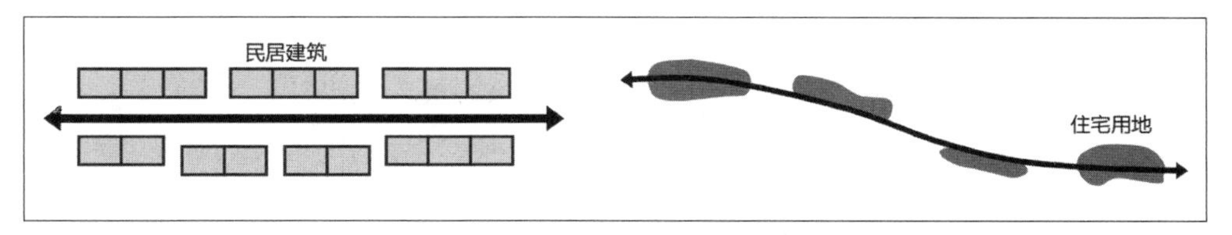

图 5-5-4 住宅用地布局的交通导向法

4. 地形导向法（旧区更新、新区拓展）

在地形起伏变化较大的居民点，由于规则布置需要的土方和工程量较大，通常采取散点式或自由式布置，不强调形成组团或公共空间，而是采取单独式的几幢建筑为一组进行自由布置。这种模式需要处理好建筑与地形的关系，通过分析地形变化来布局建筑，并找到一定的规律加以组织，否则容易引起杂乱无章，如图 5-5-5 所示。

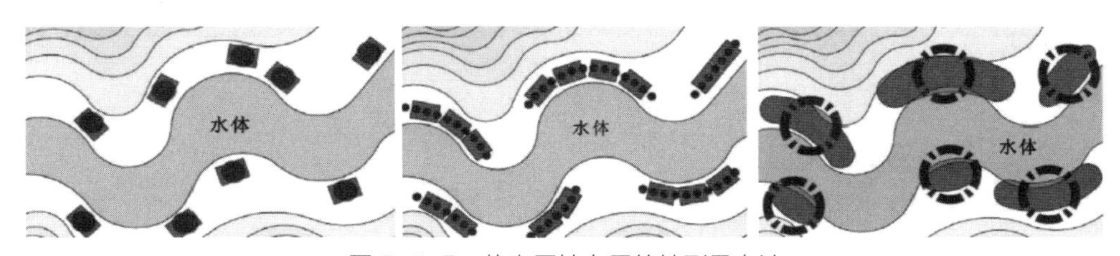

图 5-5-5 住宅用地布局的地形导向法

（四）民居建筑单体设计

我国地域辽阔，各种地形气候条件各不相同，也出现了各种类型的乡村民居建筑。但同一地区的乡村，民居建筑的选择形式和建造风格比较相似，也体现了民居的地域性。民居建筑一般有独立式、联立式、院落式三种形式，如图 5-5-6 所示。

1. 独立式。该种形式一般适合人员较多的家庭，建筑面积较大。目前，经济条件较好的地区采用该种形式较多。但由于占地面积较大，独立式民居不利于提高土地利用率，且单体造价也较高。

2. 联立式。当每户建筑面积较小，单独修建独立式不经济时，可将几户联建在一起，形成联立式的民居建筑。一般两户联立的称为双联，多户联立的称为多联。它比较适用于成片的规划和开发，这样既可节约土地，还可节省室外工程设备管线，降低工程总造价。

3. 院落式。当每户住宅面积较大、房间较多又有充足的室外用地时，可采用院落式。根据基地大小，可组合成独用式和合用式院落。南方地区，人们特别喜欢将院子分成前后两个：前院朝南，供休息起居或招待客人，种花植草养鸟喂鱼，是美化的重点；后院主要是菜园和家禽饲养区。院落式民居提供的居住环境较接近自然，又可发展庭院经济，比较受村民欢迎。

图 5-5-6　民居建筑单体形式

（五）民居建筑空间组合

1. 基本要求

民居建筑空间组合是住宅用地布局的主要内容，基本要求如下：①民居建筑空间组合，满足村民使用方便、住宅形式多样、居住环境美化、地方特色彰显等要求。②处理好与地形地貌、服务设施、道路街巷、停车场地的关系，综合考虑空间组织、绿地围合、管线敷设等要求，因地制宜地推进民居建筑空间组合。③满足建筑朝向和日照间距的要求。建筑朝向和日照要求历来都是被村民所看重的，朝向的好坏、日照时间的长短大大影响着村民的生活质量。④满足均好性的要求。建筑群体组合及民居造型对居民点面貌影响较大，但有些形式美观的建筑组合，往往需要牺牲部分民居的利益，缺乏均好性与合理性。

2. 组合方式

（1）带有传统布局模式的行列式布置

行列式布置即建筑按一定朝向和合理间距成排布置的形式。优点：可使大多数居室获得良好的日照和通风，同时也能节约、集约利用土地。缺点：处理不当会使空间产生单调、呆板之感。建议用错落、拼接、山墙分隔等传统布局方法处理，使空间活跃。该形式适用于平原，且可利用建设用地充裕的地区。

（2）带有传统布局模式的周边式布置

周边布置形式即建筑沿街坊或院落周边布置的形式。优点：形成较有特色的院落空间，空间感强；由于空间上围合，在寒冷、风沙地区，可阻挡风沙减少积雪；有利于提高建筑密度，节约用地。缺点：有相当部分房屋朝向较差，拐角处居民平面功能欠妥。该空间形式适应于平原或用地面积较大的地区。

（3）点群式布置

点群式布置形式即建筑不强调形成组团及公共空间，而采取独立几幢一组的散点布置，这种布置在地形起伏变化较大的地段。优点：适用性广，在各种用地条件下均可灵活使用。缺点：布局分散，建筑密度低，土地利用效率不高。点群式布置并不是随意的，建筑物虽单独散面于基地上，但彼此之间有一种有机联系，并在空间上形成一定的关系。经过规划的点群式布置，同样能形成有序变化的空间构图。

（4）线状布置

线状空间布局形态即建筑沿道路、河流等带状布局。优点：有方便的交通，均有面向道路的商业门面。缺点：干扰交通，存在交通隐患，基础投入较大，利用效率低等。线状空间布局的关键在于控制其长度，长度不宜过大。

（5）混合布置

混合布置即以行列式为主，辅以周边式、点群式等布置形式，形成半开敞式院落空间。优点是克服其他几种类型的不足，形成特色空间。缺点是存在部分房屋朝向不好的问题。

图 5-5-7 为民居建筑空间组合的 5 种方式。

带有传统布局模式的行列式布置

带有传统布局模式的周边式布置

点群式布置

线状布置

混合布置

图 5-5-7　民居建筑空间组合方式

第六节 产业用地布局

（一）产业用地布局的基本任务

村庄产业用地是指用于生产经营的各类集体建设用地，包括村庄商业服务业设施用地和村庄生产仓储用地。其中，商业服务业设施用地主要包括小超市、小卖部、小饭馆等配套商业，以及集贸市场、村集体用于旅游接待的设施用地等；村庄生产仓储用地主要指用于工业生产、物资中转、专业收购和存储的各类集体建设用地，包括手工业、食品加工、仓库、堆场等用地。产业用地布局是根据居民点总体布局方案，结合村庄住宅用地、特色旅游资源、农业种植空间、村庄道路交通等分布特点，合理布局商业服务业设施和生产仓储设施。其主要任务如下：

（1）根据居民点总体布局方案，确定商业服务业设施用地的规模、位置及范围；

（2）结合村庄住宅用地、特色旅游资源的分布特征，遵循规模适宜、布置集中、服务方便等原则，合理确定商业服务业设施的空间布局形式。

（3）根据居民点总体布局方案，确定村庄生产仓储用地的规模、位置及范围；

（4）结合村庄住宅用地、农业种植空间、道路交通等的分布特点，遵循保护耕地、安全防护、就近就业、方便生产等原则，合理确定生产仓储设施的空间布局形式。

产业用地布局的基本任务如图 5–6–1 所示。

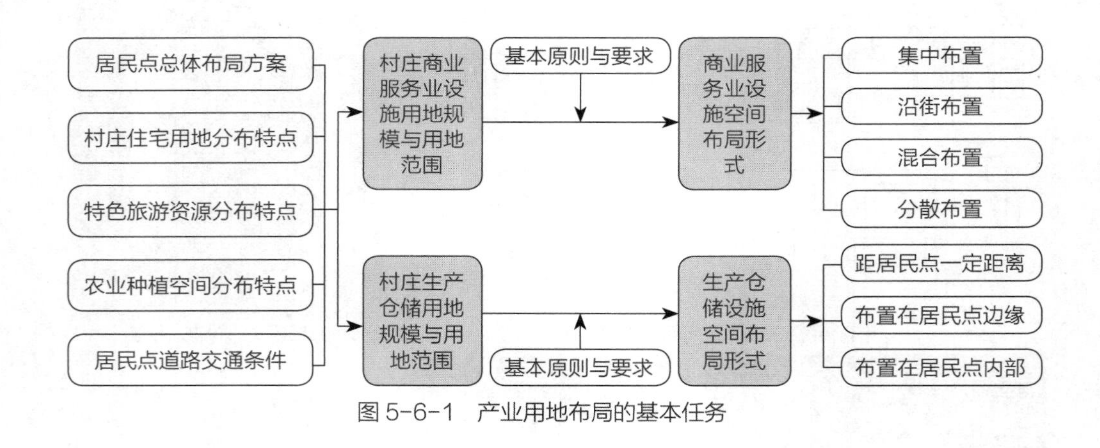

图 5-6-1　产业用地布局的基本任务

（二）商业服务业设施用地布局

1. 基本原则与要求

（1）规模适宜

从区域协作层面角度确定商业服务业设施规模，避免重复建设或设施规模不足。同时，与居民点常住人口规模相契合，合理确定商业服务业设施规模。由于乡村常住人口规模较小，商业服务业设施规模不宜过大。

（2）集中布置

由于商业服务业设施规模一般较小，服务人口较少，在布局时应尽可能集中布置，并按照商业服务功能聚集点加以营建，发挥商业服务业设施的聚集效应和规模效应。

（3）方便服务

商业服务业设施应结合村庄住宅用地、道路与交通设施等分布特点，布置在居民点人口分布的中心或人流集中处，满足方便服务的要求。在居民点小且分散的情况下，商业服务设施可采取分散式集中的方式，布置在各个居民点方便可达的位置。

2. 布局形式

（1）集中布置

①集中成片式布置：这是普遍采用的一种方式，优点是商业、集贸市场、旅游接待设施集中，服务内容较为齐全，村民及外来游客使用方便，与村庄的公共服务中心结合布局，便于形成村庄的公共中心。在布局过程中，围绕着集贸市场、旅游集散场地，跨街区、多地块、集中化地布置其他商业服务与旅游接待设施。

②广场围合式布置：以广场为中心，商业服务业建筑通过四面围合、三面围合、两面围合或单面布置的方式，形成商业服务中心。这种布置方式容易形成较好的围合空间，并结合临街、临水、临山形成良好的景观效果，可兼作为居民点公共集会的场所。

商业服务业设施集中布置形式如图 5-6-2 所示。

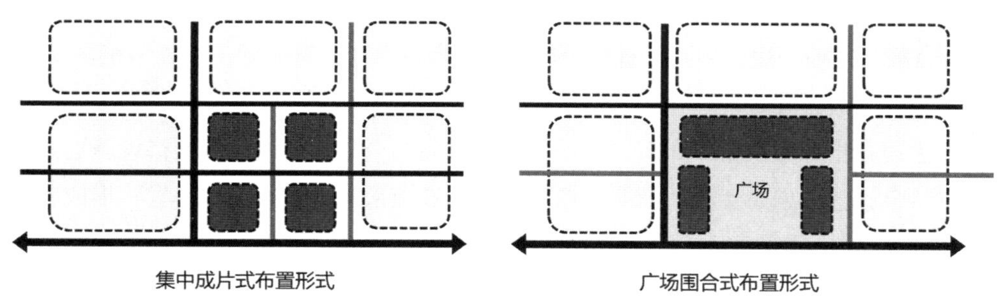

图 5-6-2　商业服务业设施集中布置形式

（2）沿街布置

①沿主要街道单侧布置：当居民点沿着主要街道单侧呈线型布局时，其商业服务业设施也将呈现该种布置方式。主要街道往往是居民点对外主要通道，车流人流较多；沿主要街道单侧布置商业服务业设施，另一侧则维持自然状态，俗称“半边街”。这样的布置方式有利于人流与车流分开，行人安全、舒适，流线简捷，对交通组织有利。

②沿主要街道两侧布置：该布置沿居民点内部主要街道呈线形发展，商业服务业设施布置在主要街道两侧，商业店面连续、街面繁华、人流集中，形成居民点重

要的商业街道。这样的商业街道有利于形成完整的街景，提升了居民点面貌。在古村落、传统村落里，商业服务业设施结合原有的传统步行街两侧布置，形成商业步行街；在较为繁华的居民点街道两侧布置商业服务业设施时，应合理引导机动车、非机动车、行人混行，防止交通混乱与阻塞。

③沿街坊布置：当居民点内部形成纵横网状街巷系统时，沿多条街巷两侧布置商业服务业设施，形成沿街坊周边式布置的形式。在该布置形式中，步行其中、安全方便，街巷曲折多变而街景丰富，业态融合多样，生活或旅游氛围强。若将乡村的特色商品市场、旅游接待设施等布置其中，则更加丰富多彩，有利于形成乡村旅游景点。

商业服务业设施沿街布置形式如图 5-6-3 所示。

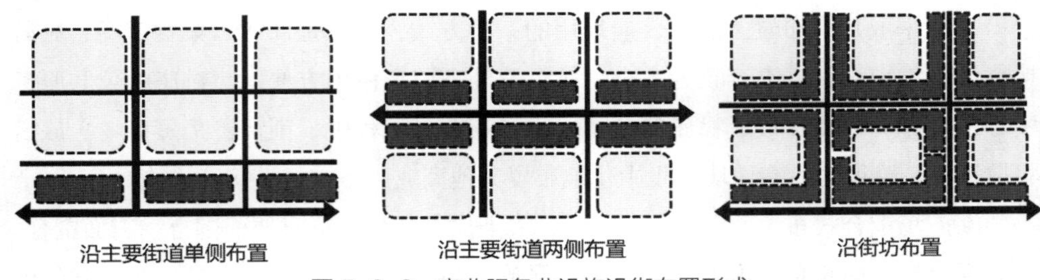

图 5-6-3　商业服务业设施沿街布置形式

（3）混合布置

在规模较大、设施较齐全或拥有优良旅游资源的乡村，可以将商业设施、特色农产品市场、旅游接待设施以及居民点公共服务设施等进行混合集中布置，形成有一定规模的商业与服务中心，有利于提升乡村吸引力及辐射水平，如图 5-6-4 所示。

（4）分散布置

主要是指分散式集中布置。当居民点分布较为分散时，或旅游接待设施远离居民点结合旅游景点布置时，商业与旅游服务业设施采取分散式集中布置，形成若干个相对集中的服务点，如图 5-6-5 所示。

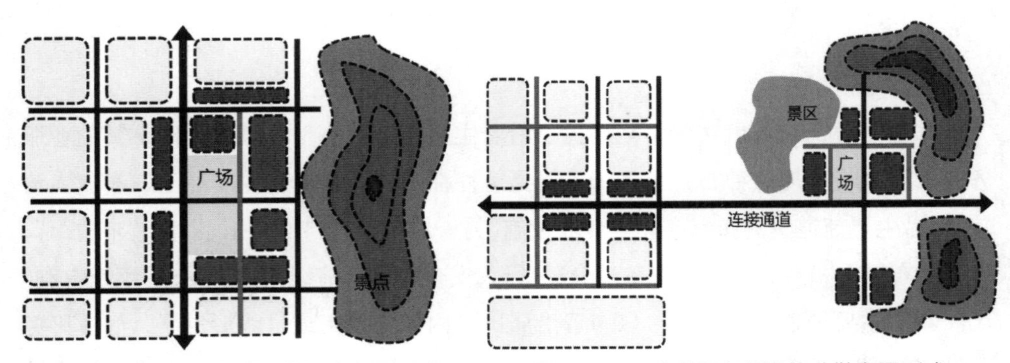

图 5-6-4　商业服务业设施混合布置形式　　图 5-6-5　商业服务业设施分散布置形式

（三）生产仓储用地布局

1. 基本原则与要求

（1）生态保护

生产仓储用地布局应坚持污染防治与生态环境保护并重。严格控制有环境污染的生产企业进入乡村，对现状有环境污染的企业进行治理或关停，把乡村污染防治与生态环境保护有机结合起来，努力实现城乡环境保护一体化。

（2）保护耕地

生产仓储用地布局时要从严控制建设用地规模，尽量不占或少占耕地，遏制乱占耕地的现象。生产仓储项目的建设应严格遵循农田保护规划，有利于保护耕地。

（3）规划协调

生产仓储设施的建设应与上位乡镇规划相协调，规模较大的生产仓储用地应纳入乡镇总体规划统一布点，从而科学合理地引导乡村工业的发展。

（4）与农业生产相结合

生产仓储设施应与地方农业生产相结合，形成以农产品加工、文化饰品与手工艺品生产、农产品仓储与运输业等为主的产业类型。结合当地农业产业特色与地域资源优势，因地制宜打造产业链，依托特色与优势提升乡村竞争力，推动乡村振兴。

（5）安全防护

生产仓储用地布局时应充分考虑生产、生活的安全性。结合安全、卫生的要求，有些生产仓储宜与居民点保持一定距离；综合考虑生产仓储用地与村庄住宅用地、道路交通用地、农业生产用地等各项用地之间的关系，保证生产运输过程中的安全性。

（6）方便生产

生产仓储与村庄居民点、农业生产用地宜保持适当的距离。一方面，方便村民就近就业，减少通勤距离；另一方面，减少农产品运输距离，方便生产。

2. 布局形式

（1）与居民点保持一定距离

由于经济、安全、卫生的要求，有些生产仓储应与居民点保持一定距离，如图5-6-6所示。如食品加工容易产生一定的臭气和污水，宜与居民点保持距离；有一

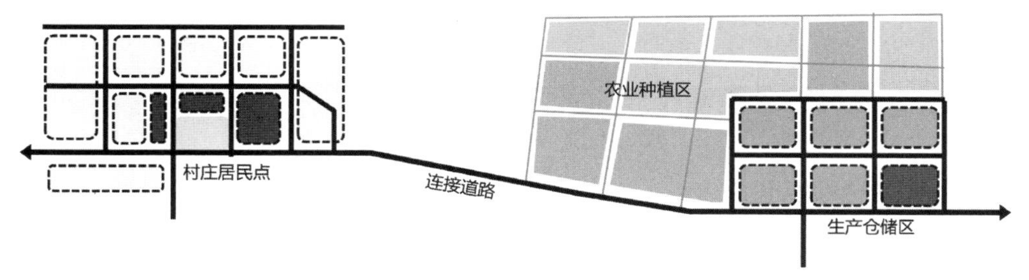

图5-6-6　村庄生产仓储距居民点一定距离布置

定危险的生产与仓储必须与居民点保留足够的防护距离；有些农产品货运量大或运输难度大，但加工成品后相对容易运输，则该类生产仓储宜靠近农产品种植基地。

（2）布置在居民点边缘

对居民点污染不大且规模不大的生产仓储，应布置在居民点的边缘、河流下游或风向频率最小上风向，并采取相对集中的布置方式，如图 5-6-7 所示。这样的布置方式有利于组织交通，缩短村民上下班路程，但应避免影响居民点的生长与拓展。

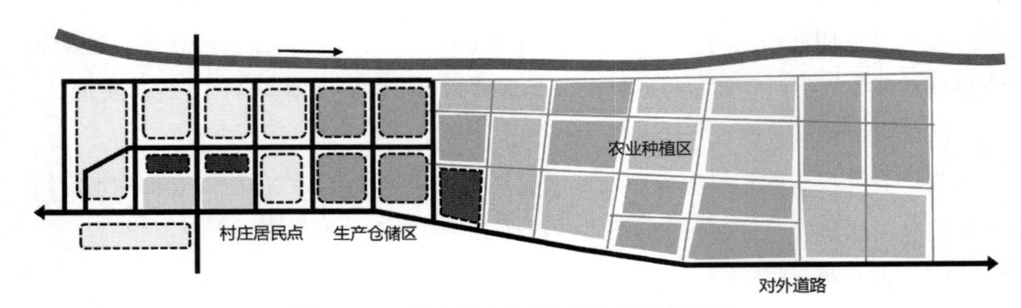

图 5-6-7　村庄生产仓储布置在居民点边缘

（3）布置在居民点内部

基本没有污染、用地小、货运量不大的生产仓储可布置在居民点内部，如图 5-6-8 所示。如传统农产品加工、手工艺品加工、小型食品生产、小五金、小型服务修配厂等。对居民点毫无干扰的产业仓储为数不多，一般生产运输都有一定的交通量和噪声，由于规模较小，如果布置得当，可以使居民点基本不受影响。

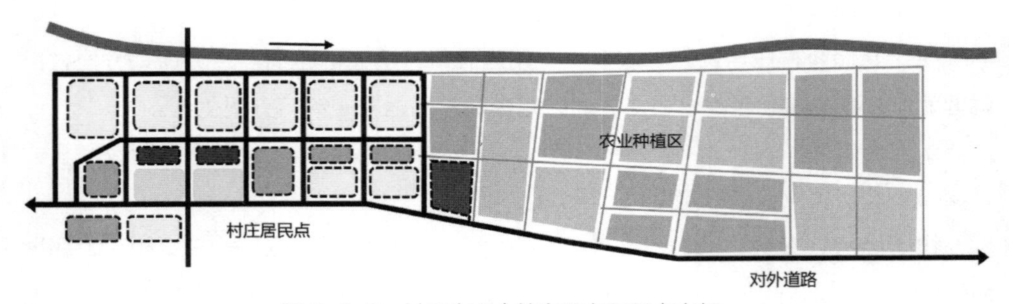

图 5-6-8　村庄生产仓储布置在居民点内部

第七节　公共服务用地布局

（一）乡村服务设施内涵

乡村服务设施是保证村民生活、生产而提供的基本公共服务设施的总称，涵盖教育、文化、就业再就业、社会保障、生态环境、公共基础设施、社会治安等领域（《中共中央关于构建社会主义和谐社会若干重大问题的决定》，2006.10）。乡村服务设施是农村地区全面持续发展的基础，是农村经济系统的一个重要组成部分，是促进城乡基本公共服务均等化和城乡统筹发展的重要基础。

（二）公共服务用地布局的主要内容

根据提供设施服务内容的不同，乡村服务设施分为公共服务设施和基础设施。其中，乡村公共服务设施是乡村社会事业发展的基础，具有公益性、社会服务性等特点，并根据服务半径进行供给，主要包括行政管理、教育、医疗、文体、商业等设施，如图 5–7–1 所示。

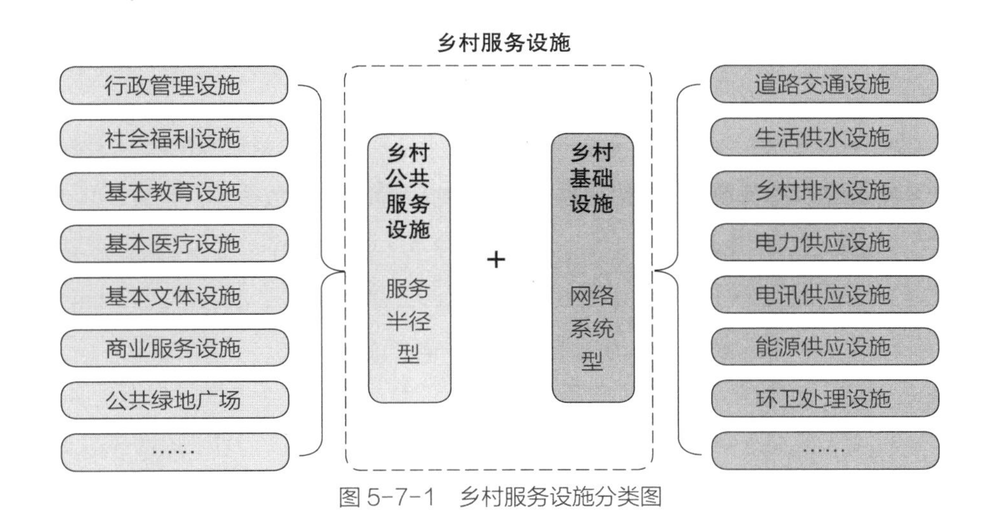

图 5-7-1 乡村服务设施分类图

（三）规划设计原则

当前，乡村公共服务设施普遍存在设施建设滞后、服务水平低下、规模效应不足等问题。以乡村公共服务为主体的乡村公共品供给以及乡村社会发展的薄弱环节，越来越成为城乡统筹发展的抓手和新农村建设的重要突破口。科学开展乡村公共服务设施规划，可以有效落实乡村振兴发展政策，为农业增产、农民增收、农村繁荣注入动力。

1. 全域统筹

基于区域统筹配置公共服务设施，避免重复建设，防止城乡服务设施布局混乱，发挥城市、小城镇对乡村的辐射作用。从村域一体化视角布置公共服务设施，提升服务设施的辐射范围。

2. 服务需求

公共服务设施规划应满足村民日益增长的美好生活需求，着重解决目前迫切需要解决的问题。针对发展条件较好的乡村，应以发展视野进行公共服务设施规划，满足随着乡村社会经济发展而带来的对公共服务设施的更高要求。

3. 经济合理

因地制宜、经济有效地进行公共服务设施规划建设。乡村居民点小且分散的普遍特征，往往限制了公共服务设施规模效应的发挥；而大量设施的建设，后期维护费用又会很高。忽视规模效益和维护费用，将会出现公共服务设施无法正常运营的情况，且易于造成资源浪费。

（四）公共服务设施布局

依公共服务设施配置要求，结合居民点建设现状，合理确定行政管理、教育、医疗、文体、商业等公共服务设施的规模与布局。地方乡村公共服务设施配置标准可根据上级相关标准与要求进一步细化。表 5–7–1、表 5–7–2、表 5–7–3 为浙江省、市、县有关乡村公共服务设施的配置标准。

乡村公共服务设施配置一览表（《浙江省村庄规划编制导则》2015.8）　　表 5–7–1

类别	设施名称	服务内容	设置规定		设置要求
			中心村	基层村	
行政管理及综合服务	村委会	村党组织办公室、村委会办公室、综合会议室、档案室、信访接待	必须设置	应设置	—
	文化礼堂及场地	举办各类活动的场所	应设置	可设置	—
	养老服务站	老年人全托式护理服务	应设置	可设置	—
	治安联防站	—	应设置	可设置	—
教育	托儿所	保教小于3周岁儿童	应设置	可设置	根据实际情况确定全托与半托的比例
	幼儿园	保教学龄前儿童	应设置	可设置	
	小学	6~12岁儿童入学	可设置	不应设置	根据教育部门有关布局规划设置
医疗卫生	医疗室	医疗、保健、计生服务	必须设置	应设置	—
文化体育	文化活动中心	老年活动中心、儿童活动中心、农民培训中心等	应设置	宜设置	—
	图书室	可与文化活动中心等其他设施合设	应设置	宜设置	—
	科技服务点	农业技术教育、农产品市场信息服务	应设置	可设置	可与相关设施合设
	全民健身设施	室内外健身场地	应设置	应设置	结合公共绿地和广场安排

续表

类别	设施名称	服务内容	设置规定		设置要求
			中心村	基层村	
商业服务	农村连锁超市	销售粮油、副食、蔬菜、干鲜果品、烟酒糖茶等百货、日杂货	应设置	可设置	—
	农村淘宝店	提供村民淘宝网买卖商品服务	宜设置	可设置	结合广场、农村连锁超市设置，并铺设相关线路接通网络，配置电脑、电子屏幕等设备
	邮政、电信、储蓄等代办点	邮电综合服务、储蓄、电话及相关业务等	应设置	可设置	也可依托镇区（乡集镇）现有设施或几个村庄合建
基础设施	垃圾收集点	垃圾分类收集	必须设置	应设置	—
	供电设施	—	必须设置	应设置	—
	供水设施	—	必须设置	应设置	—
	燃气供应设施	—	宜设置	可设置	—
	小型污水处理站	村庄生活及生产污水处理，可集中，可分散	必须设置	应设置	—

注：“必须”表示很严格，非这样做不可；“应”表示正常情况下均应这样做；“宜”表示允许稍有选择。

杭州市中心村规划公共建筑项目配置表（《杭州市中心村规划编制导则》） 表 5-7-2

项目		配置必要性	设置要求	建筑面积建议	
村委会		▲	单独设置	不少于300m²	
村社区服务中心	社区办公室	▲	可结合村委或村社区服务中心设置	不少于20m²	建筑占地面积不少于500m²
	警务（综治）室	▲		不少于15m²	
	会议（党建活动）室	▲		不少于80m²	
	图书（科技）阅览室	▲		不少于30m²	
	老年活动室	▲		不少于50m²	
	社区卫生服务站（村卫生室）	▲		不少于150m²	
	求助保障站	▲		不少于20m²	
	村民（人口）学校	▲		不少于400m²	
	农业综合服务站	▲	可结合村社区服务中心或单独设置	不少于200m²	
	户外文体活动场所	▲	可结合村委或村社区服务中心设置，也可单独设置	用地面积不少于500m²	
小学		△	单独设置	根据班数按《浙江省九年制义务教育普通学校建设标准》设置	
幼儿园托儿所		▲	可单独设置，也可附设于其他建筑	根据班数按《托儿所、幼儿园建筑设计规范》设置	

续表

项　目	配置必要性	设置要求	建筑面积建议
商业性设施	▲	可单独设置，也可附设于其他建筑，宜相对集中设置	按服务人口规模估算，用地面积不少于$0.2m^2$/人
公厕	▲	与公共建筑、活动场地、绿地结合	每座不少于$30m^2$

注：△为建议配置，▲为必须配置。

德清县乡村公共服务设施配置一览表　　表 5-7-3

序号	设置项目		一级服务圈（中心村）		基本服务圈（基层村）		配置要求
			配置弹性	配置标准	配置弹性	配置标准	
1	行政管理服务设施	综合服务中心	★	建筑面积>$600m^2$	—	—	含“五站、四栏、三室、二厅”。“五站”指党员活动站、综合服务站、社会保障站、计生服务站、农技服务站；“四栏”指公开栏、信息栏、宣传栏、阅读栏；“三室”指办公室、调解室、避灾室；“二厅”指村民议事大厅、便民服务大厅
2	教育设施	幼儿园	☆	人口规模达到5000人左右，可设6班幼儿园，占地约$3000m^2$	☆	设置为教学点与幼儿园规模设置相同	生均用地按浙江省6班幼儿园规划指标计（$17.86m^2$/生）
3	医疗卫生设施	卫生服务中心/站	★	建筑面积>$120m^2$	☆	可含在社区行政管理与公共服务用房内	以行政村为单位或按服务人口3000~5000人设置
4	社会福利与保障设施	托老所	★	建筑面积>$200m^2$	☆	建筑面积>$100m^2$	基层村可结合综合服务中心设置
5	文化体育设施	体育健身设施	★	用地面积>$1000m^2$	★	用地面积>$600m^2$	含1片混凝土标准篮球场，1张以上乒乓球台（室内或室外），室外全民健身设施及活动场地。基层村可结合文化活动中心一并设置
		文化活动中心	★	建筑面积>$100m^2$	☆	建筑面积>$80m^2$，可含在社区管理服务用房内	包括图书阅览室（农家书屋）、教育培训、活动中心乡风馆、电脑室等。基层村可结合社区行政管理与公共服务用房一并设置
		村民大舞台	★	占地面积>$60m^2$	—	—	场地平坦与综合服务中心相邻，与体育健身设施等相邻
		文化礼堂	★	建筑面积>$200m^2$	☆	传统村落或特色村庄可建设，建筑面积约$200m^2$	突出乡村特色，包含村庄精神展示、礼教弘扬、文化展览、村民活动等

续表

序号	设置项目		一级服务圈（中心村）		基本服务圈（基层村）		配置要求
			配置弹性	配置标准	配置弹性	配置标准	
6	商业服务设施	菜市场	★	用地面积100~500m^2	☆	用地面积50~250m^2	包括粮油、蔬菜、肉类、水果、水产品、副食品等商品销售。可为露天市场
		生活日常用品超市	☆	建筑面积约100m^2	☆	建筑面积约70m^2	可单独布置或与住宅合设
		农贸超市	☆	建筑面积100~300m^2	—	—	—
7	公用营业网点	邮政代办点（农村邮政加盟店）	★	建筑面积>160m^2	☆	可含在社区行政管理与公共服务用房内	包括出售邮资凭证，国内函件、包件业务，水、电、气等代缴费业务，市民卡等充值业务，汽车票、火车票、飞机票等票务代理业务，国内电话业务，报刊、邮件投递业务等。可结合商业金融服务设施设置
		电信代办点	★	可含在邮政代办点内	☆	可含在邮政代办点内	包括有线电视、移动通讯、互联网业务等
8	公共绿地	公园、小游园	★	用地面积>3000m^2	★	用地面积>1000m^2	可与文化体育设施一并设置，山区乡村公共绿地面积可适当减小
合计：（公益性基本公共服务设施（表中前五项）建筑面积）			>1200m^2		>500m^2		不含体育健身设施、幼儿园、垃圾收集点、液化石油气瓶装供应点和商业服务设施的建筑面积

注：☆为建议配置，★为必须配置。

在公共服务设施规划过程中，应根据村庄规划人口规模，结合相应配置标准，明确各类公共服务设施的配置数量与规模；依据规划居民点分布特点，按照服务半径合理布局各类公共服务设施。表5-7-4、图5-7-2为浙江省临安市大罗村村庄规划确定的公共服务设施配置表与配置图；由于乡村规模较少、居民点分布较广，规划中在村域范围进行公共服务设施布局。

临安市大罗村公共服务设施配置表　　　　表5-7-4

项　目		设置要求	建筑面积建议
村委会		大罗村村综合楼	1500m^2
村社区服务中心	社区便民服务中心	结合村委设置	150m^2
	会议（党建活动）室		200m^2
	文体辅导站		150m^2
	老年活动室		200m^2

续表

项　目		设置要求	建筑面积建议
村社区服务中心	村卫生室	结合村委设置	700m²
	求助保障站		150m²
	村民(人口)学校		不少于400m²
	劳动保障服务室		200m²
	农业综合服务站		700m²
	户外文体活动场所	社区服务中心南侧	结合广场布置，2000m²
幼儿园		大罗村村综合楼	800m²
商业性设施		公共服务中心、新横线西侧	1660m²
公厕		与社区服务中心、户外文体活动场所、绿地结合	共4座，每座不少于30m²

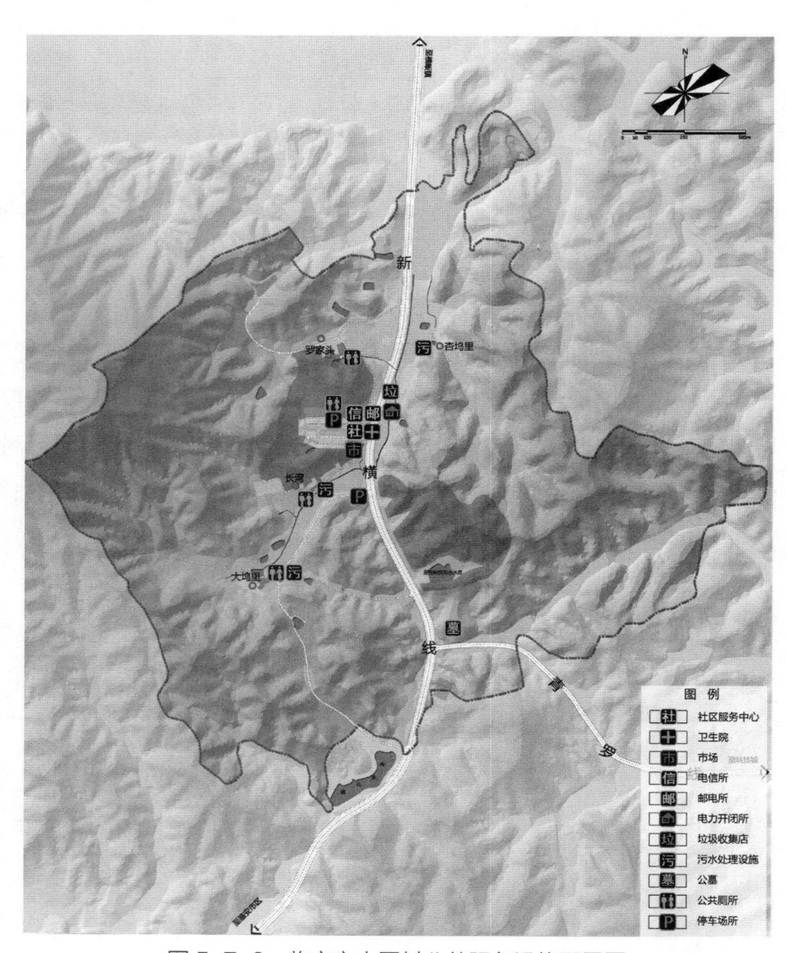

图 5-7-2　临安市大罗村公共服务设施配置图

第八节 基础设施用地布局

（一）基础设施规划的内容与原则

基础设施规划是乡村生产、生活的支撑系统，具有网络化、系统化特点，主要包括道路交通、给水排水、电力电信、能源利用、环境卫生等设施。基础设施规划的具体原则为：

1. 共建共享

基于区域统筹配置乡村基础设施，避免重复建设，发挥城市、小城镇对乡村的辐射作用；并积极推进乡村之间基础设施的共建共享。

2. 满足需求

基础设施规划应结合村民需求，着重解决目前迫切需要解决的问题。针对发展条件较好的乡村，应以发展视野进行基础设施布局，提升基础设施的建设标准。

3. 因地制宜

经济合理、规模适宜地进行乡村基础设施规划建设。由于居民点小且分散的普遍特征，大量基础设施建设，后期维护费用又会很高，容易产生基础设施无法正常运营、公共资源浪费的情况。

（二）基础设施规划的配置要求

依据基础设施规划配置要求，合理确定道路交通、给水排水、电力电信、能源利用及节能改造、环境卫生等基础设施建设规模，进行合理的空间布局。表 5-8-1 为《浙江省村庄规划编制导则》确定的乡村基础设施配置表。

乡村基础设施配置一览表（《浙江省村庄规划编制导则》2015.8）　　表 5-8-1

序号	设置项目		设置弹性			配置要求
			一级服务圈（中心村）	基本服务圈（基层村）	配置标准	
1	交通设施	通村道路	★	★	全线应符合公路等标准四级及以上技术标准	路基宽度≥4.5m，路面宽度≥3.5m，条件允许路段宜采用6.5m路基宽度；原则要求路面面层为沥青或水泥路面
		公交站点	★	☆	—	沿村庄主干道布置，位置选择以便于使用为宜
		校车接送点	★	☆	分散性村庄可灵活布置	沿交通干道布置，可适当与公交站点结合
2	供水设施	蓄水池	☆	☆	根据供水人口确定供水规模	因地形或其他原因未纳入城镇给水系统的村庄；根据相关规范，乡村最高日用水量为130~190（L/人·d），日变化系数为3.5~2.0；未预见水量及管网漏失水量可按最高日用水量的15%~25%合并计算

续表

序号	设置项目		设置弹性			配置要求
			一级服务圈（中心村）	基本服务圈（基层村）	配置标准	
3	供电设施	配电室/箱	★	—	配电变压器低压侧配电室或配电箱应靠近表压器，其距离不宜超过10m	农村用电量约为3~6kV·h/人·天； 室外配电箱应牢固地安装在支架或基础上，箱底距地面高度不低于1.0m； 配电室一般可采用砖、石结构，屋顶应采用混凝土预制板，屋顶承重构件的耐火等级不应低于二级
4	供燃气设施	液化石油气瓶装供应站	☆	—	用地面积500~600m^2	燃气管线覆盖的地区之外的地区可为用户提供换瓶服务，可储存一定数量的空瓶和实瓶。可结合商业服务设施设置
5	通信设施	电信交换箱	★	—	结合电信网点布置	布置于道路沿线，注重平时的检修
6	排水设施	生态污水处理设施	★	★	规模根据处理量确定	适用于生态保护区、未纳入城镇污水管网体系的村庄； 可采用人工湿地、生物过滤、污水处理池、氧化沟等方式对生活污水进行处理回用； 化粪池可布置于公厕附近
7	环卫设施	垃圾收集店	★	★	服务半径应不超过0.8km	位置布局以适合使用需求为宜
8	消防设施	垃圾桶	★	★	服务半径约100米，或者1户/5户	垃圾桶的具体设置数量和放置地点可根据村庄实际确定，村庄主干道旁、村庄公共场所附近可重点配置
		公厕	★	★	建筑面积≥40m^2	服务半径不宜大于80m，结合乡村规划设置
		消防栓	★	★	须与供水管网结合	室外消防栓间距≥120m，消防栓距路边≤2m，距房屋外墙≥5m

注：☆为建议配置，★为必须配置。

（三）基础设施规划

1. 道路交通

明确居民点道路等级和断面形式，提出现状道路交通设施的整治改造措施，确定道路控制点标高，布局停车设施，明确公交站点的位置。图 5–8–1 为临安市大罗村道路交通规划图。道路交通规划应统筹村域及居民点，在方便生产、服务生活的基础上，满足以下要求：

（1）满足通与达的要求。道路系统应主次分明、分工明确，停车设施规模适宜、合理分布，满足通与达的要求，使居民点拥有安全、方便、经济的道路交通设施。

（2）结合地形、地质和水文条件，合理规划道路网走向。居民点道路网规划，既要满足道路行车技术的要求，又要充分结合地形、地质、水文条件，方便连接建筑物、街坊、公共中心等。道路网宜简洁布局，减少土石方工程，为行车、建筑群布局、排水、路基稳定创造良好条件。

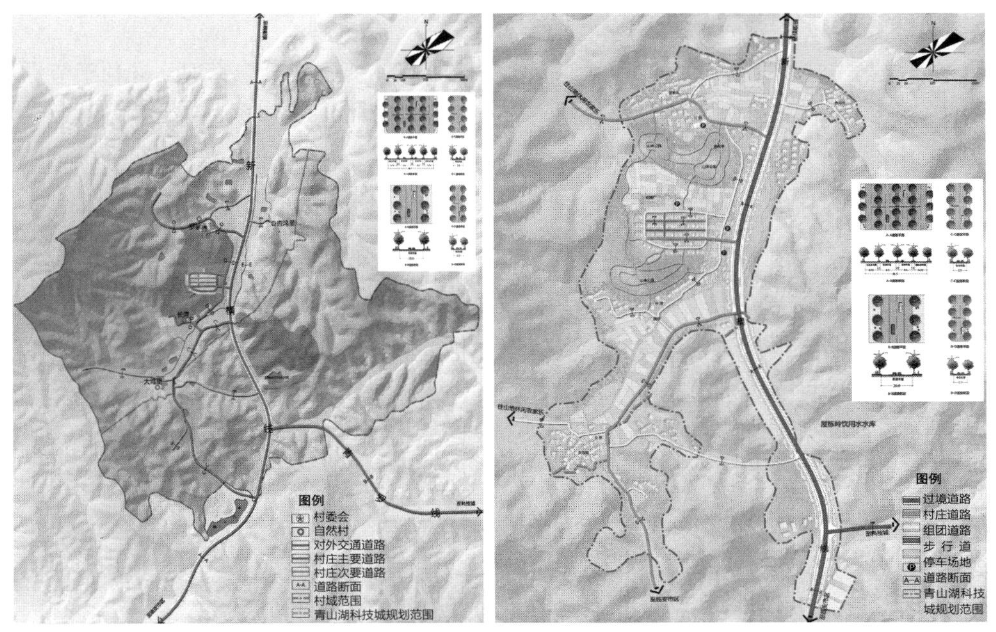

图 5-8-1　临安市大罗村道路交通规划图

（3）满足环境建设要求。合理布置居民点道路网，保持生活区与交通干道有足够的消声距离，为建筑布置创造良好的日照、通风条件。当有地形高差时，日照间距应根据前后建筑实际高差进行设置，保证有足够的建筑间距。

（4）满足乡村景观的要求。居民点道路应尽可能地把自然景色、历史古迹、传统建筑、公共中心等进行串连，打造美丽风景线，推进整洁美观、绿色环保、丰富多彩的乡村面貌建设。

（5）有利于地面排水。居民点道路中心线的中坡应尽量与两侧建筑性的纵方向取得一致，街道的标高应稍低于两侧建筑，便于地面水的排除。道路竖向设计时，干道断面设计要配合排水系统走向；山地村庄的道路，两侧设置排水明沟，有利于地面排水。

（6）满足各种工程管线布置的要求。随着居民点不断地发展，各类公用设施和市政工程管线将越来越多；考虑到投资成本，居民点道路应兼顾考虑管线架空与管沟入地两种布置方式。

2. 给水工程规划

合理确定给水方式、供水规模，确定输配水管道敷设方式、走向、管径等。

（1）规划要求

①主动融入供水城乡一体化工程；

②水源选择和供水单位不受乡村行政区划限制，应从区域的角度合理配置水资

源，选择优质水源并加强水源保护；

③工程布置和技术方案应因地制宜、安全可靠、便于建设与管理，有利于节水、节能和环境保护，避免干旱、洪涝、冰冻、地震、地质等灾害以及污染的危害；

④应与相关规划相协调，统筹考虑城乡供水问题，近远期结合，分期实施；

⑤应充分利用现有水源工程和供水设施。

（2）用水量预测

乡村用水对象主要为村民生活用水、生产用水、公共建筑用水、道路及绿化浇洒用水、消防水量和未预见用水量。用水标准参照《村镇供水工程设计规范》SL 687—2014，用水量预测方法采用比例相关法，生活用水定额参照现状及用水标准确定，公共建筑等用水采用当地合适的用水系数确定。设计供水规模按照各项用水量的综合确定。

（3）水源选择

水源选择主要考虑下列基本要求：水质良好，便于卫生防护；水量充沛；符合当地水资源中长期统筹规划；其他相关政策和要求。

（4）供水系统

乡村供水工程规划应考虑供水的经济性与安全性，供水系统一般采用树枝状给水管网，供水主干管一般沿村内主要道路布置，并供水到户；供水管材一般采用PE、PPR、球墨铸铁管等，管道埋设一般采用地下直埋，埋设深度不低于0.5米。

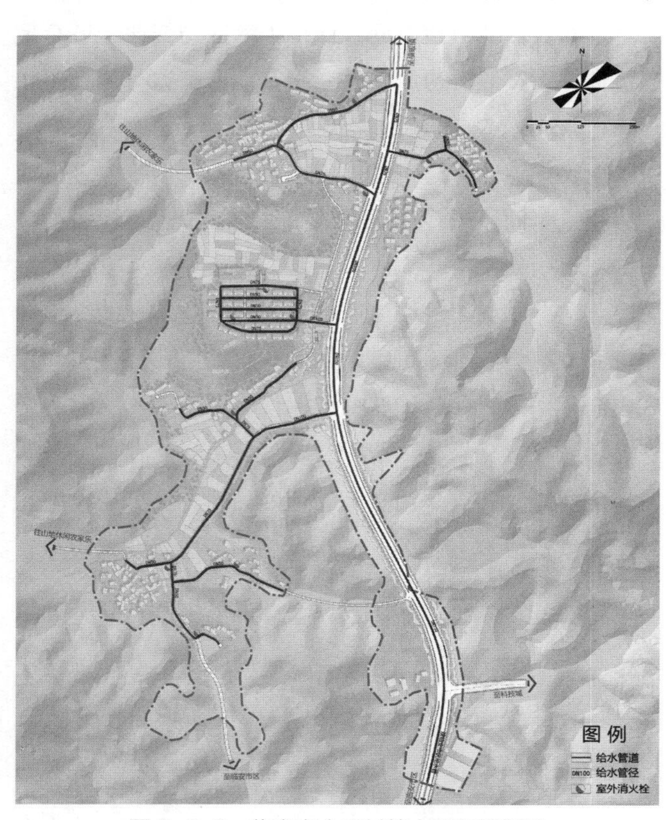

图5-8-2　临安市大罗村给水工程规划图

（5）成果

乡村规划应提供给水工程规划图，并标明水源、取水点、取水设施、泵站、水厂等设施位置；供水管道走向、位置及管径；供水压力及给水管材。图5-8-2为临安市大罗村给水工程规划图。

3. 排水工程规划

（1）规划内容

①估算乡村总排水量，包括生活污水量、生产污水量和雨水量；

②确定排水体制、排水范围和排水方向，雨水排放尽量乡村沟渠和水系进行排放；

③确定排放标准、处理方法以及污水处理设施规模、雨水排放与收集设施规模；

④布置污水和雨水管网，确定各类排水管线、沟渠的走向，雨水排放要遵循生态优先、海绵乡村的建设理念；

⑤进行水力计算，确定雨水管渠、污水管道的管径或断面尺寸；

⑥确定排水管道的敷设方式、埋深及管材。

（2）规划成果

应提供排水工程规划图，标出低影响雨水开发设施、雨水泵站、雨水排放口、污水处理设施等位置及规模；排水管道走向及管径或断面尺寸。图 5-8-3 和图 5-8-4 为临安市大罗村污水工程规划图和雨水工程规划图。

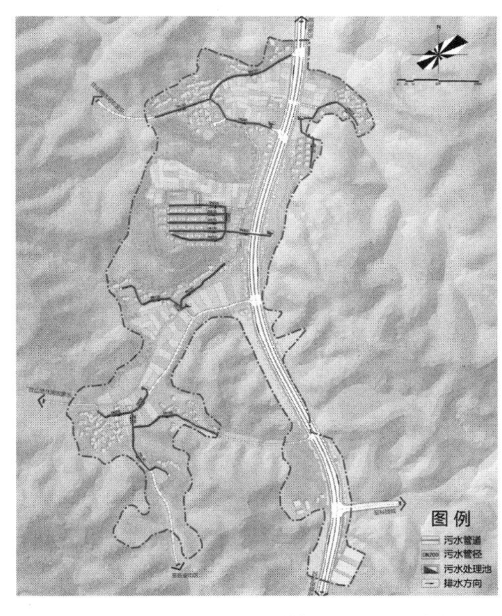

图 5-8-3　临安市大罗村污水工程规划图

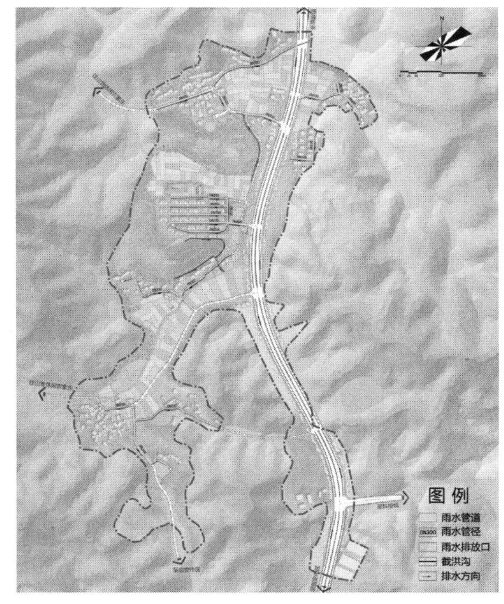

图 5-8-4　临安市大罗村雨水工程规划图

（3）乡村生活污水处理模式

人工湿地是一种通过人工设计、改造而成并控制运行的半生态型污水处理系统。人工湿地投资费用较少，运行费用低，维护管理简便，水生植物在加强污水处理效果的同时还可以美化环境，调节气候，节约水资源，增加生物多样性。表 5-8-2 为乡村生活污水十大技术模式，图 5-8-5 为人工湿地示意。

乡村生活污水十大技术模式　　表 5-8-2

1. 沼气池资源化利用模式	2. 沼气池+兼氧过滤模式
3. 沼气池+微动力模式	4. 沼气池+人工湿地模式
5. 沼气池+稳定塘模式	6. 厌氧+兼氧过滤模式
7. 厌氧+微动力模式	8. 厌氧+人工湿地模式
9. 厌氧+稳定塘模式	10. 多种技术综合模式

图 5-8-5　人工湿地示意

4. 电力电信

确定用电指标，预测生产、生活用电负荷，确定电源及变、配电设施的位置、规模等；确定供电管线走向、电压等级及高压线保护范围；提出现状电力电信杆线整治方案，确定电力电信杆线路布设方式及走向。图 5-8-6 为临安市大罗村电力、电信工程规划图。

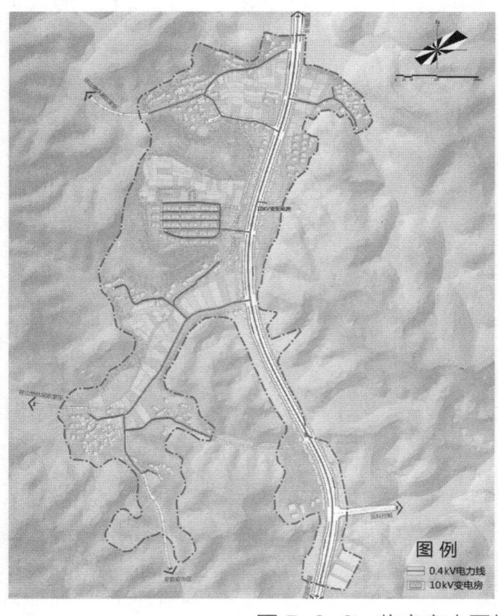

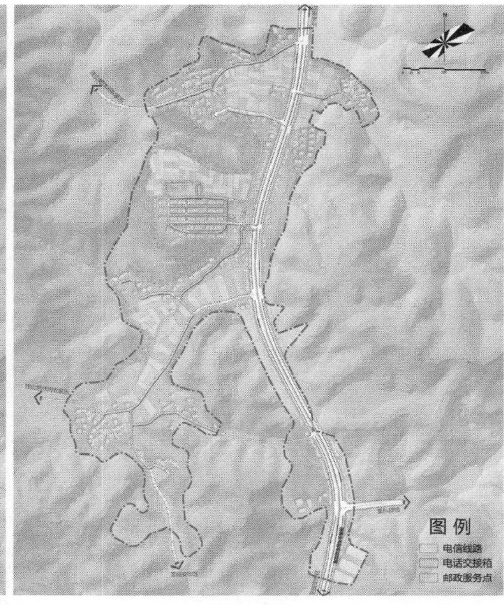

图 5-8-6　临安市大罗村电力、电信工程规划图

5. 能源利用及节能改造

确定乡村生活生产所需的清洁能源种类及解决方案；提出可再生能源利用措施；提出房屋节能措施和改造方案，明确节水措施。图 5-8-7 为临安市大罗村能源利用及节能改造利用。

6. 环境卫生

按照农村生活垃圾分类收集、资源利用、就地减量等要求，确定生活垃圾收集处理方式，合理确定垃圾收集点的布局与规模。图 5-8-8 为临安市大罗村环境卫生工程规划。

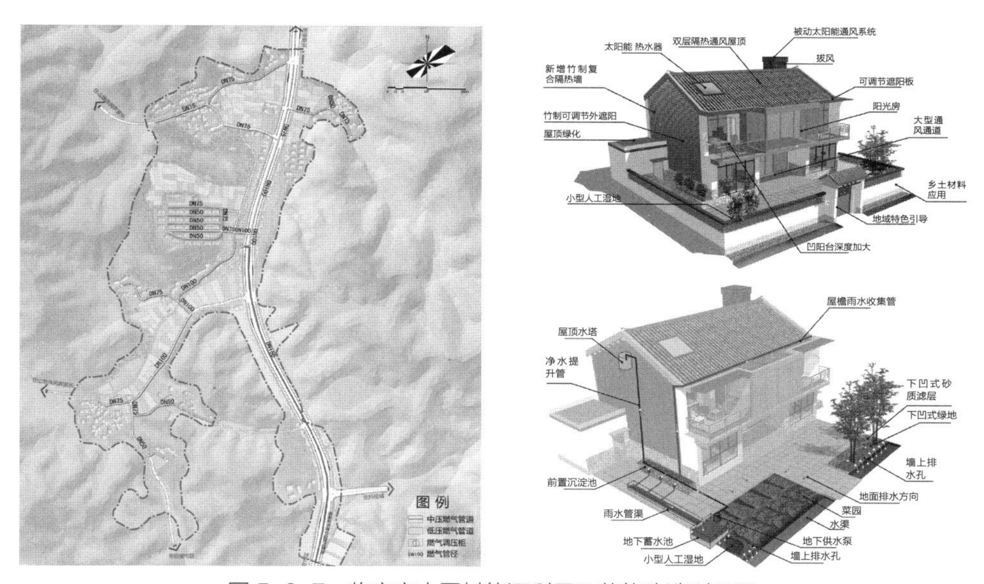

图 5-8-7 临安市大罗村能源利用及节能改造利用图

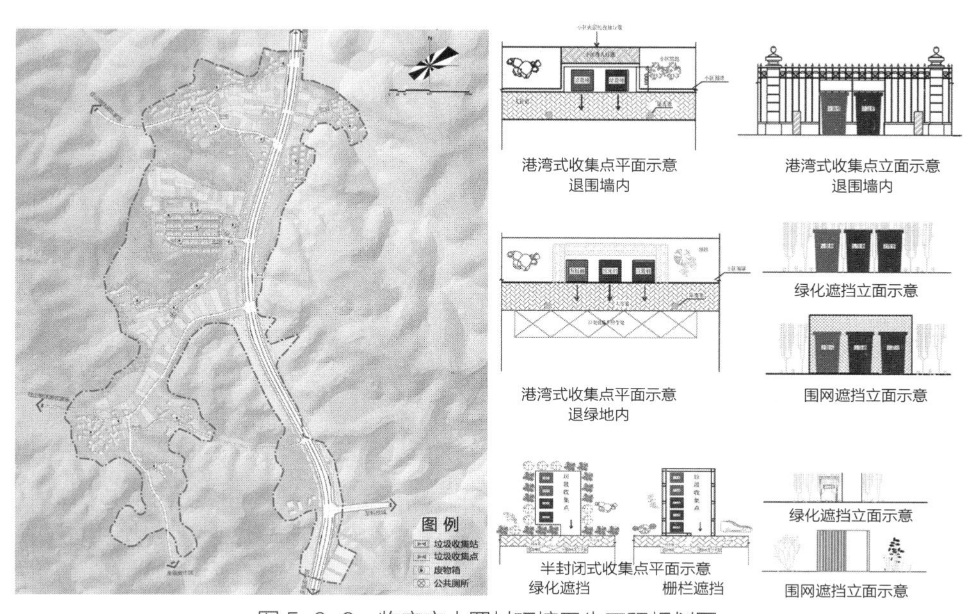

图 5-8-8 临安市大罗村环境卫生工程规划图

复习思考题：

1. 居民点规划的主要内容有哪些？
2. 简要说明村庄建设用地选择的基本方法。
3. 简要说明居民点空间形态布局三种模式的基本特点。
4. 居民点总体布局的思想和方法有哪些？
5. 对比分析住宅用地布局方式和产业用地布局方式的区别。
6. 简要说明公共服务设施和基础设施在布局原则上的相同点。

第六章

村庄设计

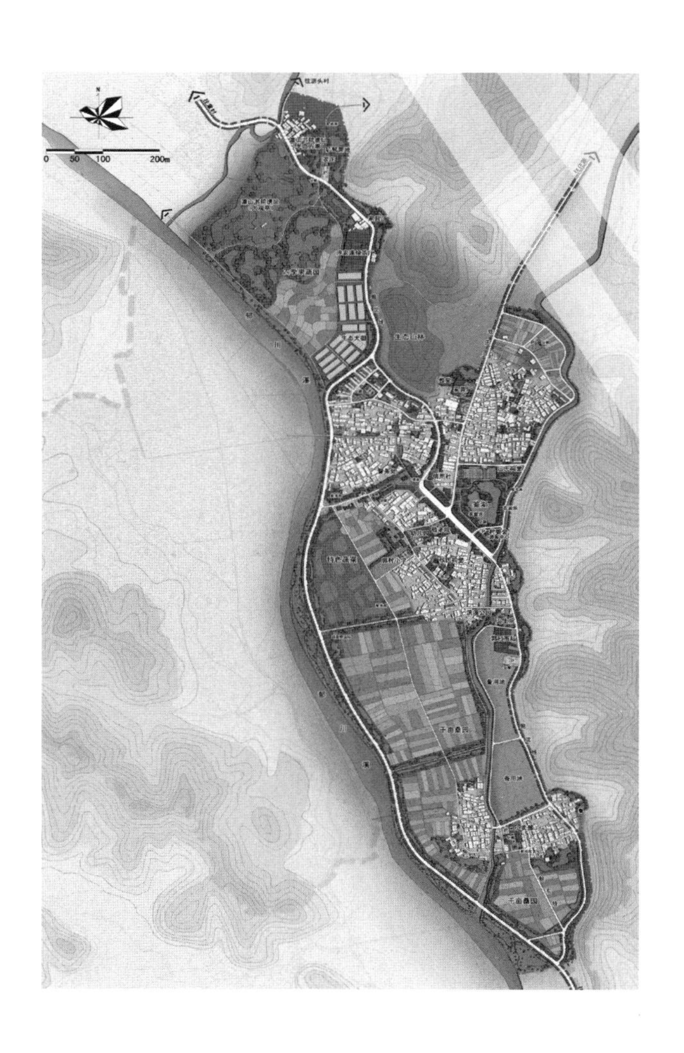

村庄设计是对村庄规划的深化，旨在传承乡村历史文化，营造乡村风貌，彰显村庄特色，在设计过程中更加需要因地制宜、顺应自然、注重特色。

基于村庄居民点规划内容，从引导乡村整体风貌特征（宏观结构控制）、组织村庄内部空间形态结构（中观空间组织）、营造村庄内部公共活动场所（微观环境设计）三个层面构建村庄意象框架，并提炼山水田、村口、主街巷、边界、节点和片区六个方面的乡村空间意象要素。村庄设计是通过与山水田的整体协调、入口空间打造、街巷梳理、边界整理、节点塑造、区域构建等过程，对乡村空间意象要素进行具体设计，以提高乡村的场所感与认同度，从而营造独具特色的乡村环境。

第一节 村庄设计主要任务与主要原则

（一）村庄风貌营造认知

村庄风貌作为乡村意象的重要表现与组成部分，可以理解为“村庄的面貌、格调，即通过自然和人文景观体现出来的村庄传统文化与村庄生活的环境特征”（魏利、高山，2015）。村庄风貌由外显的物质意象和内在的非物质意象两部分组成。外显的村庄风貌反映在田园风光、乡村聚落、建筑形态和色彩特征等方面，其物质要素主要有独特的山水田景观、气候、植物、林地、果园、村庄聚落格局、整体建筑风貌等；内在的村庄风貌反映在乡村生活生产方式、民俗民风等方面，主要表现为特有的生活方式、传统民俗活动、节庆事件、美食、民间艺术、名人、历史传说、历史遗迹等。

村庄风貌的协调引导需要体现尊重自然、顺应自然、天人合一的理念，让村庄融入大自然，尊重村庄传统的营造思想，充分考虑当地的山形水势和风俗文化，积极利用村庄的自然地形地貌和历史文化资源，塑造富有乡土特色的村庄风貌环境，营造具有“可识别性”的乡村意象；而乡村意象也相应的通过自然景观、人工景观、人文景观三个方面的“物象”表征呈现出与之对应的景观构成要素，梳理提炼相互之间的影响要素，确定村庄风貌营造的内容，如图 6–1–1 所示。

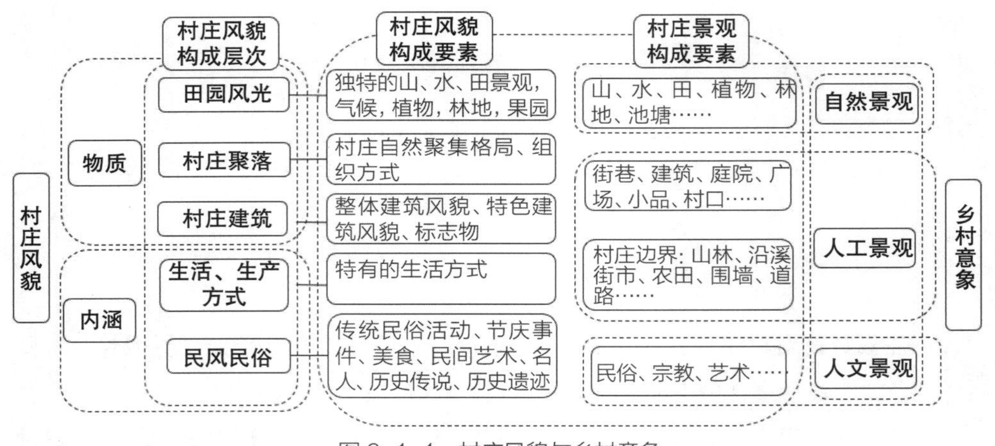

图 6–1–1　村庄风貌与乡村意象

（二）村庄设计主要任务

村庄设计的目标是营造具有乡村意象特征的村庄空间环境。基于村庄空间要素的多层次性，可从村庄空间的远景、中景、近景三个层次进行设计引导。

远景设计引导主要是通过生态景观系统梳理培育、自然地貌的整体格局控制、山体背景的林相改造引导、农田大地景观构建等方式，总体把握村庄形态。主要设计内容包括对村庄周边自然资源修复、对村庄环境四季色彩整体协调等，旨在明确村庄地域特色，通过村庄整体形象的构建形成面域层面的易识别特征。

中景设计引导是通过村庄内部空间形态环境设计，形成具有乡村意象的村落环境。该层面的村庄设计侧重于某一个系统的组织，其中以村庄公共空间边界为关注重点。主要设计内容包括村庄交通功能空间的梳理、街巷空间界面的营造、村庄边界形态以及各个功能片区整体意象的引导等。中景设计起到承上启下的纽带作用。

近景设计引导是对村庄内部公共活动空间进行设计，其中包括公共活动场地、村庄入口空间、集会场地以及晒场等生产场地，以及村委会、商业服务、学校、公共设施等功能节点。微观层面的设计相对于中观层面，是以点状空间为对象，重点关注人的尺度和需求。

如图 6–1–2 所示。

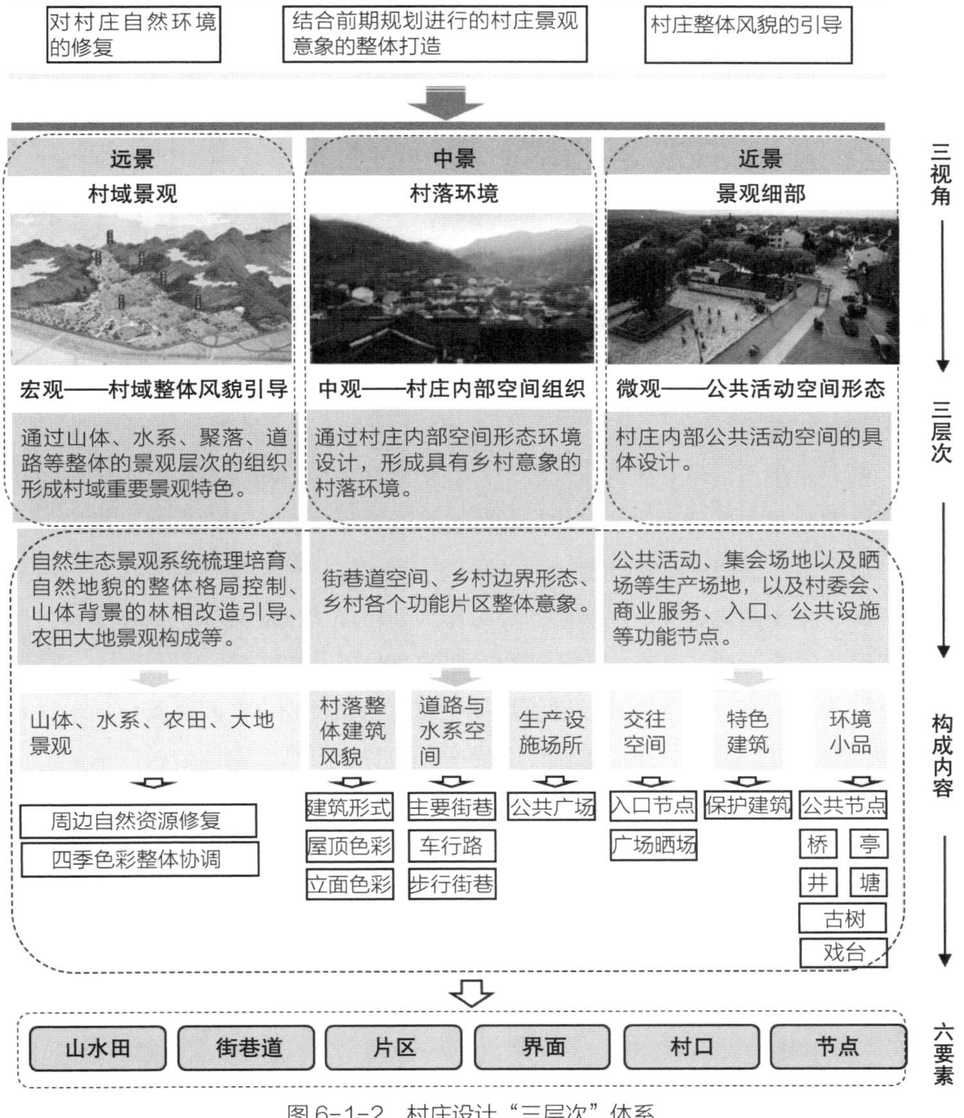

图 6-1-2 村庄设计“三层次”体系

（三）村庄风貌设计引导原则

1. 整体性原则

村庄风貌与村域范围内自然环境及生态格局有着必然的联系。在进行村庄风貌设计引导时，应从村域的整体宏观视角出发，遵循自然山水格局，与周边生态环境相适应，或通过生态修复将村庄与周边自然环境有机连接，形成整体的自然景观风貌。

自然风貌由多种影响因子共同组成，涉及自然、生态、美学、经济等多个方面，在村庄风貌设计引导时首先应从自然风貌的整体性、完好性出发，对各个影响因子进行综合考虑，合理安排村庄布局方式，实现人文与自然两个环境的和谐统一。

如图 6–1–3、图 6–1–4 所示。

图 6–1–3　丽水松阳县横坑村乡村整体意象

图 6–1–4　浙江安吉美丽乡村

2. 地域性原则

村庄的自然生态资源、聚落生活资源、经济生产资源是构成村庄特色风貌的载体，三者之间的相互作用构成了村庄风貌的意象。其中，自然生态资源是基础，它同时制约着聚落生活资源；不同地域的差异性造就了不同的聚落生活资源，包括聚落空间资源、乡土文化资源；经济生产资源作为乡村经济发展载体，依托于自然生态资源与聚落生活资源，为乡村风貌创造新的空间特色，如图 6–1–5 所示。

村庄的街巷肌理、院落构成、建筑形体、建筑色彩、细部空间以及节点空间对人的认知体验最直接。在村庄风貌设计引导中，需要充分理解和体会村庄本身的特色和规律，才能进一步保护和传承村庄的传统风貌，如图 6–1–6 所示。

图 6–1–5　淳安县芹川村

图 6–1–6　丽水市缙云县河阳村

第二节　乡村意象框架构建

（一）乡村意象内涵

乡村意象是乡村环境在人们认知体系中形成的印象，是人们在头脑中形成的对乡村居民点空间的认知图像，具有“可识别性”。与城市不一样的是，乡村意象具有易读性、自然性、乡土性、农耕性、质朴性。这些特点表现为：①乡村居民点一般规模较小，村入口、主街道、节点等空间相对比较集中，容易认知，可识别性较强；②乡村居民点与外围的山、水、田空间关系紧密，山环水绕、田园相拥，自然特征明显；③乡村居民点的街道、节点、庭院等体现乡土生活气息，如闲适的生活节奏、街道旁的聚群聊天、庭院内的种菜植果等；④乡村风貌中独特的乡村农业生产景观，如随处可见的农作物种植、庭院中农具收藏等；⑤乡村居民点内宗族亲缘关系融洽，以农业生产和族群关系为纽带，有宗族村规和风情民俗相约束，有朝夕相处、互助协作的邻里关系，对街巷空间、街坊邻里、住房布局都产生深远的影响。

构建乡村意象，有利于更好地表达乡村外在形象与文化内涵，有利于更为全面地认知乡村。乡村意象构建的主要任务包括：①根据乡村意象特征，提取乡村意象要素；②在村庄现状意象认知的基础上，梳理乡村意象结构，形成乡村意象地图；③进一步优化提升乡村意象要素，强化乡村居民点的可识别性；④构建乡村意象框架，形成乡村居民点总体结构，明确居民点规划设计重点。

（二）乡村意象要素提取方法

乡村意象是一个完整的、立体性的结构体系，具有不同的层次和内容，包括广大乡村的田园风光、生产方式、乡村聚落、乡村建筑、生活习惯、民风民俗、人文景观等。乡村意象要素正是在这些内容的基础上，通过不同人群和不同角度等认知方法进行要素提取。

1. 通过不同人群的认知地图进行意象要素提取

通过获取村民、游客、村委会、规划设计人员等不同人群的乡村认知地图，分析和提取图中表达的信息，可知不同人群对乡村识别和认知的关键要素，如图 6-2-1 所示。

2. 不同角度观察认知乡村进行意象要素提取

不同角度观察乡村进行意象要素提取，是指从远景、中景、近景三个角度分别对村域景观、村落环境、景观细部三个方面进行乡村观察认知。对远、中、近观察认知到的各种信息进行总结提取，形成乡村意象关键要素，如图 6-2-2 所示。

人群	认知地图	乡村意象要素提取	认知特征分析
村民		村内主要道路、公园、村委会、活动广场、商店、小学、河道、水库、田园、加工厂等	着眼日常生活、休闲、农业生产活动的地方，对功能分区、整体方位、规模尺度认识模糊

续图

人群	认知地图	乡村意象要素提取	认知特征分析
游客	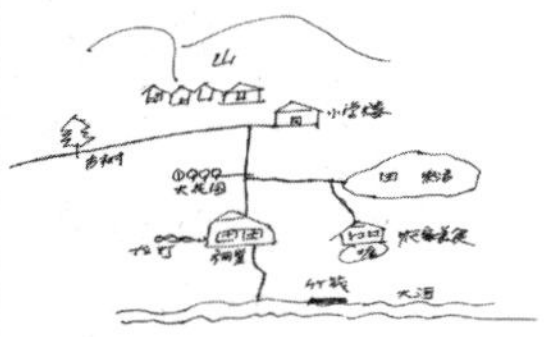	村庄山水环境、河道、村口大树、祠堂、田园、山间小路、农家小院、农具、鱼塘、民俗活动、农家菜等	着眼整体旅游环境、地方特色和旅游活动
村委	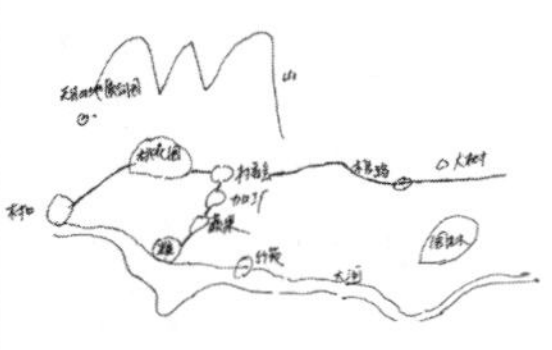	青山、河道、农家洋楼、田园、板栗、优越生态环境、竹筏、山体公园、待建旅游服务中心、文化墙、村民活动广场、祠堂、蔬菜基地等	对村庄资源有较全面认识和统筹考虑，着眼村庄整体发展基础资源，包括农业和旅游业资源，统筹认知较强，能畅想村庄未来发展方向
规划设计人员	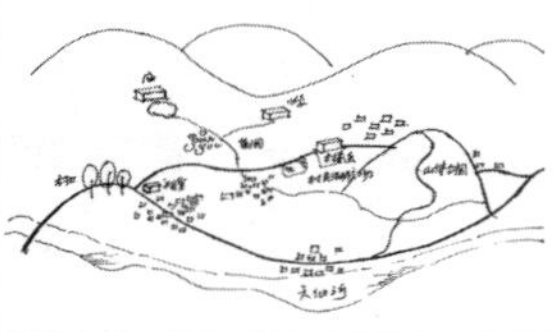	村庄主要道路走向、连片建筑所在区域、山体公园、河流、村委会、活动广场、小学、水库、旧祠堂等	易形成对村庄主要道路、区域、大致用地功能布局、整体建设风貌、标志物、核心节点空间、设施的整体认识

图 6-2-1　不同人群的乡村意象要素提取及特征分析图

（资料来源：胡丹，储金龙．基于乡村意象要素复合的旅游型村庄规划设计——以岳西县菖蒲镇水畈村美好乡村规划为例．）

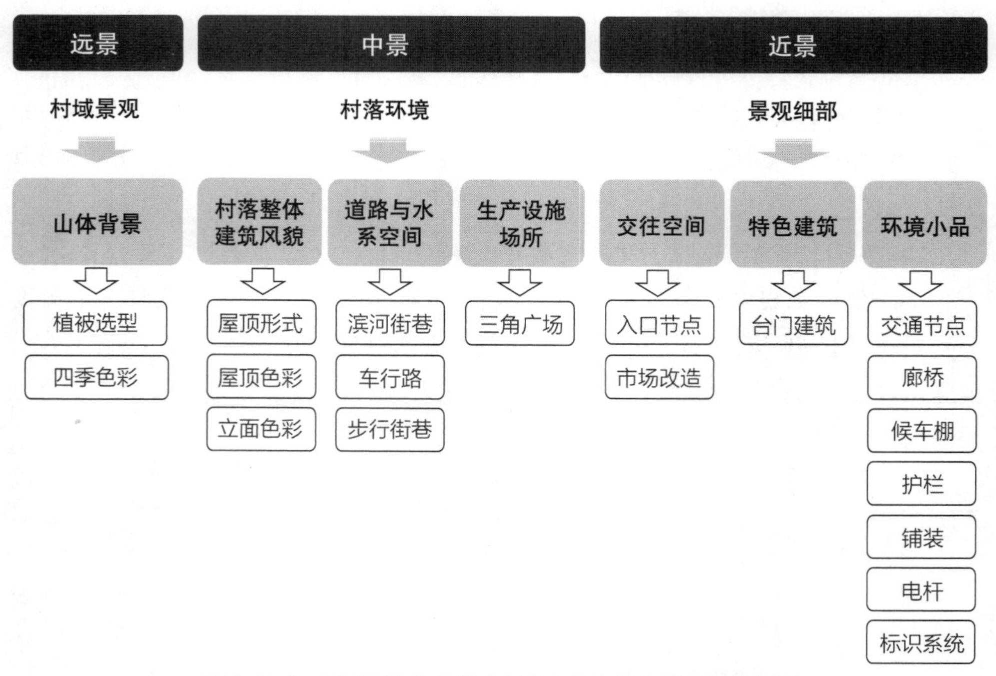

图 6-2-2　不同观察角度的乡村意象要素提取及特征分析图

（资料来源：李京生．乡村规划原理．）

（三）乡村意象要素组成

根据不同人群与不同角度下乡村意象要素提取以及各特征分析，借助城市意象分析方法，将乡村意象要素提炼为山水田、片区、街巷道、边界、村口、节点六个要素。

1. 山水田

主要指乡村居民点周围相连、相依、相望的山体、水面和农田，反映了乡村居民点在选址、布局上的因地制宜，表达了山环水绕、田园相拥、风水气息、天人合一的布局理念，强调乡村居民点与自然山水的充分融合。传统村落居民点的选址，或背山面水、或靠山面田，或择水而居、或依势而建，可见，山水田是乡村居民点最典型的空间意象要素之一，如图 6–2–3 所示。

图 6-2-3　乡村意象“山水田”要素

2. 片区

主要指乡村居民点内有较大面积，在功能、形式、作用、要求等方面具有共同特征的区域。进入片区内有统一的氛围，可识别性较强。比如，从功能上可划分为生活区、生产区、公共服务区等；从形式上可以划分为历史保护区、旧村整治区、新村建设区等，如图 6–2–4 所示。

图 6-2-4　乡村意象“片区”要素

3. 街巷道

乡村居民点一般街巷纵横交错，自然延展，虽然呈现“自组织”特征，但往往主次分明，规律可循。街巷道是指乡村居民点主干街巷，是人流较为集中、道路断面较宽、空间富有特色、景观秀美宜人的骨架街巷，是最能展现乡村特色的主要通道。根据乡村居民点所处地理环境的不同，街巷道形式也会有所差异：丘陵地区街巷道依山就势，以步行通道为主；平原地区街巷道形态工整，以车行通道为主；水系地区街巷道顺水而行，往往表现为滨水步道等，如图 6–2–5 所示。

图 6-2-5　乡村意象“街巷道”要素

4. 边界

主要指乡村居民点不同功能片区之间，或居民点与外围山体、水面和农田之间的边沿，拥有视觉相对明显、形式较为连续的特点。由于片区功能、形式不同，形成的边界往往是一种过渡空间。乡村居民点与周边的山水田相互映衬、互相融合、不分彼此，形成的边界往往村景相互交融、相互缝合，如图 6–2–6 所示。

图 6-2-6　乡村意象“边界”要素

5. 村口

村口即村庄出入口，是乡村居民点最为重要的标志物，是反映村庄传统精神与个性特质的重要空间。首先，村口是独特的节点空间，具有强烈的可识别性；其次，村口的形象往往是乡村传统精神传承的象征；再则，村口与观察者有空间关系，表现出可供进出的“门”的意义，如图 6-2-7 所示。

图 6-2-7　乡村意象“村口”要素

6. 节点

主要指乡村居民点内供人们聚集、交流、活动、娱乐的公共空间。主要包括围绕着村委、文化广场、商业、教育等公共设施形成的开放空间，以小游园、小广场为主的村民活动场所，在道路转折点和标志物前形成的公共场所等，如图 6-2-8 所示。

图 6-2-8　乡村意象“节点”要素

（四）乡村认知地图的绘制

乡村认知地图是对现状调研、立体意象两种方式的综合表达。如图 6-2-9 所示，通过对乡村现状空间要素的分析，将乡村空间要素提炼形成乡村意象要素，形成乡村认知地图。

（五）乡村意象总体框架构建

1. 构建目标

从总体上建立居民点的功能结构、景观体系、街巷系统，明确居民点规划与设计的重点与方向。当前的村庄在乡村意象建设上还存在着较多的问题，如山水田格局破

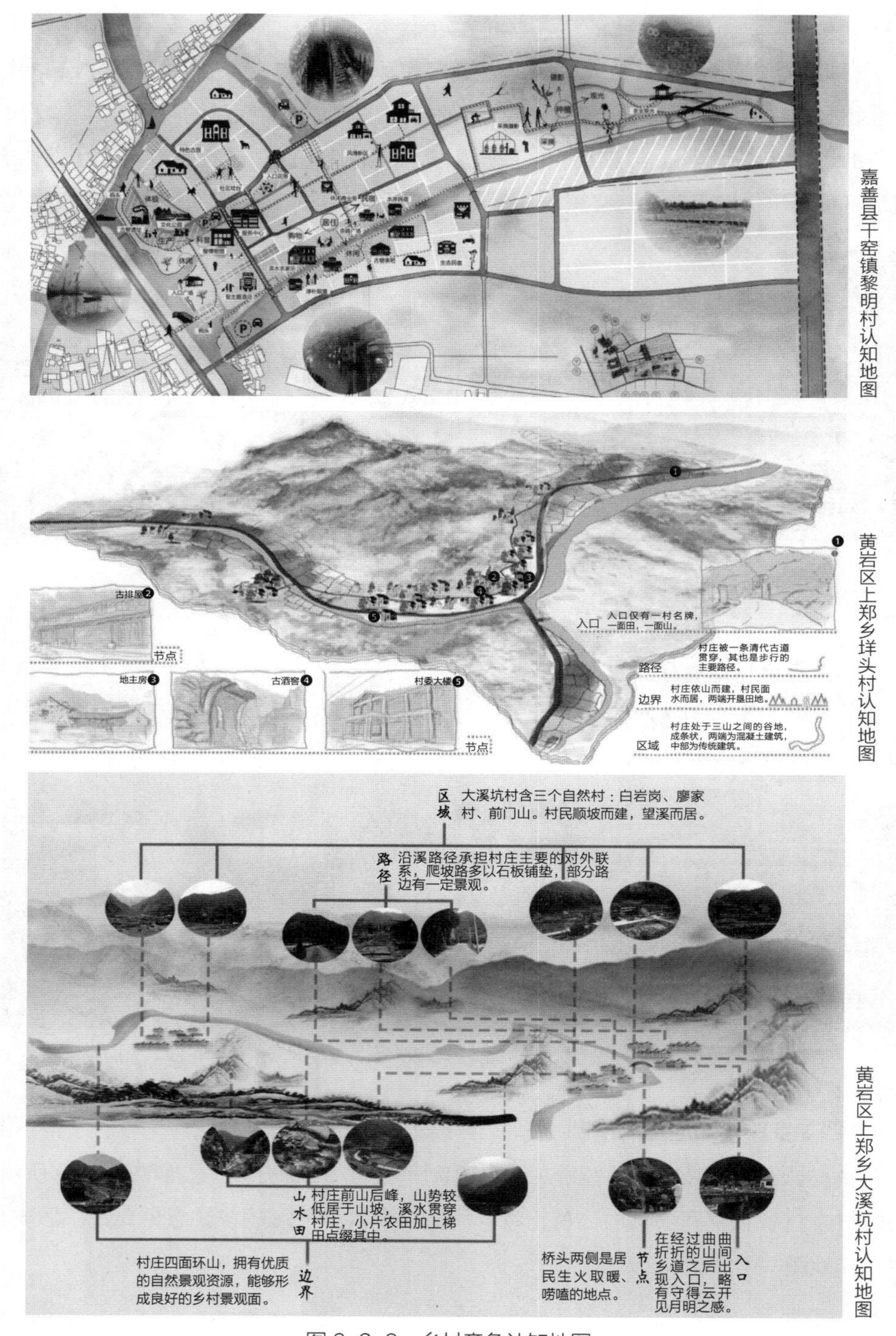

图 6-2-9　乡村意象认知地图

坏严重、村庄入口千篇一律、街巷系统缺乏更新、边界难以确定、节点规划布置不合理、片区文化特色不显等。将乡村意象总体框架构建融入乡村规划与设计中，根据存在问题提出针对性的设计策略，弥补村落空间形象设计的不足，如图 6-2-10 所示。

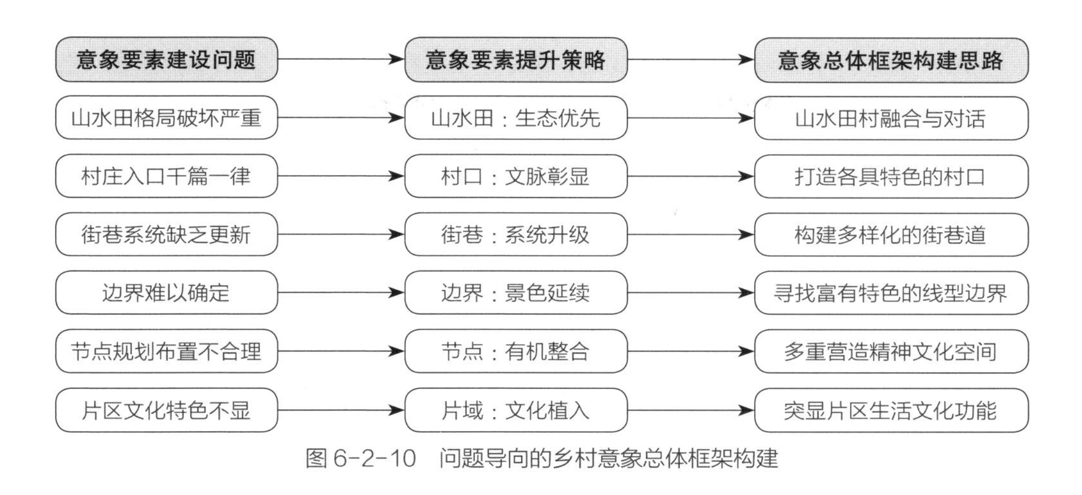

图 6-2-10　问题导向的乡村意象总体框架构建

2. 策略思路

（1）山水田：生态优先

在乡村意象总体框架构建的过程中应尊重并保护山水田格局，不改变原有山形地貌、水系风貌和田园景观，不破坏原生的自然植被，不占用稀缺的田地。延续村庄的发展脉络，强调村庄与山水田的交融与对景，促进村落的有机生长。

（2）村口：文脉彰显

村口是村庄的门面，是彰显乡村精神文化的重要空间，也是乡村地域特征展示的窗口。为防止村口的千篇一律，应加强乡土文化、历史遗迹、场所精神等要素的提炼，营造出生动朴实、品质独特和充满情感的精神空间场所。

（3）街巷道：系统升级

应尽量在保持原有的街巷空间格局和路网结构的基础上，疏通村落原有的街道，在满足现代生活的同时，增强步行系统的可达性。重点打造好街巷道，创建多条各具特色的街巷道系统，为村民的行、游、聚、娱等活动提供多样化空间。

（4）边界：景色延续

意象边界保证乡村意象的完整性和可持续性，将村庄与周边环境缝合在一起，使村落与周边山体、农田和水面相互映衬、互相融合、不分彼此。在乡村意象总体框架构建的过程中应寻找沿山、沿水、沿田、沿路等富有特色的线型边界，重点打造成为村庄居民点内靓丽的风景线。

（5）节点：有机整合

尊重村民的节点习惯，适当扩大自发形成的节点空间，满足人行交汇、村民交往等功能要求。人为布置的节点在功能设置上应具有多样性，为复合功能的发生提供可能，满足生产、生活等附属需求，营造精神文化空间。通过街巷增强彼此的可达性，提高节点的使用效率，延续村民的生活习惯。

（6）片区：文化植入

片区承担了村庄居民点的主要功能，包括生活生产、公共服务、历史保护等。在乡村意象总体框架构建的过程中，片区除了功能分区外，还应该成为乡土文化的重要载体。保护并延续乡土文化是片区空间设计中应坚守的“准绳”。

3. 表达方式

通过乡村意象总体框架的构建，有助于系统地识别村庄空间特色，明确村庄规划设计重点，形成乡村居民点风貌的总体结构。村庄设计中，应深入分析村庄现状山水田、村口、街巷道、边界、节点和片区等六个要素的布局特点，通过系统解析、整体把握、结构梳理，针对六要素分别进行具体设计，最终形成乡村意象总体框架，如图 6–2–11 所示。

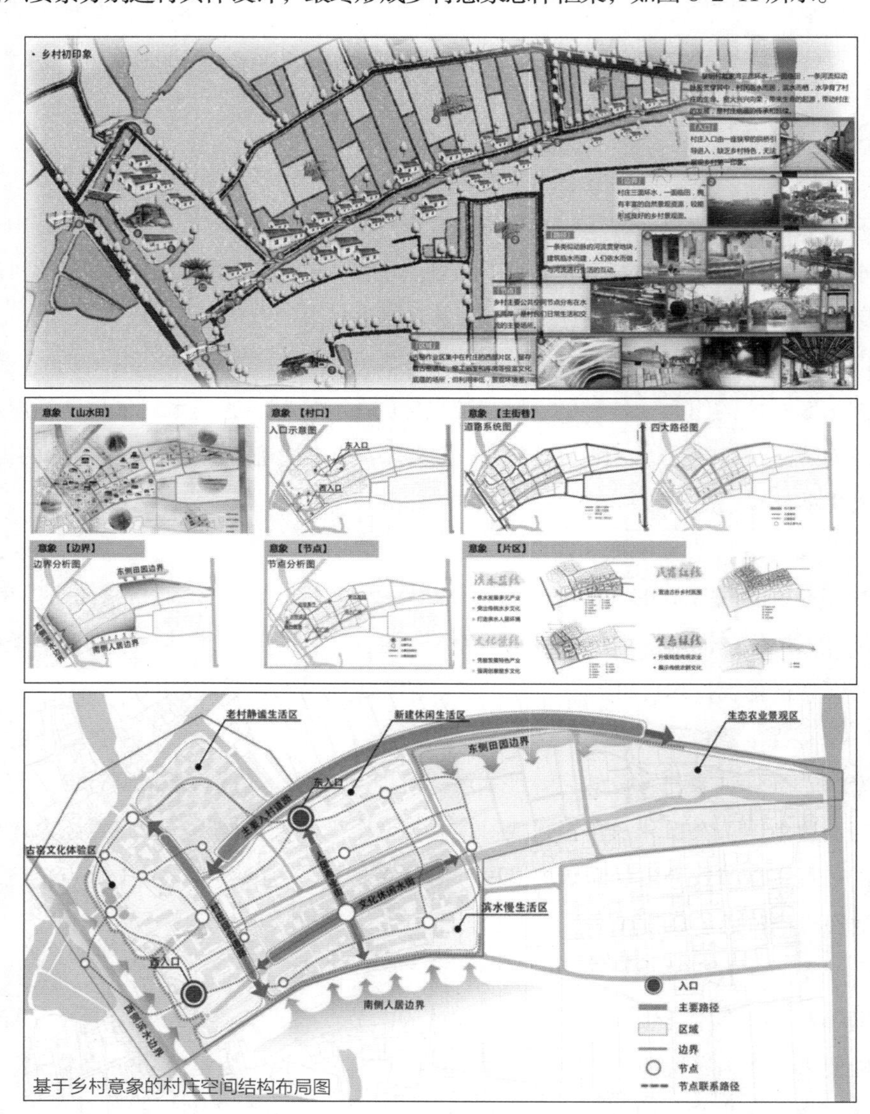

图 6-2-11　乡村意象生成图

——浙江省大学生乡村创意设计大赛案例：嘉善县干窑镇黎明村乡村意象生成

第三节 山水田设计

（一）山水田景观意向营造意义

山、水、田以及气候条件都是与那些令人难忘的乡村意象联系最为密切的自然特色，村庄内生活的人们离不开与自然环境资源的联系。山水格局下的中国传统乡村形态依据“天人合一”的营造理念，总能因地制宜，或随田散居，或依山就势，或临水而居，由此形成了如林盘景观、苗寨景观、圩田景观、梯田景观以及其他各具特色的山水景观。这些景观特征明显，异彩纷呈，构成了一处处独具特色的山水田园风光。村域范围内形式各异的奇异山林景观、交错纵横且丰富的水系资源、诗画田园的农业景观等都能彰显乡村空间意象中独特的识别性。

（二）山水田设计要素构成内容

山水田的设计要素包含了自然景观要素和人文景观中的农业生产要素两部分内容。自然景观要素又包括山、水、地形地貌、气候、动植物；人们对乡村景观中的自然环境的追求不同于风景名胜区，风景名胜区需要展现自然环境的壮丽，而乡村景观则相对朴素、平实而宁静。

人文景观中的农业生产要素则包括农田、农作物、果园蔬圃、畜牧场、鱼塘、农业设施等，这些生产性景观是乡村景观中最具代表性的构成要素。如梯田、麦田、油菜花田这类鲜明的具体形象既有地域性特征，同时还有强烈的视觉效果，极利于营造乡村空间意象，如图 6–3–1 所示。

（三）山水田设计原则

1. 自然生态环境优先

自然生态环境是保持生物环境完整性和多样性的基础，同时它又与乡村传统资源配置、乡村聚落发展、乡村生活息息相关，是乡村可持续发展的环境保障。因此，在对村庄山水田要素进行设计中要优先考虑村庄自然生态环境的保护，根据当地自然环境特征和村庄发展现状，对村庄未来发展的资源需求进行科学合理规划，控制村庄发展的需求总量，保证自然生态环境的可持续，建立起控制范围内物种与资源、土地与人的平衡互动关系。

2. 因地制宜

不同地域的村庄在地理环境、自然资源、社会环境与经济发展水平上的差异，使所呈现出的村庄风貌有着较大的差别，因此，在村庄山水田设计中应因地制宜，结合当地自然资源和农业生产要素综合考虑，对当地资源进行综合评估，对环境进行适应性评价，科学合理进行整体风貌设计引导。

图 6-3-1　山、水、田要素构成

3. 可持续发展

山水田环境资源的相互融合是实现乡村区域内人与自然、人与土地、人与人可持续发展的必要条件。山水田设计旨在营造一个自然环境优美、生活和谐的乡村环境，在设计中应合理安排土地及土地上的物质与空间，控制环境容量，提高环境多样性，逐渐建立起稳定的生态经济系统。此外，应挖掘并发展乡土特色文化，逐渐建立起一个功能合理、人与自然和谐共生的美丽乡村。

（四）村庄山水田设计策略

策略一　保护与利用并重，凸显村庄山水特色

1. 在乡村水资源保护方面，应尊重水的自然特征，掌握其自然循环的规律，根据村庄生活生产实际需要对水环境进行合理的利用，保护水资源的有效性。在土地利用方面，同样应遵循自然生态的理念，采用地形改造最小方式，强调当地地形地貌原有的形态特征，如图 6–3–2 所示。

图 6-3-2 嘉善县中联村规划总平面图

（规划区内保留依水而居聚落形态，利用水系增加公共空间，营造水岸热闹的乡村生活意象）

2. 乡村农田景观设计应尽可能利用本地乡土植物和农田作物，采用能够自我繁衍生长的野生植物。在大地景观设计中可根据不同斑块的自然生态环境情况，因地制宜地进行不同植被之间的混合种植，这样既能充分利用农田资源，还能形成丰富的景观生态多样性，如图 6–3–3 所示。

3. 村庄设计应充分利用山、林、水、田和道路等因素，塑造内外渗透、相互交融、村民领域感强的乡村人居环境。

（1）平地村庄应用地集约，布局紧凑，不宜采用散点状平面形态。规模较大的村庄可采用团块状平面形态，规模较小的可采用团块状或带状平面形态，如图 6–3–4 所示。

（2）水乡村庄应充分利用自然水体，增加水体与村庄的接触面，使水体与村庄有机融合，营造丰富的水乡风貌，如图 6–3–5 所示。

策略二　整体协调控制、山水田有机交融

1. 让山水田自然资源与村庄肌理有机融合，布局方式应尊重村庄传统特色风貌，结合村庄自然生长的肌理，在保护原有村落布局形态不变的前提下，修复村庄与周边自然山水环境的依存关系。以村庄原有道路和水系为基底，顺应地形和水系，让村庄融入自然。

2. 村庄大地景观设计应从维护区域整体空间格局和营造景观风貌的角度出发，通过整体景观视线框景，对大地景观整体格局形态进行规划设计引导，协调好村庄与周边山林、水体、农田等重要自然景观资源之间的联系，形成有机交融的空间关系。

如图 6–3–6、图 6–3–7 所示。

图 6-3-3 浙江长兴县泗安镇田园花海景观

图 6-3-4 永嘉县岩头镇苍坡村采用团块式的平面形态，布局紧凑

图 6-3-5 衢州市柯城区余东村考虑河流水系采用带状形态

图 6-3-6　梯田景观与乡村协调统一

图 6-3-7　台州黄岩富山乡半山村山水田整体鸟瞰图

规划设计将维护和延续“群山环抱，一水中流，建筑错落有致，山、水、田、村融为一体的整体空间格局”作为村庄宏观设计的重要目标。

第四节　村口设计

（一）村庄入口内涵及基本属性

1. 村庄入口内涵

村庄入口空间是村庄景观的重要节点，是村落景观感知的第一要素，也是展示村庄特色的门户窗口。作为村内外空间连结的重要景观节点，村口能有效提升村庄形象，增强村落吸引力，是乡村意象中环境风貌感知的重要环节。

2. 村庄入口基本属性

（1）功能性

村庄入口在空间与形式上承载了交通、标识、文化等多项功能。交通功能表现在村口作为村庄的交通节点，根据村庄内部结构的不同，表现出不同的交通通行方式；标识表现为对村庄入口的界定、引导等功能，划分村内与村外的界限，是村庄聚落板块与农田基质间划分的标志；村庄入口空间是乡土文化的集中体现，有些以农家乐为主要产业的村庄，入口空间还具有广告宣传的功能，如兼具旅游功能的村庄入口标识也会包含宣传、售票、集散等接待游客等服务性功能，如图 6–4–1 所示。

（2）标志性

村庄入口的古树、古桥、古井、牌坊等特色性的景观元素构成了村口易于识别的标志性空间环境。此外，这些要素的布局、形态也都隐喻着地域特征、整体形象、历史文化等不同的精神内涵，所以村口形象多呈现出地域性与历史性特征。具有高识别度和认同度的村庄入口空间让人们在视觉上获取丰富的信息，在精神上形成鲜明的印象。不同村庄在入口空间所展现出的形象魅力，也深刻影响着体验者对该村庄的评价，如图 6–4–2 所示。

图 6-4-1　浙江长兴美丽乡村村口功能性

图 6-4-2　金华市澧浦镇山南村村口景观标志

（二）村庄入口设计要素构成

村庄入口的构成要素可分为内外两个部分。外部主要为周边地形地貌环境，包括了山川、溪流、田园、苗木及森林景观等；内部则主要受乡土建筑特色、整体色彩环境、地方材料等要素影响，主要构成元素包括牌坊、廊架、桥梁、景观小品、景观植物，如图 6–4–3 所示。

1. 入口建筑

村庄入口标志性建筑最主要表现形式多为牌坊、门楼等构筑物。这些入口建筑物风格又可根据地域环境、历史文化特征的不同呈现出不同形态特征。村庄入口设计时不应只是单纯的地方风格，而应在本土建筑形式上进行“变异”与提炼，并通过建筑材料使用上的创新，使村口设计独具地域风貌与特色，如图 6–4–4、图 6–4–5 所示。

2. 小品

小品按其是否具有标志性的功能分为“标志”和“景观小品”两类。标志性的形式多样，包括雕塑、景观石等一切置于村口，以符号、绘画、文字反映一定内容的物体。

景观小品包括亭、廊、桥、栈道等景观构筑物。廊架既可以说是园林要素，也可说是一种门的变形，有很好的引导作用，从心理上缩短道路与村子的距离，可以配合引导空间和过渡空间使用。入村道路旁有溪流时，水边的栈道也起到同样的效果，曲折蜿蜒，引人入胜，如图 6–4–6~ 图 6–4–8 所示。

图 6-4-3　乡村入口构成设计要素

3. 景观植物

景观植物是村庄入口中用来围合空间的主要元素，在设计中既要讲究科学性又要讲究艺术性，高大的乔木可以作为背景和屏障，用以划分空间或框景；灌木可以作为低矮的障碍物，强调道路的线形和转折点，引导人流；行列种植构成的狭长线型空间，具有较强的引导性。植物围合形成的空间形态较为模糊，这是由植物本身的形态特点，种植搭配的方式以及围合空间的尺度和方式的不同而决定，如图 6–4–9 所示。

图 6-4-4　浦江县虞宅镇桥头村村口景观

图 6-4-5　浦江县浦南街道七村村口景观

图 6-4-6　浦江县岩头镇芳地村小品要素

图 6-4-7　美丽乡村婺源思溪延村入口

图 6-4-8　安吉县天荒坪镇余村村口

图 6-4-9　淳安县浪川乡芹川村
（传统村落村口形态）

（三）村庄入口设计原则

1. 挖掘地域性

许多村庄入口景观存在“千村一面”的状况，地域特征缺失严重。村庄入口设计应从地域文化中汲取精华、彰显地域特色。比如，入口标识牌应取材于当地特有的乡土材料，如瓦片、青砖、鹅卵石、夯土等，进行创意重构，使入口空间更好地融入当地乡村环境。

2. 关注人文性

村庄入口设计的人文性主要体现在以人为本，充分尊重人的主观需要与社会需求。入口景观空间尺度的大小、比例、色彩、材质等因素不仅要满足视觉生态的要求，还要给人带来生活上的便利和心情上的舒适感，力求入口空间与人达到融洽的关系。入口景观小品设施的空间布局、尺度尤其要关注设施的人体工程学设计，最大程度地满足人的行为特征。

3. 保持整体性

村庄入口设计是一项系统工程。构成村庄景观的要素之间有一定空间序列上的关联性，入口景观不应与内部空间割裂，而应有全局观念；入口作为村庄景观中的重要节点之一，应统一到整体的风貌中，实现村庄入口景观与村落内部空间风貌的协调。特别是历史文化村落，更加需要注重内容形式和功能上的相互补充、相互联系，以构建一个类型多样、功能完备的乡村入口空间。

（四）村庄入口设计策略

策略一　科学选址、因地制宜

1. 村庄入口空间属于交通要道，应避免自然灾害影响，并宜平坦、开阔，使其交通顺畅；应与村庄居民点保持一定距离，确保内部安静舒适；同时要配合村庄规模和周围景色合理建造，使大门及附属建筑的体量和风格与环境相协调；另外，安全是村庄入口建设的首要问题，尤其是灾害频发的偏远山区，如图 6–4–10 所示。

2. 村庄入口设计应综合考虑周边自然地形、水系、农田、古树名木等自然因素，形成人工景观与自然景观相互交融的格局，使用当地特有的建设材料以减少花费，也更易呈现出原汁原味的乡土气息。

策略二　空间有序、收放有度

1. 村庄入口空间序列设计的目的是营造丰富的景观层次。景观序列应与交通环境相匹配，在不进行大面积铺装的情况下，应尺度适宜，收放有致，且感受亲切。

2. 村庄入口空间的序列通常表现为“收—放—收—放”或“收—放”的空间形式，有利于营造入口景观曲径通幽、先抑后扬的空间效果。

入村道路较长，其尺度大于入口建筑高度 10 倍及以上的，适宜采用“收—放—

收一放”的形式。利用视觉引导和景深效果，将部分建筑空间放大，在引导区的尽端设计中心广场，成为这一序列的尾声。

入村道路相对较短时，为了增加景深，可以借助标识物、高低植物、地形来形成视觉引导和有层次的空间效果，如图 6-4-11 所示。

策略三　适度借景、营造易识别标志性入口景观

1. 村庄田野处处是景，借景、框景、借势造景的设计手法在入口营建中也更易出彩。近处可借水景和绿植，远处有崇山峻岭和农田；借景时应注意对比关系，建筑的低矮方能对比远山的高大，同样近处小品的高大可能削弱主体建筑的形象。框景可以突出村子的景色，也可以利用空间围合引导视线，使目光聚焦在村庄精彩的自然或人文景观上；遮挡其他不协调的景观，有利于塑造美好的村庄第一印象。

2. 易于识别的标志性入口景观空间是乡土特色风貌环境展现的窗口。设计中应选取最能代表村庄特色，且最能唤起使用者归属感与认同感的题材，让使用者与观赏者之间建立对乡土文化的认同。挖掘提炼村庄文化要素并赋予入口空间更为丰富的精神内涵，营造深刻的乡村印象。

3. 平地、水乡村庄可利用原有历史构筑物或小型入口广场等方式强调入口的空

图 6-4-10　丽水市莲都区下南山村，村口结合周边环境设置旅游集散中心

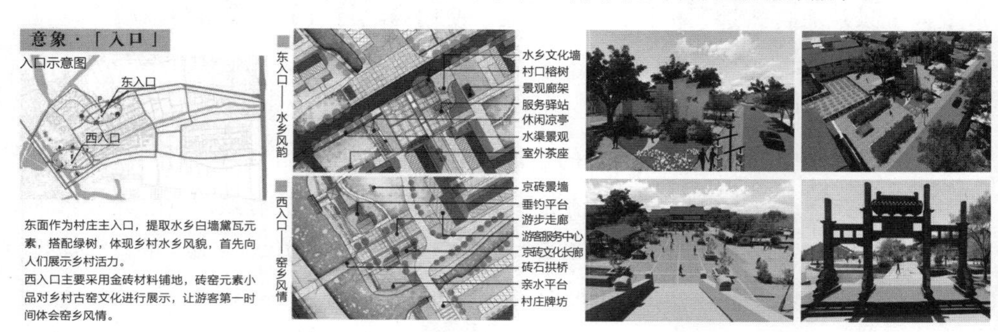

图 6-4-11　嘉善县黎明村戴家湾村庄入口设计

间感，以彰显村庄的文化品牌。采用广场形式的村口空间应避免使用大面积的硬质铺地，结合乡土材料，如弹石、砖块等透水性佳的铺装材料，并可结合图案式铺装以保持村庄风貌的统一协调。山地丘陵村口可利用古树、名木或既有的塔、碑、石、祠堂等构筑物营造出村庄依山而上的序列感，如图 6-4-12 所示。

图 6-4-12 村口空间实例

第五节 街巷道设计

（一）村庄街巷道内涵与设计意义

1. 村庄街巷道内涵

村庄内的街巷空间在时间流逝中层层积淀，成为具有鲜明形态与厚重历史特征的肌理空间。这些个性化的肌理形态，正是传统村落的特色所在，构成了人们认知乡村空间的路径。此外，传统村庄聚落的街巷由居民聚合而成，它是村庄公共生活展现的场所，也是连接聚落节点的纽带。街巷空间为村民的交往提供了必要和有益的场所，成为村民最为依赖的生活场所。

2. 村庄街巷道设计意义

美丽乡村建设促使传统村庄在农耕经济结构、社会组织以及人文背景等方面发生着根本性的改变，村民生活方式也在逐渐变化。传统村落中的人们世世代代生息栖居的老屋、生活的街巷空间已难以适应新时代的生活需求，村庄传统街巷空间的特质正逐渐衰退、消失。村庄街巷空间的认知正发生着深刻变化，如何在现代生活意义上复兴乡村活力将是村庄街巷道设计关注的重点。

街巷空间是村庄传统风貌最直观的反映。人们通过体验路径——观察街巷空间中的每棵古树、每条巷道或者每栋建筑，来认知村庄风貌，形成乡村印象。因此，作为村庄传统风貌的重要组成部分，街巷空间肌理的有机延续至关重要。

街巷空间在村庄生产生活中担负着重要的功能作用。街巷道不仅是物质环境的载体，也是人们生活的场所和舞台，承载着乡村居民点的生活和记忆。因此，作为村庄的功能实体，对街巷空间要素进行设计具有十分重要的意义，如图 6-5-1 所示。

(二)村庄街巷道设计要素构成

村庄主要街巷道空间是构成村庄景观的重点,是联系村民生活的重要场所。宜居的村庄街巷空间不仅关注物质空间要素,也包括精神要素。村庄街巷道设计要素构成可概括为以下几种类型:

1. 自然环境要素

自然环境要素包括地形地貌、各类水体以及动植物等。每个村落都在山水地形上有着自身不同于其他村落的自然条件,结合地形地貌、植被资源、水系资源来设计村庄街道景观空间,使村庄与自然环境有机融合。

(1)地形地貌

地形地貌是村庄景观形成的先天基础,也是村庄街巷空间个性塑造的自然条件,顺形就势的街巷空间也就有了自然亲切的视觉特征。不同类别的地形地貌影响村落路网的结构及街道的走向,平原地区地形地貌对街巷空间的影响较小,而丘陵和山区的地形高低起伏变化复杂,会对街巷空间的整体布局、景观结构和街巷面貌产生较大影响,如图 6–5–2 所示。

(2)水系

水系是多数村庄都有的景观要素,村落的选择在很大程度上都考虑了距离水源的位置。作为村庄景观的组成部分,水体经常与街巷空间结合,街巷道形成的路径常常沿河流走向而形成,水系生长形成的自然脉络也成为街巷空间中最具灵性的风貌特征,如图 6–5–3 所示。

图 6–5–1 桐庐环溪村街巷空间实例

图 6-5-2　地形地貌环境影响下的乡村街巷

图 6-5-3　乡村街巷空间与水系结合

（3）自然植被

村庄的自然植被不仅在景观生态方面有维护生态平衡和环境保护的功能，还能够增加街巷空间的生机和活力。街巷道空间中绿色景观的营造应充分考虑当地自然植被特点、水文气象条件，以及各村落的建筑格局形式等多方因素；整体考虑、合理组织，在形成村落整体宜人的小气候的同时，构建街巷空间的生态基底，如图 6–5–4 所示。

2. 人工景观要素

人工景观要素表现在组成街巷空间的建筑、路面、小品、沟渠等。它们的形状、材质、颜色和相互组合关系，是影响村庄路径认知，形成村庄街巷景观环境印象的关键内容。

（1）沿街建筑

建筑是街道景观空间中最重要的人工要素。建筑的布局形态与街道路径的走向有密切的关系，不同的建筑风格和排列方式带来不同的街道景观空间。低矮的传统民居可以营造亲切的景观氛围，沿街巷道排列整齐的建筑营造街巷空间的秩序感，而错落有致的排列则带来浓厚的生活气息和体验路径空间的趣味性。设计应考虑现有的建筑布局方式和期望达到的景观效果。此外，建筑庭院也是村庄中常见的景观内容，庭院围墙的界面和庭院内外相互渗透的景观也成为营造街巷道空间环境重要的组成元素，如图 6–5–5 所示。

（2）路面材质

街巷道路面铺装的质感、图案、色彩的搭配对道路景观的氛围营造有重要作用。路面材质和铺装形式应根据道路的通行需求来选择，交通要求不高的生活性街道可供选择的路面形式多样，如青砖、鹅卵石等材质，路面铺装的风格可根据街道景观效果灵活布置。此外，路面的设计应配合周围的建筑、绿化和设施小品，以营造和谐的街巷空间效果，如图 6–5–6 所示。

图 6-5-4　乡村街巷空间内的自然植被要素

图 6-5-5　乡村街巷空间与沿街建筑

图 6-5-6　乡村街巷路面材质要素

（3）沿街小品设施

街巷空间中常见的设施小品有路灯、路牌、垃圾桶、座椅、广告牌等，这些设施小品不但可以满足不同街道使用功能的需要，还赋予街道生活气息，吸引人们驻留，使街巷成为村落一道靓丽的风景线。具有乡土特色的沿街小品设施不仅是可以欣赏的景观，也是作为村庄街巷景观空间场所中被记忆的标志，更是展示地域特色风貌和人文内涵的重要载体，如图 6-5-7 所示。

图 6-5-7　乡村街巷空间景观小品

（三）村庄街巷道设计原则

1. 功能合理性

街巷道功能合理性旨在传承和发展传统村庄街巷空间肌理，拓展居民点街巷空间的利用方式，在满足村庄居民生活需求的前提下，提高街巷空间的使用效率，通过保护和发展，避免村庄街巷空间传统特质的丧失。

2. 空间人本性

实现街巷活力的前提是营造适宜的行为活动空间。使用者的公共行为是村庄街巷道空间设计重要的参考依据，而使用者的价值理念通过公共行为在村庄主要街巷空间中得以体现；建立符合村庄居民公共行为特征的街巷空间秩序，是“以人为本”的重要体现。

3. 肌理延续性

设计中街巷道空间肌理的延续体现在传统街巷平面形态的保护，传统空间秩序的保持，传统社会生活方式的保留等方面；由于延续了传统的小规模用地划分方式，也可避免大规模的更新改造，为“有机更新”提供可能。

4. 环境生态性

村庄街巷空间中古树、流水等自然环境要素，为村庄体验路径提供层次丰富的绿色环境，赋予村庄街巷道空间生机与灵性。村庄内在的特色风貌环境部分来自于与自然环境要素持续的对话，村庄街巷空间设计中应结合地域环境特征，注重与自然环境有机融合，以营造绿色生态的体验路径。

（四）村庄街巷道设计策略

策略一　界面和谐统一，整体有序

1. 街巷道界面的和谐统一是保证街道空间整洁美观的前提。街巷界面的和谐统一包含了墙面的和谐、地面的和谐、街道空间小品的和谐、植物要素的和谐及其整体统一；从影响因素上来说，包含了街道界面的色彩、材质、体量、风格等内容，如图 6–5–8 所示。

（1）色调和谐

街巷空间色彩和谐是指环境中的绿色、蓝色和灰色的和谐。绿色是指街巷景观空间中的各种植物，蓝色是指影响街巷景观的各类水体和天空背景，灰色则是环境中的各类建筑物或构筑物。

为使整个村庄街巷空间色调统一协调，在设计中应对墙体、屋顶等建筑外部展示面的色彩进行设计引导，避免街巷空间中色调杂乱无章。由于村庄环境中建筑和构筑体量较小，用材应更接近原生态，以便统一于灰色调之中，如图 6–5–9 所示。

（2）材质统一

街道空间营造中尽量统一所使用的材质类型，例如自然石墙、夯土路面、原木栅栏和原生态植物之间取得和谐统一。在具体设计过程中应采用当地原生态材料，参考原有铺地的图案和铺设方式，尽量运用传统技术工艺进行铺设，保持与周围环境的协调一致，以加强村民的认同感和亲切感；同时还要与变化的地形相适应，突出街面的连续性，处理好道路排水设施，包括排水口的形式、排水沟的设置等，如图 6-5-10、图 6-5-11 所示。

图 6-5-8　嘉兴市潘家浜村
通过沿街界面色彩的统一、材料的控制，营造整体统一的街巷空间环境

图 6-5-9　嘉善县黎明村戴家湾乡村街巷设计

图 6-5-10　宁海县前童古镇街巷空间实例

图 6-5-11　丽水市庆元县举水乡月山村小尺度上的街巷空间

（3）适宜尺度

村庄街巷道合理的空间尺度是塑造空间氛围的基础。对于村庄街巷空间尺度的控制，必须以当地传统街巷空间尺度为参考依据。

由于每个村庄所处自然环境不同，街巷空间的尺度也有所差异，街巷空间尺度控制的方法可采用分区控制法，即不同的控制区域，制定不同的建筑控制高度。核心控制区域应制定檐口高度和标准层数，不论是传统建筑还是新建建筑都进行严格的高度控制。在协调区等外围区域，控制相对放宽，但应对街巷的视觉通廊进行分析，防止两侧及内部出现体量过大的新建建筑，导致街巷尺度和轮廓线受到破坏，如图6–5–12、图6–5–13所示。

街巷空间设计应通过高宽比和断面形式的变化营造丰富的空间感受。空间的高宽比一般为 $D:H \leqslant 1$，大空间一般为 $1 \leqslant D:H \leqslant 2$ 或 $2 \leqslant D:H \leqslant 3$。街巷断面可采用无檐式、街廊式、挑檐式、廊棚式、骑楼式等多种形式，如图6–5–14所示。

（4）风格协调

村庄街巷空间之所以特色鲜明，是因为临街建筑立面构成要素的相似性所形成的整体印象，如相似的建筑高度、层数、结构、形式、风格、材料、色彩及构造等。在街巷道设计中对临街建筑立面传统风貌的保存极为重要，村庄长期的发展过程多是由“自下而上”的方式自由生长而成，临街建筑在建造年代、风貌完好度、保存质量等方面存在较大的差异。在沿街建筑风格协调中应针对不同类型、特征的建筑，

图6–5–12　湖州市南浔区菱湖镇射中村空间尺度宜人

图6–5–13　衢州市柯城区沟溪乡余东村空间尺度大，交通性道路利于穿行

剖面类型	简图	特征	实景照片	备注
街廊式1	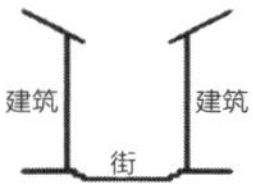 建筑 街 建筑	街巷空间为露天开放式，街巷两侧建筑出檐达到一定程度，以柱支撑，形成宽敞的檐廊街道		以“建筑—街—建筑”的形式
街廊式2	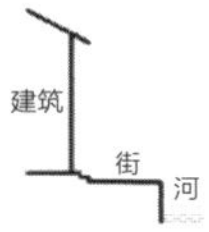 建筑 街 河	街巷空间为露天开放式，街巷一侧临河，一侧建筑出檐达到一定程度，以柱支撑，形成宽敞的檐廊街道		以“建筑—街—河”的形式
廊棚式	 建筑 街 河	建筑一侧加建廊棚，廊下为街空间。临街可设置美人靠、石凳等		以“建筑—街—河”的形式
骑楼式	 建筑 街 河	建筑底层内凹进形成街空间		以“建筑—街—河”或“建筑—街—建筑”的形式

图6–5–14　村庄街巷空间断面形式

采取相应的保护与整治措施，根据建筑性质、价值、保存状况，采取保护、更新、修葺等手段维持和恢复，以保持传统街面风貌的连续性，如图 6–5–15 所示。

2. 注重空间序列安排的街道更易形成丰富的街道景观环境。对本地居民来说，有条理的景观序列能够产生熟悉感和亲切感，提高宜居性；对外来访客来说，可以增强地区的识别性，使人印象深刻。村庄街道空间序列的设计是通过体验者的行为顺序或某种活动的进行次序，对相应的建筑进行时空上的连接组织，将使用者的行为习惯作为空间秩序组织的依据，如图 6–5–16 所示。

（1）街巷空间轴线序列组织宜结合村民生产、生活的主要通行道路，优先选择具有较好的景观风貌环境、适宜的空间尺度、适合步行的道路，如图 6–5–17 所示。

（2）街巷空间的路径宜依山就势，营造步移景异的空间风貌，不宜缺乏层次和变化的平铺直叙；通过对整条街道有意识的景观安排，形成令人愉悦的景观感受，如图 6–5–18 所示。

策略二　完善交通体系层级，延续肌理

1. 梳理现状交通，明确村庄道路层级关系，完善交通体系，使村庄内部交通组织有序，内外部交通有机衔接。面向步行者的村庄交通体系组织通常有两种情况：一是限制机动交通，保留相对完全的步行交通，这种情况多在传统街巷空间保存较为完好的情况下采用；二是步行和机动交通混行，在有机动交通通行需求的村庄街道中，既要保证合理分流，又能处理好两种交通方式之间的转换，设置较为宽敞的交通转换点，便于从一种交通向另一种交通转换，避免拥挤堵塞。

2. 根据路网格局对街巷平面形态进行整体性保护。对原有路网肌理的图底关系进行分析，引导街巷空间向有利的方向发展；掌握村庄街巷历史演变的过程和规律，关注街巷中路径与建筑的组合方式，分析蕴涵历史信息最为丰富的街巷——这些街巷往往是协调与延续的标准，如图 6–5–19 所示。

图 6–5–15　嘉善县黎明村戴家湾村街巷空间设计

图 6-5-16 温州市永嘉县芙蓉村如意街：以轴线组织街道

图 6-5-17 温州市永嘉县岩头镇苍坡村：在道路交叉口通过街巷尺度、铺地等强化空间序列

图 6-5-18 衢州市江山市大陈乡大陈村：街巷空间界面的开合与虚实变化丰富，具有趣味性

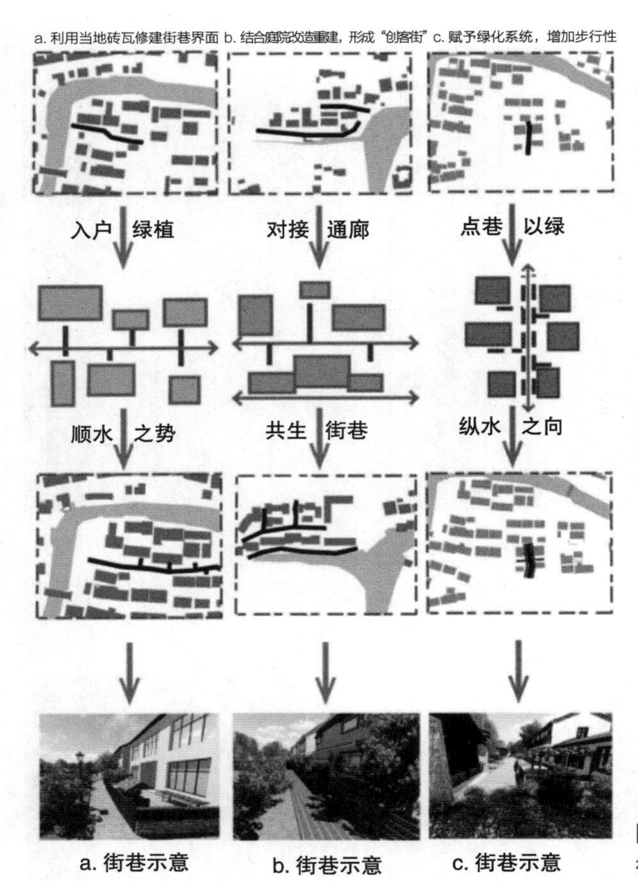

图 6-5-19　嘉善县黎明村戴家湾村街巷空间设计

第六节　边界设计

（一）村庄边界的形成及形态特征

1. 村庄边界的形成

村庄聚落的形成是一个自组织的过程，往往表现出随机性与非线性特征。在自组织过程中，每个建筑在平面轮廓、高度、造型等方面都体现着不同地理区域之间的文化差异；同时，它们各自在聚落中具有特定的位置，也具有特定的面积大小与方向角度，与其他建筑之间保持着特定的距离，这些要素共同形成了一个特定的聚落形态结构。

从空间意义上来说，每一个聚落都是独一无二的，这些居民点的聚集，形成了一个具有适度边界的建筑聚集体；从景观生态学的角度，这是在以乡野为自然基质的环境中形成的一个聚落斑块，是一个具有生命的有机体，通过其内外之间的边界，与周围的环境基质之间形成物质、能量与信息的交换（浦欣成、王竹、黄倩，2013），如图 6-6-1 所示。

图 6-6-1 安吉县上墅乡刘家塘村：自然环境形成的乡村边界

2. 村庄边界的形态特征

（1）复杂性

边界的复杂性实质在于不同向量的控制力影响。一方面，受到外在的物质性边界形态的影响，如复杂而琐碎的水系或其他环境基质，以之为边界，其形态也易于复杂化；另一方面，并不存在特别的外在影响，但也缺乏内在的有效制约，于是在建筑的建造过程中，具有差异性的自主意识导致了聚落边缘建筑相互之间的秩序化程度较低，局部空间较为紊乱，进而使其边界呈现出复杂性的特征。

（2）模糊性

村庄建筑单体之间具有一定的疏松空间，从而使得边界的形态变得相对模糊而不确定。特别是比较离散的聚落，边缘建筑之间的距离较远，大于建筑本身的长度，从而使其边界形态显得较为模糊。聚落边缘建筑的密集化程度决定着村庄边界在空间上的开放程度，以及与外界联系的密切程度。

（二）村庄边界设计要素构成

村庄边界的界定由不同层面组成，从相对广义的物质形态视角出发，村庄的边界由聚落边缘的物质要素组成，具体包括自然边界、人工边界、混合边界等。

1. 自然边界是由自然物质所组成的边界，比如山体、河流等，其中包含了村内生活、生产、生态空间，这些空间将村庄分成不同的功能片区，如图 6–6–2、图 6–6–3 所示。

图 6-6-2　枫树岭镇下姜村：水系形成的乡村边界

图 6-6-3　泰顺县左溪畲族村：水系形成的乡村边界

2. 人工边界，包括了建筑、构筑物、人工栽植、装饰等，其中村庄内公共活动的区域主要由街巷空间中的建筑界面和公共空间中的围合界面所组成，如图 6-6-4 所示。

3. 混合边界则是由前两者混合而成。大多数村庄边界多是以混合边界为主，此外，除了物质性边界之外，还存在没有具体形态的心理边界。

从相对狭义的物质形态视角出发，民居建筑单体所汇集起来的聚落是某种虚实关系的存在，由作为实体部分的建筑与建筑之间的公共空间共同构成。这种虚实关系，从聚落的内部一直延续到了聚落的边缘。因而，聚落的边界也是由这些处于聚落边缘的虚、实两种要素共同参与构成，也即由建筑部分的实体边界与建筑之间空隙部分的非实体虚拟边界连接而成，这一虚实关系决定着边界的密实程度，体现了开合渗透的空间特性。此外，边界所形成的随机凹凸形态，与外在自然基质之间也形成了一定的空间围合关系，如图 6-6-5 所示。

图 6-6-4　金华武义县俞源村：传统村落边界形态

图 6-6-5 开化池淮立江畈：生态田园形成的乡村边界

（三）村庄边界设计原则

1. 连续性

村庄环境作为一个有机的整体，其边界的构成应当为人们提供一个连续的生活空间和连续的感知环境。边界的连续有助于强化空间的形态特征，同时也是一种时空连续。前者指形态要素间的连续，如形体轮廓、比例尺度、材料色彩等；后者则主要指新旧界面的协调共生。

2. 围合性

任何场所的特点和空间质量是由它们被如何围合而决定。具有围合的边界形态既能够充分展示空间的形体，赋予空间整体效应，又能营造易识别、安全、稳定的空间环境，并赋予人们领域感。值得注意的是，围合的空间应提供相互渗透的可能，而绝非隔绝。

3. 渗透性

村庄边界不是孤立于空间的抽象构图，应根据村庄各组成要素的发展特征，研究其形态构成对村庄环境的影响。村庄边界空间要素的相互渗透是一个有机生长的过程，不应孤立地分割村庄环境，忽略各空间要素之间的联系。

（四）村庄边界设计策略

村庄边界的构成是村庄聚落与周围环境和谐关系的重要组成部分。村庄边界设计不是简单的将村庄各功能空间分离界定，而是需要营造更多相互渗透、相互融合的过渡空间，让丰富而有层次的空间类型，成为感知村庄特色风貌环境的风景线。

策略一 营造清晰的边界

村庄边界的划分和界定应关注与之相邻要素之间的关系，结合道路、农田、建筑、围墙等要素进行边界意象的营造。通过村庄边界的整理，一方面，提升村庄整体环境品质；另一方面，理清村庄建设用地、生产用地、旅游发展用地。对于生活用地与生产用地的区分，主要借助道路、山沟、围墙等明确界限，以便村庄建设管理；对于生产用地和旅游发展用地则采用大地景观、农田等柔性界限区分，既是边界的划定，也是景观的塑造，如图 6–6–6 所示。

策略二　因地制宜，顺势而为

村庄边界设计对象在关注自身同时，还应最大限度与自然环境资源融合，在设计中结合河流、山体等自然地貌环境，营造易识别的村庄边界空间。

（1）平原地区村庄应用地集约、布局紧凑，不宜采用散点状平面形态。规模较大的村庄可采用团块状平面形态，规模较小的可采用团块状或带状平面形态，如图 6–6–7 所示。

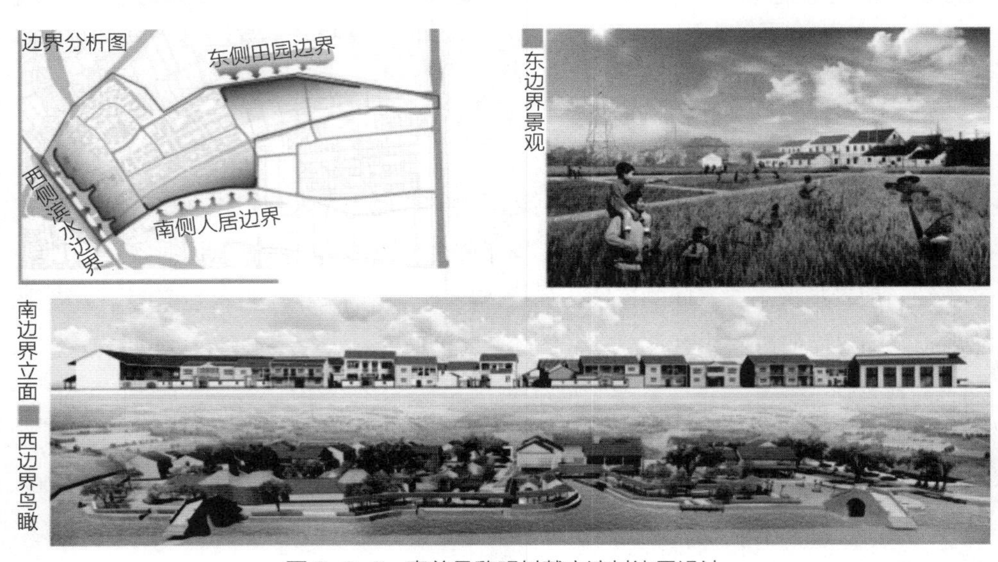

图 6-6-6　嘉善县黎明村戴家湾村边界设计

图 6-6-7　永嘉县岩头镇苍坡村：
采用团块式的平面形态，形成完整边界形态

（2）山地丘陵村庄应充分利用自然地形，营造良好的空间形态。坡度小于 25% 的宜采用团块状或带状的平面形态；坡度大于 25% 的可采用分级台地式带状组合平面形态，如图 6–6–8 所示。

（3）水乡地区村庄应充分利用自然水体，增加水体与村庄的接触面，使水体与村庄边界有机融合，营造丰富的水乡风貌。

（4）海岛村庄应充分利用岸线形态和地形特征，尤要重视内凹带状布局这一海岛村庄典型平面形态的延续，形成山、海、村有机融合的空间格局，营造浓郁的海岛渔村风貌。

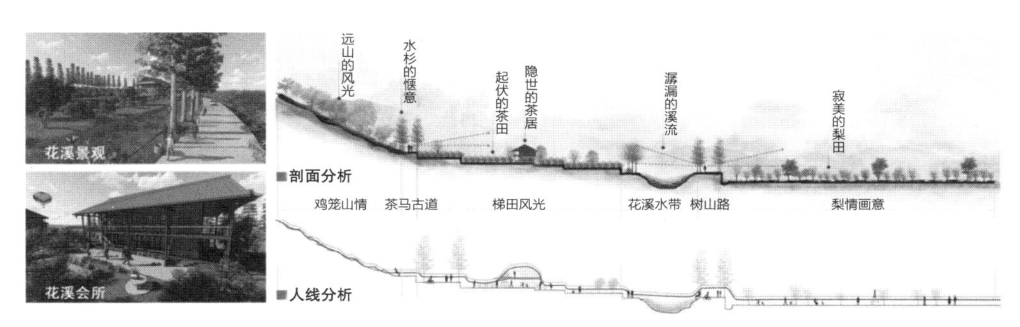

图 6–6–8　苏州市通安镇树山村：
通过山脚边界竖向空间梳理，营造不同的活动环境，使得无论在山上、山脚还是山腰，人的视线最大化

第七节　节点设计

（一）村庄节点设计意义

村庄节点是人口密集且流动性较大的活动空间，提供人们在此交流、游览、玩耍、休息等需求，同时也是集中展现地域文化特色的空间载体。传统村庄中节点空间类型多样，从村庄内部点、线、面及特色公共建筑的分布中形成了形态丰富各异的节点空间。要提升村庄的环境品质，提高人们对于村庄的感知印象程度，应特别注重节点空间塑造，如图 6–7–1、图 6–7–2 所示。

图 6–7–1　乡村公共节点活动空间

图 6–7–2　村落空间的乡愁记忆

（二）村庄节点设计主要类型

村庄节点空间一般位于线性空间的局部放大部位，如村口、街巷交叉口等区域。按照空间形式可大致分为四种类型：①点状空间，如古树、水井、泰山石敢当等；②线状空间，如街巷、集市、河流等；③面状空间，如码头、广场、庙会空间等；④公共建筑，如家族祠堂、庙宇、戏台、老年活动中心、棋牌室等。

1. 广场空间

传统村庄一般不专门建造公共广场，公共广场多是在村落发展中自发形成，表现出实用性和功能性特征。例如，宗祠堂、戏台或村中大树的周边空地会自然形成集散地，在设计中这类空间改建为公共广场，加设花台、坐具、灯具等小品设施以提升空间的使用性；村民活动中心、文化大讲堂等公共建筑周边可配建公共广场，成为村民操办红白喜事和举办重要民俗活动的场所；此外，围绕村内重要水体景观也可布置集中的公共活动广场，如图 6-7-3 所示。

2. 滨水空间

村庄滨水空间主要包括与河流、池塘、沟渠等相接的陆地区域。在空间利用和景观表现上，村庄滨水空间与城市滨水空间最大的不同在于功能的有效分配上，村庄滨水空间的利用更多体现在对乡民公共生活生产的用水和空间活动的需要，比如饮用、盥洗、防火、灌溉等，如图 6-7-4 所示。

3. 街巷节点空间

街巷节点空间包括路径形态上的交叉点、转折点。其中以两种空间类型最具代表性，一是街巷与庭院入户口组成的空间节点，是形成美丽庭院的重点营造对象；另一种是可促使居民聚集的街巷交叉口公共景观节点，是塑造街道活力、形成交往场所的重要节点，如图 6-7-4、图 6-7-5 所示。

（三）村庄节点设计原则

1. 公共性原则

村庄节点空间设计应首先强调世俗化，体现村民对村庄资源的共享属性。复合型的节点空间主要是通过对公共空间的营造来满足不同人群、不同区域村民的日常生活需求；使村民在享有公共服务和公共资源的同时，提升生活品质。

2. 人性化原则

村庄节点设计应注重人性需求和公共活动尺度，围绕人的活动、人的使用、人的感知、人的精神和人的传承来展开。通过强调村庄节点空间的自由参与度，关注使用者在空间环境中的体验，通过人们身临其境的情感介入，彰显自身存在价值，从而提升对村庄风貌的感知度和认同度。

图 6-7-3 金华兰溪市诸葛八卦村广场空间

图 6-7-4 乡村滨水公共活动节点

图 6-7-5 长兴县泗安镇新联村景观节点设计

（四）村庄节点设计

1. 广场空间设计

村庄广场空间应结合生产生活的需要，保留较为宽阔的中心区域作为民俗广场，设计中考虑合适的硬质铺地比例和绿化形式，不宜过度铺装；广场中心位置宜开敞，边角处宜有树荫并设有坐具；公共广场也可与村民健身设施组合布置；控制公共活动广场的停车数量，适当设置分隔设施，保障村民在广场内的使用安全；在广场公共景观设施中运用具有乡土特色的传统景观元素，如古磨盘、古树、石雕、石凳等，增加村民对广场空间的归属感和认同感，如图 6-7-6、图 6-7-7 所示。

图 6-7-6　利用原有祠堂入口空间改建的公共广场

图 6-7-7　利用村内古树形成的公共广场

2. 街巷空间节点设计

街巷应具有合适的高宽比，节点处避免压抑应适当开敞；限定街巷节点的院墙界面也不宜过长，需设定其合理的高度，优先使用镂空花墙、绿篱等隔断手法，虚实相间、使内外空间产生渗透，并增加节点处的视线焦点。

山地丘陵村庄可在依山而上的街巷中设置节点空间，空间宜适当开敞，地面宜平整，配合坐具、绿化或遮阳构成村民休憩交流的空间；铺地避免大面积使用水泥浇筑，如图 6–7–8 所示。

水乡村庄街巷节点应与水体格局呼应，桥头和岸边开阔地是村民集中交流的场所，应考虑坐具的摆放位置与绿化、水面的视觉关系；也可整理原有的水埠口，形成沿水道的空间节点，如图 6–7–9 所示。

图 6-7-8　利用地形高差的山地丘陵村庄街巷节点空间

图 6-7-9　水乡村庄街巷节点

3. 滨水节点空间设计

滨水空间营造应简单而充满生活气息，切忌城市化的景观铺砌。村庄中自然生长植物的驳岸充满生机和野趣，人工修筑的驳岸堤坝往往带来生硬感。

在滨水节点空间中优先选用自然式驳岸并适度选用整形护砌；自然式驳岸一般与岸线植物群落、自然石或松木桩结合运用；整形式驳岸的岸线应避免线条过于生硬，优先选用乡土材料如砖、石砌块等；应避免过度勾缝，允许植物从石缝中自然生长。

水边步道宜采用防腐木或砖石砌块等体现乡村感的材质；应与河岸线型呼应，自然流畅并避免过度铺装。亲水平台优先采用防腐木或石材；临水一侧宜采取安全措施，如栏杆、链条或种植护岸水生植物，也可设置水下安全区，沿水岸应设置安全警示牌。

村庄中水埠口是常见的亲水设施，也是水乡生活方式的物质载体，应予以保留；必要时加建保护性护栏，护栏避免生硬呆板的形式；台阶宜使用毛面石板，既吻合村庄整体风貌又兼具防滑等实用功能；结合邻水的空间位置优势设置亲水平台，布置健身休闲、集会等功能，并加盖半遮挡的防腐木廊架，起到防雨防晒的作用；通过种植水生植物丰富岸界线，沿岸分段设置景观连廊提供休憩休闲的空间，增强水域岸边的景观层次和舒适感，如图 6-7-10、图 6-7-11 所示。

图 6-7-10　南京桦墅村滨水节点空间设计

图 6-7-11　台州黄岩上郑乡大溪坑村溯溪滨水节点空间设计

4. 节点空间休憩配套设施设计

村庄节点空间休憩配套设施包括标识系统、扶手栏杆、坐具、废物箱、花坛树池、挡土墙、路灯及景观灯等。

（1）标识系统：村务公开栏（包括普法宣传栏和阅读栏）应放置在村民文化讲堂、村委会或活动中心等重要的公共建筑旁，需清晰明确，满足近观需要；位置标识应简洁清晰；导向标识的指示应明确无歧义，需放置在醒目恰当的位置；同类标识宜风格一致，材料应尽可能选择竹、木、石等乡土材料，如图 6–7–12、图 6–7–13 所示。

（2）扶手栏杆：安全性和景观效果应合二为一，尽量选用本土材料，如竹、木、石等；现代手法的运用应简洁大方、比例合宜；应便于维护，使用年限长，如图 6–7–14 所示。

（3）坐具：应选择适合的位置摆放坐具：即上有树木遮荫，前有景观可赏，后有树丛（或墙体）依托；也可与树池花坛或低矮景墙（挡土墙）结合布置；优先使用乡土材料；应易于清洁，方便维护，如图 6–7–15 所示。

（4）垃圾箱：实行垃圾分类，对有机垃圾应处理后作为肥料再利用，对垃圾箱设计避免过于鲜艳，避开放置于边沟及水渠边；要求坚固耐用、不易倾倒；外框可选用竹、木、仿木等材料，内框采用防水、易清洁的材料；应美观与功能性兼备，用体现本地文化发展特征元素进行设计表达，如图 6–7–16 所示。

图 6–7–12　简洁清晰的标识系统

图 6–7–13　风格相协调的标识系统

图 6–7–14　乡村栏杆造型示意

图 6-7-15 乡村坐具示意

图 6-7-16 乡村垃圾收集设施示意

（5）花坛树池：样式众多，常布置在入口、广场或道路旁等，起到突出重点、美化装饰的作用；材料宜结合文化元素，优先使用乡土材料，也可以与坐具、挡土墙等结合布置，如图 6-7-17 所示。

（6）景观墙：村庄中多使用毛石或条石垒砌，需注意砌缝的交错排列方式和宽度，可不勾缝以展现野趣；也可使用天然石块加筋格宾，石块间会有植物自然生长；挡土墙应设排水孔，一定宽度应设伸缩缝。山地丘陵村庄及海岛村庄的挡土墙可考虑与垂直绿化结合，争取更多的绿化空间，如图 6-7-18 所示。

图 6-7-17 乡村花坛树池景观设施示意

图 6-7-18　乡村景观墙示意

第八节　片区设计

（一）村庄片区设计的内涵

按照村庄各区域功能和环境特征形成的面状空间是感知乡村意象的重要认知要素。如凯文·林奇所指的“区域”，也是一种心理感受，它的实体界限划分可能并不精确。正如谈到公共公园一样，并不能清晰地划分出它的实体边界，但通过熙攘的人群、特色的建筑、多样的项目等共同特征，可以让人感知到“这里是公共活动的场所”。这一特征不论是在片区内部还是外部都可以进行确认，并用来作为一个片区的参照，身处其中时在心理上有“进入”的感觉。

（二）村庄片区意象营造的表现特征

村庄片区意象的构建应遵循村庄自然、建筑、农作物及沿袭村民原有的生活习惯。村庄内不同的功能片区由于其功能构成的复杂性，根据片区内部特有的自然地貌环境、特色建筑风貌、历史人文风俗，各片区间表现出不同的意象形式，如图 6–8–1、图 6–8–2 所示。

（三）村庄片区设计原则

从村庄地域特色风貌的内涵出发，根据浙江省美丽乡村发展蓝图中“生态农业、生态旅游、乡土文化”的定位，提炼出体现村庄空间“地域基因”的“三生”本底片区：自然生态片区、经济生产片区、聚落生活片区（徐呈程、许建伟、高沂琛，2013）。村庄各片区设计应遵循以下原则：

1. 自然生态片区保持原生态完整性和真实性，利用自然资源确立区域的识别性。该片区的设计引导应注重环境保护和生态肌理的延续，保证地形地貌的完整和连续性；尊重原有山水格局，协调村庄与周边环境的图底关系。

2. 经济生产片区需要强调产业活动与景观价值、功能的相容或匹配。农田区块将农业资源与景观相结合，充分利用耕林牧渔等各种要素，构建起人、自然、

图 6-8-1 田园乡村各片区意象

图 6-8-2 遂昌大柯村生活片区

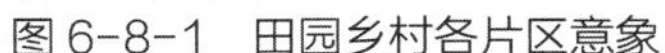

区域农业三者和谐发展的现代化高效农业。此外，农田景观格局的斑块布局应遵循景观异质性原则，大小不同，种类不同的斑块镶嵌布局，满足景观多样性和观赏性。

3. 聚落生活片区的风貌特色设计引导应保持村庄以自然为主、以农业生产为核心的特点。通过科学合理布局，满足村庄生活、生产需要；充分尊重文化传统、自然环境，形成显著区别于城市的乡村风貌与环境。

4. 控制引导村庄特色功能要素，形成多元、丰富、多变而统一的村庄风貌。根据村庄风貌类型，对于以传统风貌为主导的村庄，应协调统一新建区域和原有村庄风貌风格；对于现代风貌为主导的村庄，应更加突显各片区风貌特征，形成风格对比。

（四）村庄各片区风貌特色营造

1. 自然生态片区设计引导

保证地形地貌的完整和连续性；尊重原有山水格局，协调村庄与周边环境的图底关系；对古树名木进行针对性保护，保持原生态的真实性；保护和更新村内的生态竹林、树林，发挥涵养水源的生态功能；水体特色片区则需要维护水体的原生态性，注重滨水景观多样性和乡土性的营造；有海洋资源则可进行特色化的海洋村落风貌打造。如此，形成独具地域特色的村庄风貌景观，如图 6-8-3 所示。

2. 经济生产片区设计引导

经济生产片区应合理开发利用农业资源，保证生态景观可持续。发展生产、生态、景观功能并重的都市农业，创建设施农业、生态农业、观光休闲农业、体验农业、循环农业、立体农业、创汇农业、养生农业等多种形态，构建农田大地景观体系。充分利用地形和不同植物的外观特征，利用株行距的控制，结合生长方式，进行形状和色彩上的布置，形成一定的韵律和节奏；也可以在主干道旁边或者不适宜生产的坡地面种植成一定的图案，或者用雕塑来做一定的点缀，如图 6-8-4 所示。

3. 聚落生活片区设计引导

聚落生活片区应统筹考虑村民生产、生活、生态需要，避免生产、生活与自然的分离，在尊重村庄肌理格局特征的基础上进行设计引导；对体现乡土文化的街巷、生活聚落空间应成片保留，通过适度修缮、合理的功能置换，营造风貌完整的村庄片区意象，如图 6-8-5、图 6-8-6 所示。

图 6-8-3　浦江县潘周家村：
结合自然生态资源设计景观活动设施，增强农田观光吸引力，形成生态农旅的特色片区

图 6-8-4　江苏省南通市海门市海永镇：结合农业、花卉等资源形成农业景观特色片区

图 6-8-5　与传统村落风貌环境协调

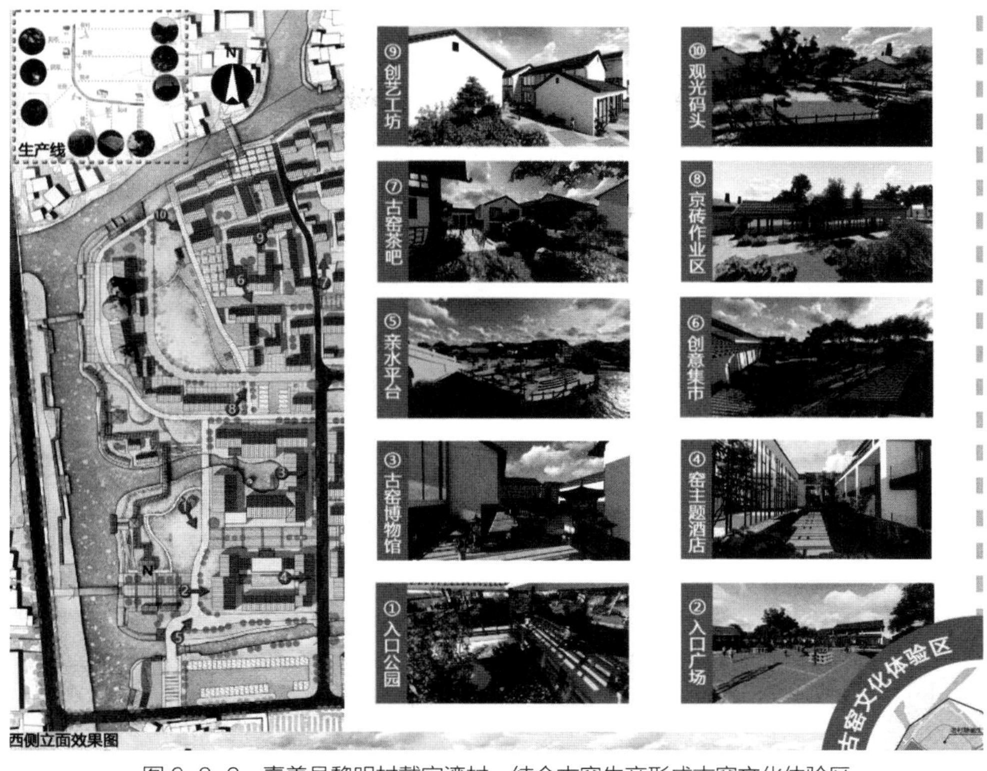

图 6-8-6 嘉善县黎明村戴家湾村：结合古窑生产形成古窑文化体验区

村庄生活片区形态设计引导应秉承因地制宜、就地取材、勤俭节约、寄托情思等传统乡村文明特征，建设经济节约、生态友好的美丽乡村。

复习思考题：

1. 乡村规划设计中的文脉要素有哪些？在物质空间设计中如何体现？
2. 基于乡村意象的村庄空间设计要素如何提炼？
3. 如何结合乡村自然环境要素营造具有独特识别性的乡村意象？

Rural Planning and Design

附 录

浙江工业大学《乡村规划与设计》教学大纲

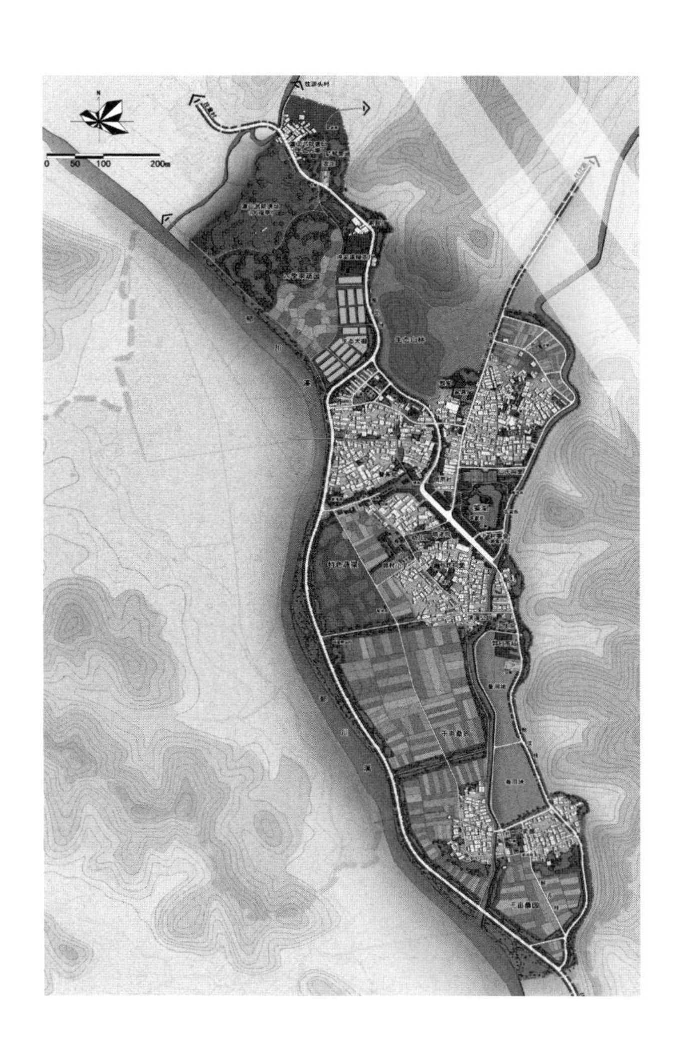

附录 浙江工业大学《乡村规划与设计》教学大纲

<table>
<tr><td>英文课程名</td><td colspan="2">Rural Planning and Design</td><td colspan="2">总学时</td><td>96</td><td>学 分</td><td>4.5</td></tr>
<tr><td>课程编码</td><td colspan="2">G104201</td><td colspan="2">理论教学学时</td><td>48</td><td>适用专业</td><td>城乡规划</td></tr>
<tr><td rowspan="3">课程类别（请注明选修或必修）</td><td>通识课程</td><td></td><td rowspan="2">实践教学学时</td><td>实验学时</td><td></td><td rowspan="2">先修课程</td><td rowspan="2">城乡规划导论、建筑设计与原理、城市规划原理（详细规划）、居住区规划设计</td></tr>
<tr><td>大类基础课程</td><td></td><td>上机学时</td><td></td></tr>
<tr><td>专业基础及专业课程</td><td>必修</td><td></td><td>其他</td><td>48</td><td>开课学院（部）</td><td>建筑工程学院</td></tr>
</table>

一、课程的性质和教学目标

1. 课程性质

乡村规划与设计课程是一门涵盖技术、经济和社会的实践性较强的综合性课程，涉及乡村人口、村居、基础设施、生态环境、历史文化等经济社会生活的方方面面，是为实现乡村的经济和社会发展目标，明确村庄产业发展要求，综合部署生产、生态、生活等各项建设，确定村庄发展目标、发展规模与发展方向，合理布局各类用地，完善公共服务设施与基础设施，落实自然生态资源和历史文化遗产保护、防灾减灾等的具体安排，加强景观风貌特色控制与村庄设计引导，为村民提供切合当地特色，并与经济社会发展水平相适应的宜居环境。

2. 教学目标

（1）培养和提高城乡规划类人才专业技能：掌握乡村规划设计理论与技能、设计与建设管理知识，具有较强的测图、绘图和规划软件等应用能力。

（2）促进培养应用型人才具有的基本素养：掌握规划资料调查、整理、分析的原则、方法，具备运用专业知识理论分析解决乡村规划、建设和管理的实践能力。

二、课程教学方法设计

乡村规划是新增设课程，在没有前期相关课程学习的情况下，直接切入乡村认知、乡村调研、乡村规划、乡村设计，对学生的学习与掌握要求较高。同时该课程一般与乡村竞赛、实践项目相结合，多为真题真做，对同学的社会实践与应用能力要求较高，需要同学们在研究、调查、认知、分析、表现、汇报等各个方面展示专业能力。在乡村规划与设计过程中一方面应结合实际、尊重农民、体现特色，概括起来就是要“因地制宜”；另一方面，需要符合相关的规划设计规范要求，包括《镇、乡和村庄规划编制办法》、《浙江省村庄规划编制导则》、《浙江省村庄设计导则》等，总体要求较高。

乡村规划与设计竞赛倡导规划设计的创新性，并响应当前规划实践的落地性要求（简化、管用、抓住主要问题），以此进一步优化课程教学内容。针对教学过程中的常规教学阶段，细化各阶段关键内容，形成理论基础教学、课程作业设计、成果点评的三大教学内容。其中，课程作业设计部分是教学内容的重点，分成调查与分析阶段、村域发展规划阶段、居民点总体布局阶段、居民点详细设计阶段等四个阶段性内容；并以简化管用、抓住主要问题为导向，形成现状调研报告、村域总体布局、居民点空间布局、居民点空间意象六要素详细设计等四个阶段性成果。特别是运用乡村意象分析框架，通过山水田、村口、主街巷、边界、节点和片区六要素，整体把握乡村居民点总体空间结构，梳理营造乡村的关键要素，进一步确定乡村居民点规划与建设重点，提升乡村规划与设计的落地性和创新性。

在课程设计中要求学生在教师指导下进行设计课题的构思设计和表现。由于规划设计涉及面广，要求学生课外投入大量的时间进行课程设计及其相关的学习，学生课外投入本课程的时间与课内的时间比例一般要求大于1∶1.5。课外教学要求主要包括：阅读参考书、相关规划案例的收集解读、现状调研、完成各阶段规划设计等。优秀作品推荐参加相关乡村竞赛活动。

三、课程教学内容及学时分配

1. 理论教学安排

序号	章节或知识模块	教学内容	学时分配	能力培养教学要求	素质培养教学要求	学生任务		
						作业要求	自学要求	讨论
1	乡村发展认知	1.乡村的概念与特征 2.乡村发展规律 3.乡村发展动力机制 4.浙江省乡村发展阶段特征 5.乡村发展问题认知	6	学生理解与掌握乡村的概念与特征；了解乡村发展规律、乡村发展动力机制、浙江省乡村发展阶段特征，熟悉乡村发展问题认知	学生能够将课堂内容与村庄认知相结合，关注更多的乡村发展的现实状况与存在问题，以加深对本节课程知识的理解与掌握	进一步收集、查阅国内外乡村发展建设基础规律与现实问题	查阅相关文献	美丽乡村的基础内涵，新农村建设的基础要求
2	乡村规划与设计概述	1.乡村构成与特征 2.乡村规划与设计的基本原则与任务 3.乡村规划与设计的主要类型与内容 4.乡村规划程序和方法	6	学生理解与掌握乡村构成与特征；熟悉乡村规划与设计的基本原则与任务、主要类型与内容，理解与掌握乡村规划程序和方法	要求学生能够更加关注用地组成、规划与设计内容、乡村规划工作程序与方法等实实在在的内容，通过学习更多的乡村规划与设计案例，以加深对本节课程知识的理解与掌握	进一步收集、学习乡村规划与设计案例	查阅乡村规划设计整套文本	乡村规划与设计的基本工作程序

续表

序号	章节或知识模块	教学内容	学时分配	能力培养教学要求	素质培养教学要求	学生任务		
						作业要求	自学要求	讨论
3	调查与分析	1.调查主要内容 2.调查前期准备 3.调查方式方法 4.资源环境评估内容与方法 5.调研报告主要内容	12	学生熟悉乡村规划与设计的调研内容与方法，理解与掌握如何对收集资料进行处理与分析，并形成现状调研报告	培养职业道德，树立正确的价值观，尊重乡村生态、文化、历史等要素，建立基本的学习与评价意识	（1）完成乡村调研； （2）完成乡村调研报告	充分认知乡村	（1）乡村调研资料收集的交流与点评； （2）乡村调研报告交流与点评
4	村域规划	1.村域规划主要任务与主要原则 2.目标定位 3.产业发展规划、生态保护规划、文化传承规划 4.空间管制 5.村域总体布局	12	学生理解与掌握村域规划主要原则与主要内容；熟悉乡村目标定位、发展策略、发展规模、产业选择、产业空间布局、生态与文化、三区四线空间管制等内容，并进行村域空间布局落实	培养区域统筹规划设计理念、树立正确的乡村发展观，建立基本的学习与评价意识	（1）完成村域规划目标与空间策划报告与相关图纸； （2）完成村域规划、生态保护规划、文化传承规划、产业空间规划、空间管制、总体布局	查阅村域规划参考文本	（1）村域规划目标与空间策划成果交流与点评； （2）规划成果交流与点评
5	居民点规划	1.居民点规划的任务与主要原则 2.乡村建设用地选择 3.乡村意象框架构建 4.乡村结构与形态 5.乡村建设用地布局 6.乡村设施布局规划	6	学生理解与掌握居民点规划主要原则与主要内容；熟悉乡村建设用地选择因素；通过山水田、村口、主街巷、边界、节点和片区六要素构建乡村意象，从中观层面把握和解决乡村建设空间的结构性问题；并进行乡村土地利用规划布局和建设布局；进行乡村公共服务设施与基础设施布局	培养职业道德，树立正确的乡村发展观，建立基本的学习与评价意识	完成居民点规划总体报告与设计方案	查阅村庄规划参考文本	居民点规划总体报告与设计方案交流与点评
6	村庄设计	1.村庄设计的任务与主要原则 2.山水田设计 3.村口设计 4.主街巷设计 5.边界设计 6.节点设计 7.片区设计	6	因地制宜、以人为本、可操作性、地方特色等原则；针对乡村空间意象的六要素进行详细设计，各要素应从建筑设计、绿化景观设计、环境小品设计等方面展开，并展示实施照片、设计案例	培养职业道德，树立正确的乡村发展观，尊重乡村生态、文化、历史等要素，建立基本的学习与评价意识	完成村庄六要素的村庄设计	查阅村庄设计参考资料	村庄六要素村庄设计成果的交流与点评

2. 实践教学安排

序号	项目名称	学时	类型	每组人数	能力培养教学要求	素质培养教学要求	学生任务
1	现状调查	12	设计	4~6	学生熟悉并掌握调查的基本阶段与主要内容；实地踏勘调查、资料调查、访谈调查、问卷调查的程序和方法	培养职业道德，树立乡村规划与设计基本目标，形成对乡村规划与设计的审美观，建立基本的学习与评价意识	乡村规划与设计调查阶段、调查内容，并对乡村开展全面调查
2	村域规划	24	设计	4~6	学生掌握资源环境价值评估；熟悉发展目标与规模、空间管制规划等的主要内容与规划实践，并掌握村域总体布局的方式方法	培养职业道德，树立乡村规划与设计基本目的，形成对乡村规划与设计的审美观，建立基本的学习与评价意识	基于乡村规划与设计调查内容，完成资源环境价值评估，明确村庄定位，与发展策略，确定乡村主导产业，进行空间管制引导，完成村域总图规划
3	居民点规划	24	设计	4~6	要求学生掌握乡村规划与设计的相关设计规范与技术规定，初步掌握乡村规划与设计的设计能力与表现能力。要求学生掌握乡村居民点规划的内容与方法，通过课堂教学、交流与改图，加强老师与学生的互动，提升学生思考与动手等综合能力	培养职业道德，树立乡村规划与设计基本目的，形成对乡村规划与设计的审美观，建立基本的学习与评价意识	乡村意象框架构建，通过山水田、村口、主街巷、边界、节点和片区6要素构建居民点乡村意象；根据服务半径，进行乡村公共服务设施规划、基础设施规划；在村庄建设用地布局的基础上，进行村庄空间结构布局和村庄总图设计
4	村庄设计	24	设计	4~6	要求学生掌握乡村设计的相关设计导则与技术规定，掌握乡村设计的内容与方法，初步具备乡村设计能力。要求学生通过课外设计、课堂教学、课内交流与改图，加强老师与学生的互动，提升学生综合设计能力	培养职业道德，树立乡村规划与设计基本目标，形成对乡村规划与设计的审美观，建立基本的学习与评价意识	乡村山水田、村口、主街巷、边界、节点、片区与村居的设计思路和手法，从村庄格局、空间结构、标志空间、形态风格、色彩特征和乡村活动、社会习俗和文化传承等方面，打造其有独特风貌的乡村环境

四、考核方式及成绩评定方式

课程考核方式为：考查。考试成绩分五块：一是乡村调研报告占 15%，二是村域规划报告占 25%，三是居民点规划总体报告占 25%，四是村居设计占 25%，五是期末大板与文本成果占 10%，合计总分为 100 分。

五、教材及参考书目

教材或讲义：自制课件讲义

参考书：

[1] 金兆森，张晖．村镇规划[M]. 南京：东南大学出版社，2005.
[2] 李德华．城市规划原理[M]. 北京：中国建筑工业出版社，2001.
[3] 朱家瑾．居住区规划设计[M].2版．北京：中国建筑工业出版社，2007.
[4] 全国城市规划执业制度管理委员会．城乡规划法规文件汇编[M]. 北京：中国计划出版社，2014.

参考文献

[1] 陈序经 . 乡村建设理论的检讨 [J]. 独立评论，1935（199）：13–20.

[2] 费孝通 . 乡土中国 [M]. 北京：人民出版社，2008.

[3] 贺雪峰 . 新乡土中国 [M]. 北京：北京大学出版社，2013.

[4] 洪亮平，乔杰 . 规划视角下乡村认知的逻辑与框架 [J]. 城市发展研究，2016，23（1）：4–12.

[5] 黄杉，武前波，潘聪林 . 国外乡村发展经验与浙江省“美丽乡村”建设探析 [J]. 华中建筑，2013，31（5）：144–149.

[6] 李京生等 . 乡村规划原理 [M]. 北京：中国建筑工业出版社，2017.

[7] 李智，张小林，陈媛等 . 基于城乡相互作用的中国乡村复兴研究 [J]. 经济地理，2017，37（6）：144–150.

[8] 梁漱溟 . 乡村建设理论 [M]. 上海：上海人民出版社，2011.

[9] 刘彦随 . 中国新农村建设地理论 [M]. 北京：科学出版社，2011.

[10] 龙花楼，刘彦随，邹健 . 中国东部沿海地区乡村发展类型及其乡村性评价 [J]. 地理学报，2009，64（4）：426–434.

[11] 龙花楼，屠爽爽 . 论乡村重构 [J]. 地理学报，2017，72（4）：563–576.

[12] 仇保兴 . 生态文明时代乡村建设的基本对策 [J]. 城市规划，2008，32（4）：9–21.

[13] 申明锐，沈建法，张京祥等 . 比较视野下中国乡村认知的再辨析：当代价值与乡村复兴 [J]. 人文地理，2015，30（6）：53–59.

[14]（澳）斯科特·麦奎尔 . 媒体城市：媒体、建筑与都市空间 [M]. 邵文实译 . 南京：江苏教育出版社，2013.

[15] 王伟强，丁国胜 . 中国乡村建设实验演变及其特征考察 [J]. 城市规划学刊，2010（2）：79–85.

[16] 吴景超 . 发展都市以救济乡村 [J]. 独立评论，1934（125）：4–9.

[17] 武前波，龚圆圆，陈前虎 . 消费空间生产视角下杭州市美丽乡村发展特征——以下满觉陇、龙井、龙坞为例 [J]. 城市规划，2016，40（8）：105–112.

[18] 武前波，俞霞颖，陈前虎 . 新时期浙江省乡村建设的发展历程及其政策供给 [J]. 城市规划学刊，2017（6）:76–86.

[19] 吴祖泉 . 建设主体视角的乡村建设思考 [J]. 城市规划，2015，39（11）：85–91.

[20] 肖唐镖 . 乡村建设：概念分析与新近研究 [J]. 求实，2004（1）:88–91.

[21] 薛暮桥 . 答复王宜昌先生 [J]. 中国农村，1935，1（6）：11–16.

［22］杨宇振．资本空间化：资本积累、城镇化与空间生产 [M]. 南京：东南大学出版社，2016.

［23］叶超．体国经野：中国城乡关系发展的理论与历史 [M]. 南京：东南大学出版社，2014.

［24］叶强，钟炽兴．乡建，我们准备好了吗——乡村建设系统理论框架研究 [J]. 地理研究，2017，36（10）：1843-1858.

［25］张京祥，申明锐，赵晨．乡村复兴：生产主义和后生产主义下的中国乡村转型 [J]. 国际城市规划，2014，29（5）：1-7.

［26］张小林．乡村概念辨析 [J]. 地理学报，1998，53（4）：365-371.

［27］朱霞，周阳月，单卓然．中国乡村转型与复兴的策略及路径——基于乡村主体性视角 [J]. 城市发展研究，2015，22（8）：38-45+72.

［28］McGEE T G. The Emergence of Desakota Regions in Asia: Expanding a Hypothesis. The Extended Metropolis: Settlement Transition in Asia [M]. Honolulu: University of Hawaii Press，1991.

［29］Russwurm L H.Expanding Urbanization and Selected Agricultural Elements，a Case Study，Southwestern Ontario 1941-1961 [J]. Land Economics，1967，43（1）:107-117.

［30］费孝通，江村经济——中国农民的生活 [M]，北京：商务印书馆，2014.

［31］雷诚，赵民．“乡规划”体系建构及运作的若干探讨——如何落实《城乡规划法》中的“乡规划”[J]. 城市规划，2009（2）：9-14.

［32］张尚武．城镇化与规划体系转型：基于乡村视角的认识 [J]，城市规划学刊，2013（6）：19-25.

［33］徐宁，梅耀林，苏南水乡实用性村庄规划方法——以 2014 年住房和城乡建设部试点苏州市天池村为例 [J]，规划师，2016，32（1）：126-130.

［34］浙江省住房和城乡建设厅，浙江省村庄规划导则 [M]. 2015.

［35］浙江省住房和城乡建设厅，浙江省村庄设计导则 [M]. 2015.

［36］蔡准，朱忠东．新农村居民点布局及规划方法研究 [A]. 中国城市规划学会．生态文明视角下的城乡规划——2008 中国城市规划年会论文集 [C]，2008.

［37］金兆森，张晖编．村镇规划 [M]．南京：东南大学出版社，2001.

［38］李和平，刘劲松，马宇钢．山地村庄建设用地适宜性评价研究 [J]. 规划师，2015，31（8）：93-99.

［39］李欣．苏州村庄空间形态研究 [D]. 苏州科技学院，2011.

［40］张振．传统聚落的类型学分析 [J]. 南方建筑，2005（1）：14-16.

［41］唐正君，王茜．浅谈生态保护型美丽乡村规划策略 [J]. 建材与装饰，2015（38）:249-250.

［42］骆宇，金晓莉，赵一鸣，陈晓．美丽乡村建设下乡村文化传承的空间策略 [J]. 规划师，2016，32（S2）：237–242.

［43］姜彬，侯爱敏，包婷婷．苏州美丽乡村建设中文化传承模式研究 [J]. 现代城市研究，2016（5）：80–85.

［44］毕明岩．乡村文化基因传承路径研究——以江南地区村庄为例 [D]. 苏州科技学院，2011.

［45］张艳，张勇．乡村文化与乡村旅游开发 [J]. 经济地理，2007，27（3）：509–512.

［46］凯文 · 林奇．城市意象 [M]. 北京：中国建筑工业出版社，1990.

［47］秦鹤洋，杨阳，赵健．基于空间意象的传统村落空间设计方法探讨 [J]. 城市建筑，2015（29）：38，41.

［48］陈前虎，陈玉娟，周骏等．水印嘉善——第二届浙江省大学生乡村规划与创意设计作品集 [M]. 北京：中国建筑工业出版社，2017.

［49］胡丹，储金龙．基于乡村意象要素复合的旅游型村庄规划设计——以岳西县菖蒲镇水畈村美好乡村规划为例 [A]. 中国城市规划学会、贵阳人民政府．新常态：传承与变革——2015 中国城市规划年会论文集（14 乡村规划）[C]，2015.

［50］浦欣成，王竹，黄倩．乡村聚落的边界形态探析 [J]. 建筑与文化，2013（8）:48–49.

［51］徐呈程，许建伟，高沂琛．“三生”系统视角下的乡村风貌特色规划营造研究——基于浙江省的实践 [J]. 建筑与文化，2013（1）:70–71.

［52］陈青红．浙江省“美丽乡村”景观规划设计初探 [D]．浙江农林大学，2013.

［53］李明彦．乡村社区中的公共空间营造设计研究 [D]．广东工业大学，2015.

［54］马灵燕．乡村空间资源化视角下的乡村规划设计探索 [D]．浙江大学，2012.

［55］魏利，高山，刘星．村庄规划中风貌特色营造手法探析——以安徽省小岗村村庄规划为例 [A]. 中国城市规划学会、贵阳人民政府．新常态：传承与变革——2015 中国城市规划年会论文集（14 乡村规划）[C]，2015.

［56］郭佳，唐恒鲁，闫勤玲．村庄聚落景观风貌控制思路与方法初探 [J]. 小城镇建设，2009（11）：86–91.

［57］王玥．历史文化村镇景观意象构成方法初探 [D]．中国美术学院，2009.

［58］王丽萍．乡村风貌营造研究 [D]．浙江大学，2012.

［59］郑媛．旅游导向下的环莫干山乡村人居环境营建策略与实践 [D]．浙江大学，2016.

［60］王黎明．鲁西南地区乡村公共空间景观设计研究 [D]．山东建筑大学，2016.

［61］徐岚．我国当代乡村设计初探 [D]．西安建筑科技大学，2007.